GRUNDRISS DER ENTWICKLUNG DES MENSCHEN

VON

PROF. DR. A. FISCHEL
WIEN

ZWEITE · NEU BEARBEITETE AUFLAGE

MIT 117 ZUM TEIL FARBIGEN ABBILDUNGEN

BERLIN

VERLAG VON JULIUS SPRINGER

1937

ISBN 978-3-642-49600-4   ISBN 978-3-642-49892-3 (eBook)
DOI 10.1007/978-3-642-49892-3

Vorwort zur ersten Auflage.

Nach dem Erscheinen meines Lehrbuches der Entwicklung des Menschen (Verlag von Julius Springer, Wien und Berlin 1929) wurde ich von verschiedenen Seiten ersucht, jene Tatsachen aus dem Gebiete der Formentwicklung des Menschen kurz zusammenzufassen, welche jeder Mediziner kennen muß. Diese Zusammenfassung glaube ich in dem vorliegenden Buche geliefert zu haben.

Wien, Juli 1931.

ALFRED FISCHEL.

Vorwort zur zweiten Auflage.

Die zweite Auflage dieses Buches weist gegenüber der ersten einige Veränderungen auf, welche zum Teil durch die notwendige Berücksichtigung neuerer Arbeiten verursacht sind.

Die von einigen Kritikern der ersten Auflage gewünschte Erweiterung des Buches durch Ergebnisse teils der vergleichenden Entwicklungslehre, teils der Fehlbildungs- und der Vererbungslehre wurden nicht berücksichtigt, da eine derartige Erweiterung den Rahmen eines „Grundrisses" weit überschreiten würde.

Wien, März 1937.

ALFRED FISCHEL.

Inhaltsverzeichnis.

Einleitung.

Zur vollen Erkenntnis der Organisation eines Lebewesens ist es notwendig zu wissen, wie diese Organisation entstanden ist. Diese Kenntnis vermittelt die Entwicklungslehre, Entwicklungsgeschichte oder Embryologie. Sie lehrt, wie aus der befruchteten Eizelle die vielen und verschiedenartigen Zellen und Organe entstehen, welche später das fertige Lebewesen aufbauen.

Bei den Säugetieren, also auch beim Menschen, spielt sich die Entwicklung zuerst innerhalb, dann auch noch außerhalb des mütterlichen Körpers ab, so daß man eine uterine und eine postuterine Entwicklung unterscheiden kann. Während der uterinen Entwicklung wird der werdende Organismus als Keim, Keimling, Frucht, Embryo oder Fetus bezeichnet. Man kann daher auch eine embryonale (fetale) und eine postembryonale (postfetale) Entwicklung unterscheiden.

Befaßt sich die Entwicklungslehre mit der Entwicklung eines einzelnen Organismus, so ist sie individuelle Entwicklungslehre, Ontogenese; vergleicht sie die Entwicklungsarten verschiedener Organismen miteinander, so ist sie vergleichende Entwicklungslehre. Im Sinne der Descendenzhypothese wird dieser Vergleich von manchen Forschern zu Folgerungen über die Abstammungs- und Verwandtschaftsverhältnisse der betreffenden Organismen verwertet und es wird auf diese — stets nur hypothetische — Weise die Stammesgeschichte, die Phylogenese dieser Organismen zu ermitteln versucht.

Zur Erforschung der Entwicklung ist sowohl die Ermittelung der einzelnen aufeinanderfolgenden Formzustände, als auch die Ermittelung der Ursachen des Entstehens dieser Formzustände notwendig. Die beschreibende Entwicklungslehre sucht die Formzustände, die kausale, experimentelle Entwicklungslehre oder Entwicklungsmechanik sucht die Ursachen dieser Zustände zu ermitteln.

Da die befruchtete Eizelle, von welcher die ganze Entwicklung ausgeht, selbst wieder aus der Vereinigung der weiblichen mit der männlichen Geschlechtszelle, also der Ei- mit der Samenzelle, entsteht, ist es zum Verständnisse des Befruchtungsvorganges und des Wesens der befruchteten Eizelle notwendig, den Aufbau und die Entwicklung der beiden Geschlechtszellen (Gameten) zu kennen. Die Entwicklung der Geschlechtszellen und die Befruchtung des Eies gehen der Entwicklung des aus der befruchteten Eizelle entstehenden Organismus voraus. Man faßt daher diese Vorgänge unter dem Namen Vorentwicklung, Progenese oder Proontogenese zusammen. Die Entwicklung des befruchteten Eies bis zur Zeit der Anlage der Organe wird als Keimesentwicklung, Blastogenese, die Entwicklung der Organe aus den Organanlagen als Organentwicklung, Organogenese bezeichnet. Bei der Organentwicklung hat man die Ausbildung der Organform, die Morphogenese und die gewebliche Ausbildung des betreffenden Organes, die Histogenese, zu unterscheiden.

Zum vollen Verständnisse der Entwicklung des embryonalen Körpers der Säugetiere ist ferner die Kenntnis der Entwicklung der embryonalen Hüllen und der Ausbildung der Verbindung zwischen dem Fetus und dem Gewebe der Gebärmutter notwendig.

Vorentwicklung, Progenese.

Die Ei- und Samenzellenentwicklung, Oo- und Spermiogenese.

Obzwar die Ei- und Samenzellen einen sehr verschiedenen Bau aufweisen, erfolgt ihre Entwicklung — die Ei- und Samenzellenentwicklung, Oo- und Spermiogenese — dennoch in grundsätzlich gleicher Weise (Abb. 1). Sie geht von besonderen Zellen aus, welche sich in der Anlage des Eierstockes bzw.

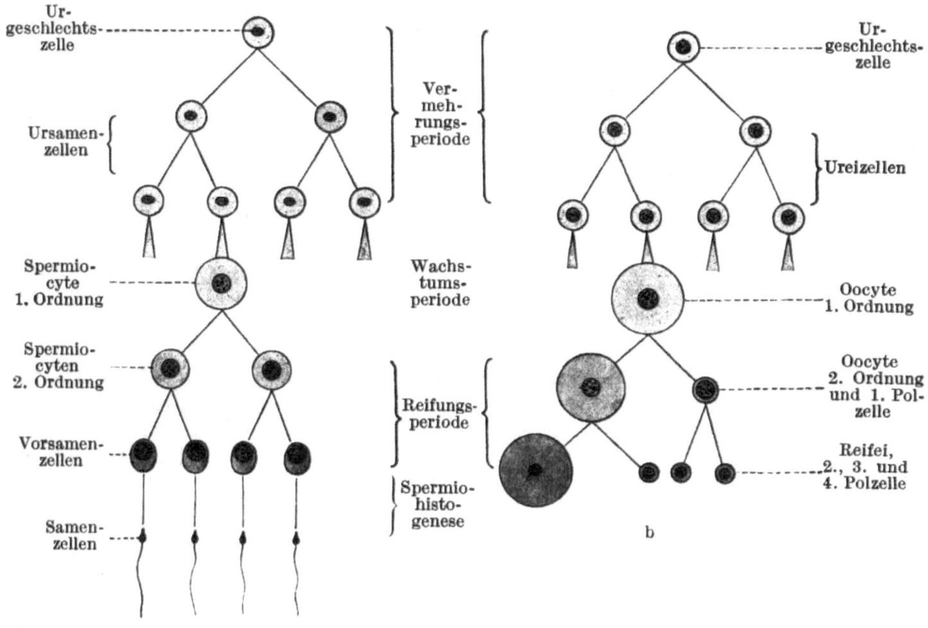

Abb. 1. Schematische Darstellung der Spermio- und Oogenese.

des Hodens vorfinden und welche als Urgeschlechts-, Urkeim- oder Keimzellen bezeichnet werden. Diese Zellen teilen sich wiederholt durch Karyokinese und lassen auf diese Weise zahlreiche Zellen aus sich entstehen, welche als Ureizellen, Oogonien bzw. als Ursamenzellen, Spermiogonien bezeichnet werden. Diese Teilungen hören im Eierstock spätestens einige Monate nach der Geburt auf, während sie im Hoden bis in das Greisenalter fortdauern können. Die — demnach bei den beiden Geschlechtern verschiedene — Zeitdauer, während welcher diese Teilungen stattfinden, wird als Teilungs- oder Vermehrungsperiode der Geschlechtszellen bezeichnet. Die zuletzt entstandenen Oo- bzw. Spermiogonien teilen sich nicht mehr, sie treten aber von der Pubertätszeit an in die Wachstumsperiode der Geschlechtszellen ein, d. h. sie vergrößern sich durch Stoffaufnahme aus ihrer Umgebung und werden nunmehr als Oo- bzw. als Spermiocyten 1. Ordnung bezeichnet. Man kann sie jetzt auch unreife Geschlechtszellen nennen. Die Entwicklungsperiode, in welche sie nach Ablauf der Wachstumsperiode eintreten, ist die Reifungsperiode.

Während dieser Periode finden zwar sowohl bei der Oo-, als auch bei der Spermiogenese je zwei Zellteilungen statt, die als 1. und 2. Reifungsteilung bezeichnet werden, allein die durch diese Teilungen entstandenen Zellen sind bei der Oo- und bei der Spermiogenese hinsichtlich ihrer Größe und Bedeutung verschieden. Wie bei jeder typischen mitotischen Zellteilung aus einer Mutterzelle zwei gleich große Tochterzellen entstehen, so entstehen bei der Spermiogenese durch die 1. Reifungsteilung aus jeder Spermiocyte 1. Ordnung zwei gleich große Zellen, die Spermiocyten 2. Ordnung oder Präspermatiden. Bei der 2. Reifungsteilung liefert jede von diesen Zellen zwei gleich große Zellen, die Vorsamenzellen oder Spermatiden. Aus jeder Spermiocyte 1. Ordnung entstehen somit 4 gleich große Zellen, 4 Vorsamenzellen (Abb. 1). Bei der Oogenese (Abb. 1, 2, 10) dagegen entstehen bei der 1. Reifungsteilung aus jeder Oocyte 1. Ordnung 2 ungleich große Zellen, eine Zelle, welche fast ebenso groß ist wie die Oocyte 1. Ordnung und welche als Oocyte 2. Ordnung, als Vorei, Präovium, Präoide bezeichnet wird und eine zweite, viel kleinere Zelle, welche dem einen Pole des Voreies aufruht und daher als 1. Polzelle (auch als 1. Polkörper, 1. Polocyte, 1. Richtungskörper) bezeichnet wird.

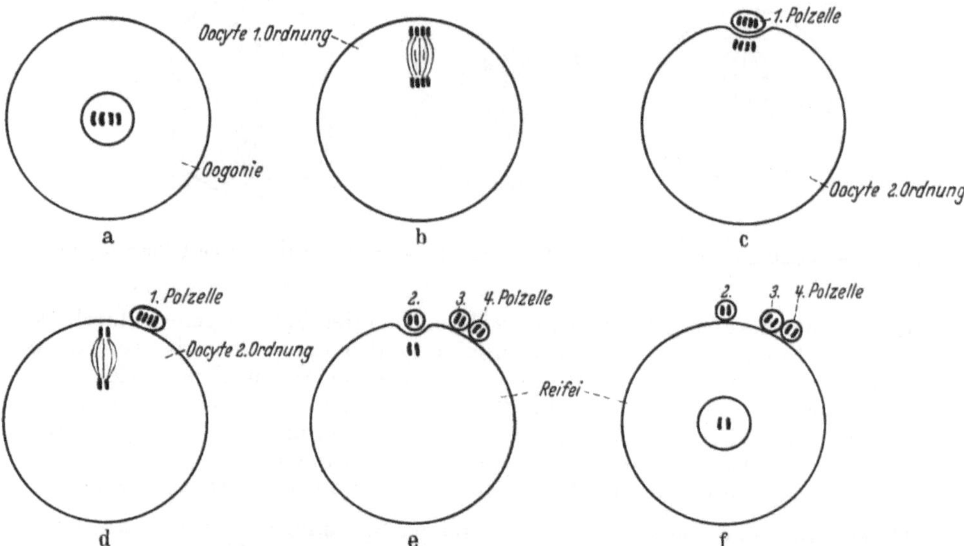

Abb. 2. Schematische Darstellung der Reifungsteilungen des Eies des Pferdespulwurmes (Ascaris megalocephala bivalens, Postreduktionstypus).

Auch bei der 2. Reifungsteilung teilt sich die Oocyte 2. Ordnung nicht in zwei gleich große Zellen, sondern sie zerfällt wiederum in eine größere und eine kleinere Zelle. Die größere Zelle ist das Reifei, Ovium oder Oide, die kleinere Zelle ist die 2. Polzelle. Auch die 1. Polzelle kann sich bei der 2. Reifungsteilung teilen und sie liefert dann zwei kleine Zellen, die 3. und die 4. Polzelle. Aus jeder Oocyte 1. Ordnung entstehen somit zwar wie aus jeder Spermiocyte 1. Ordnung 4 Zellen, allein diese Zellen sind nicht wie bei der Spermiogenese gleich groß und gleichartig, sondern eine von ihnen ist viel größer als die drei

anderen und nur sie stellt eine reife entwicklungsfähige Geschlechtszelle dar
— das Reifei —, während die drei kleinen Polzellen wegen der geringen Menge
ihres Plasmas nicht lebensfähig sind und daher zugrunde gehen. Während
demnach das Plasma einer Spermiocyte 1. Ordnung gleichmäßig auf 4 Vorsamenzellen aufgeteilt wird, geht fast das ganze Plasma der Oocyte 1. Ordnung
auf das Reifei über. Das Reifei ist daher auch viel größer als eine Vorsamenzelle. Das Reifei muß auch eine große Plasmamenge besitzen, da es das Plasma
für die vielen aus ihm hervorgehenden Zellen des Embryo und auch die Nähr-
stoffe für den jungen Keim liefern muß.

Ein weiterer Unterschied zwischen der Spermio- und der Oogenese besteht
darin, daß bei der Oogenese durch die 2. Reifungsteilung ein Reifei, also eine

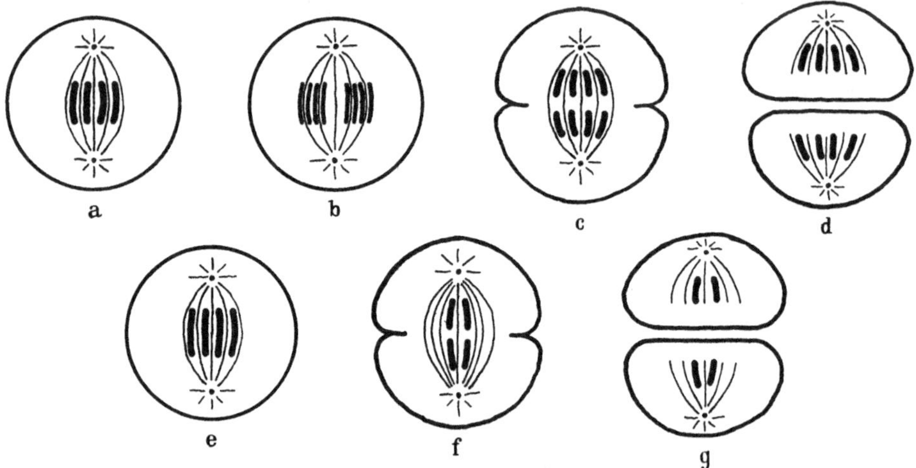

Abb. 3. Schematische Darstellung der Äquations- (a—d) und der Reduktionsteilung (e—g).

fertige Geschlechtszelle gebildet wird, während bei der Spermiogenese durch die
2. Reifungsteilung erst die Vorsamenzellen, also noch nicht die fertigen
Geschlechtszellen entstehen. Die im Gegensatze zur reifen Eizelle viel kom-
plizierter gebaute reife Samenzelle (S. 8) muß erst aus der Vorsamenzelle
durch einen besonderen, an die 2. Reifungsteilung sich anschließenden Vorgang
gebildet werden. Dieser Umbildungsvorgang der Vorsamenzelle in eine Samenzelle, in eine Spermie, wird als Spermiohistogenese (S. 9) bezeichnet.

Dieser Unterschied zwischen der Oo- und der Spermiogenese beruht auf einer
Verschiedenheit der innerhalb der Zellen sich abspielenden Vorgänge. Wie bei
jeder mitotischen Zellteilung werden auch bei den Reifungsteilungen Teilungs-
spindeln — Reifungsspindeln — innerhalb der sich teilenden Zellen gebildet.
Die Teilungsebene schneidet auch — wie bei den mitotischen Teilungen anderer
Zellen — senkrecht auf die Mitte dieser Reifungsspindeln durch. Bei den
Reifungsteilungen der Spermiogenese bleiben die Kerne in der Mitte der
Zellen, die Reifungsspindeln stellen sich daher auch in der Mitte der
Spermiocyten 1. bzw. 2. Ordnung (Abb. 3) ein. Infolgedessen schneidet dann
auch die Teilungsebene in der Mitte dieser Zellen hindurch, so daß die
Spermiocyten in je zwei gleich große Zellen geteilt werden (Abb. 3). Bei der
Oogenese dagegen rücken die Kerne der Oocyten von der Zellmitte randwärts
gegen einen Pol (den späteren „animalen" Pol der reifen Eizelle) der Oocyten

vor. Dort bilden sich daher auch die Reifungsspindeln aus, die sich radiär einstellen (Abb. 2b, d, Abb. 10b, d). Wenn dann die Teilungsebene senkrecht auf die Mitte dieser Spindeln einschneidet, muß bei jeder der beiden Reifungsteilungen eine kleine Zelle — die 1. und die 2. Polzelle — von der Hauptmasse der Oocyten abgeschnürt werden (Abb. 2c, e, f, Abb. 10c—f).

Zwischen den Reifungsspindeln der Oo- und der Spermiogenese besteht noch ein anderer wichtiger Unterschied. Bei der mitotischen Zellteilung teilt sich bekanntlich das Centriol der Mutterzelle in zwei Centriole und diese bilden dann die beiden Pole der Teilungsspindel. Auch die Centriole der Spermiocyten teilen sich und man kann daher bei der Spermiogenese an den Polen der Reifungsspindeln Centriole wahrnehmen (Abb. 3). Infolgedessen erhält auch jede Vorsamenzelle ein Centriol zugewiesen (Abb. 3f, g). Bei der Oogenese aber verschwindet das noch in der Oocyte 1. Ordnung vorhandene Centriol während der Reifungsteilungen. Weder die reife Eizelle, noch die Polzellen besitzen daher ein Centriol (Abb. 2).

Durch eine der beiden Reifungsteilungen bildet sich ferner ein sehr wichtiger Unterschied zwischen den Kernen der reifen Geschlechtszellen und den Kernen aller übrigen Zellen des Körpers aus. Die Kerne der Körperzellen sowie der Oo- und der Spermiogonien enthalten eine für jede Organismenart bestimmte Zahl von Kernschleifen, von Chromosomen. Beim Menschen sind wahrscheinlich 48 Chromosomen in den Kernen der Körperzellen vorhanden. Bei jeder mitotischen Zellteilung wird bekanntlich die Zahl dieser Chromosomen in den Mutterzellen — durch Längsspaltung — zunächst verdoppelt (vgl. Abb. 3b) und dann gleichmäßig auf die beiden Tochterzellen verteilt (Abb. 3c, 2b, c). Jede von diesen Tochterzellen enthält daher ebensoviele Chromosomen in ihrem Kerne wie die Mutterzelle. In dieser Weise läuft auch eine der beiden Reifungsteilungen ab, sie ist also, da bei ihr Mutter- und Tochterzellen die gleiche Chromosomenzahl aufweisen, eine Äquationsteilung (Abb. 10a—c). Bei der anderen Reifungsteilung dagegen unterbleibt die Verdopplung der Chromosomen vor der Zellteilung (Abb. 3e, 2d, 10d). Werden dann diese Chromosomen auf die beiden Tochterzellen verteilt, so enthält jede von diesen in ihrem Kerne nicht mehr die für die Körperzellen der betreffenden Tierart typische („diploide", d. h. doppelte), sondern nur die halbe („haploide") Zahl von Chromosomen der Mutterzelle (Abb. 3f, g; 2d—f, 10e, f). Die Zahl der Chromosomen in den Kernen der reifen Geschlechtszellen (und bei der Oogenese auch in den Polzellen) wird demnach durch eine der beiden Reifungsteilungen auf die Hälfte der Normalzahl herabgesetzt. Man nennt daher diese Reifungsteilung auch Reduktionsteilung. Beim Menschen sind demnach in den Kernen der reifen Geschlechtszellen nicht wie in den Kernen der Körperzellen 48, sondern nur 24 Chromosomen enthalten. In Hinsicht auf ihre Chromosomenzahl sind daher die Kerne der reifen Geschlechtszellen nur Halbkerne (Seminuclei). Man bezeichnet diese Kerne auch als Vorkerne, Pronuclei, als männlichen und weiblichen Vorkern. Der Kern des reifen Eies wird auch als Eikern, der des unreifen Eies als Keimbläschen bezeichnet.

Bei manchen Tierarten ist die 1. Reifungsteilung die Reduktions-, die 2. Reifungsteilung eine Äquationsteilung, bei anderen Tierarten ist das Umgekehrte der Fall (Prä- bzw. Postreduktionstypus, Abb. 2, 10). Das Endergebnis ist naturgemäß in beiden Fällen das gleiche: Herabsetzung der Chromosomenzahl auf die Hälfte. Beim Menschen ist die 1. Reifungsteilung die Reduktions-, die 2. Reifungsteilung eine Äquationsteilung.

Während die Spermiogenese bis in das hohe Greisenalter fortdauern kann, sind die einzelnen Phasen der Oogenese enger begrenzt. Die Vermehrungsperiode endet beim Menschen schon um die Zeit der Geburt, die Eierstöcke der

Neugeborenen enthalten daher bereits die Oocyten 1. Ordnung, und zwar in
großer Zahl (etwa 200000 in jedem Eierstocke). Jede dieser Oocyten ist von
einem Kranze von Zellen umgeben, von den Follikelepithelzellen. Oocyten
und Follikelepithelzellen bilden zusammen den Primärfollikel. Diese Primärfollikel beginnen nach der Geburt langsam zu wachsen und werden so zu
Sekundärfollikeln (GRAAFsche Follikel). Die vor der Geschlechtsreife entstehenden Sekundärfollikel erreichen jedoch nicht die zu ihrer Berstung nötige
Größe und ihre Eier reifen nicht. Erst von der Pubertät an reifen die Eier
und die Follikel erreichen eine bedeutende Größe. In regelmäßigen, etwa
28tägigen Zeiträumen — ovarieller Zyklus — eilt ein (eventuell auch mehrere)
Follikel im Wachstume den übrigen voraus, drängt gegen die Eierstocksober-
fläche vor und entleert sein in der Reifungsperiode und zwar vor der 2. Reifungsteilung befindliches Ei. Dieser Vorgang wird als Ovulation bezeichnet. Wird
das aus dem Follikel entleerte Ei nicht befruchtet, so kommt es zu einer
Blutung aus der Uterusschleimhaut: Menstruation, menstrueller, uteriner
Zyklus. Ovulation und Menstruation hören etwa im 45. Lebensjahre auf.
Die nicht ausgereiften und die nicht geplatzten (Atresie der Follikel) Follikel
gehen samt ihren Eizellen zugrunde. Aus den geborstenen Follikeln entwickeln
sich die gelben Körper, Corpora lutea, und zwar entweder ein Corpus
luteum menstruationis oder — im Falle der Befruchtung des Eies — ein
Corpus luteum graviditatis.

Die reife Eizelle.

Die reife Eizelle ist die größte Zelle des Körpers. Von einer typischen Zelle
unterscheidet sie sich jedoch dadurch, daß ihr das Centriol fehlt und daß ihr Kern
— der Eikern oder weibliche Vorkern (weiblicher Pronucleus) — gegenüber den Kernen der übrigen Zellen des Körpers nur die halbe Zahl von Chromosomen besitzt, daß er also hinsichtlich der Chromosomenzahl ein Halbkern ist.
Der Zelleib der reifen Eizelle, das Ooplasma, setzt sich aus lebendigen und
aus leblosen, zur Ernährung des Embryo bestimmten Bestandteilen zusammen.
Die lebendigen Bestandteile stellen das Bildungs- oder Bioplasma dar, die
leblosen bilden das Nahrungs (Deuto)-plasma, den Dotter (Vitellus,
Lecith). Je nach der Menge des Dotters unterscheidet man dotterreiche
(polylecithale) und dotterarme (oligolecithale) Eier; ist der Dotter gleichmäßig im Zelleib der Eizelle verteilt, so bezeichnet man die Eier als iso-
lecithale, im Gegenfalle als anisolecithale. Diese verschiedenen Mengen-
und Lagerungsverhältnisse des Dotters üben auf die Entwicklungsart der verschiedenen Eiarten einen bestimmenden Einfluß aus. Bei isolecithalen Eiern
beteiligt sich das ganze Ei am Aufbaue des embryonalen Körpers, weshalb
man diese Eier als holoblastische bezeichnet; bei anisolecithalen Eiern wird
der embryonale Körper nur von jenem Teile des Eies gebildet, welcher das Bildungsplasma enthält. Diese Eier sind meroblastisch.

Holoblastisch sind unter anderem die Eier der Amphibien und der Säugetiere, meroblastisch die Eier der Fische, Reptilien, Vögel und der niedersten
Säugetiere (der Kloakentiere, Monotremen).

Beim Menschen ist das Ei holoblastisch. Die reife menschliche Eizelle ist
noch nicht bekannt. Die unreife Eizelle (Abb. 4) stellt eine Kugel von im Mittel
0,2 mm Durchmesser dar, sie ist also — als Zelle — sehr groß. Das Bildungsplasma ist besonders in der Rindenschichte, das Nahrungsplasma mehr in der
Mitte des Zelleibes angehäuft. Das Nahrungsplasma wird von eiweiß-, fett- und
lecithinhaltigen Körnchen und Tropfen gebildet. Der Kern des unreifen Eies,
das sog. Keimbläschen, Vesicula germinativa, liegt exzentrisch an dem
jeweils oberen Pole des Eies. Er besitzt einen gut hervortretenden Kernkörper

(Nucleolus), der als Keimfleck, Macula germinativa, bezeichnet wird. Die Plastokonten (Mitochondrien) der Eizelle liegen im zentralen Teile des Zellleibes. Umgeben wird die Eizelle von der Zona pellucida (radiata, Oolemma).

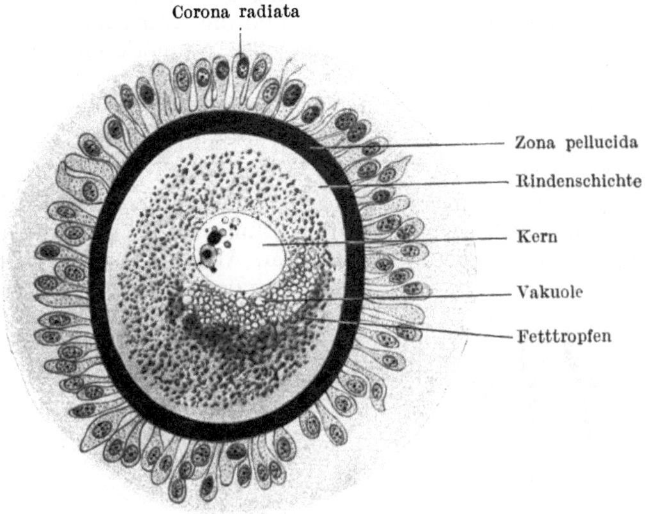

Abb. 4. Eizelle des Menschen aus einem reifenden Follikel. Etwa 350fache Vergrößerung. Nach VAN DER STRICHT.

Nach außen von ihr folgt eine Epithelschichte. Die Zellen ihrer innersten Lage sind in radiärer Richtung angeordnet, weshalb diese Lage auch als Corona radiata bezeichnet wird.

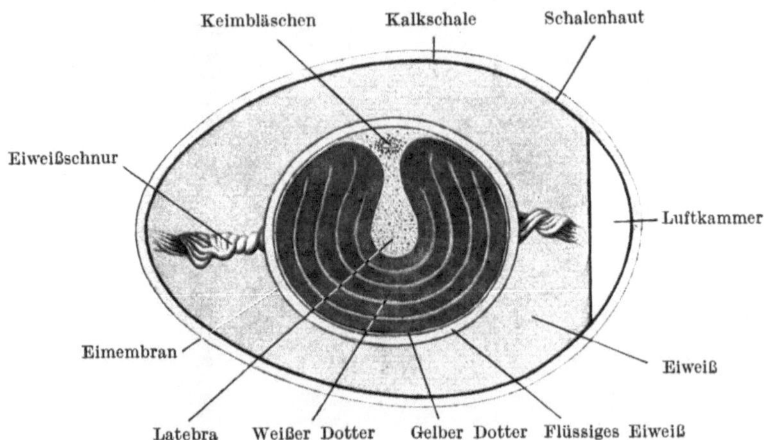

Abb. 5. Schematischer Längsschnitt durch das eben abgelegte unbefruchtete Hühnerei.

Nur bei manchen Wirbellosen sind die Eizellen amoeboid beweglich und daher hüllenlos. Die übrigen Eizellen sind zu eigener Bewegung nicht befähigt und von Hüllen — Eihüllen — umgeben. Je nachdem ob diese Hüllen von der Eizelle selbst oder von dem sie umgebenden Follikelepithel oder von den Drüsenzellen des Eileiters, bzw. des Uterus, gebildet werden, bezeichnet man sie als

primäre, sekundäre und tertiäre Eihüllen. Ob die das menschliche Ei
umgebende Zona pellucida eine primäre oder eine sekundäre Eihülle ist, ist
ungewiß. Bei den eierlegenden Tieren sind die tertiären Eihüllen gut ausgebildet,
weil sie zum Schutze und zur Befestigung der Eier notwendig sind. Die Gallert-
hüllen der Amphibieneier, das Eiweiß und die Kalkschale der Vogeleier (Abb. 5)
z. B. sind tertiäre Eihüllen. Bei manchen Säugetieren wird von der Eileiter-
schleimhaut eine zähflüssige Eiweißschichte als tertiäre Hülle um das Ei
abgeschieden.

Die Samenzelle.

Im Gegensatze zu der Eizelle gehört die Samenzelle des Menschen zu den
kleinsten Zellen des Körpers. Nur ihre Länge ist im Verhältnisse zu ihren übrigen
Maßen eine bedeutende (0,04—0,06 mm, Abb. 6, 7). Die menschliche Samenzelle besitzt daher die Form eines Fadens, wes-
halb sie auch als Samenfaden bezeichnet
wird. Man unterscheidet an der Samenzelle:
Kopf, Mittelstück und Schwanz.

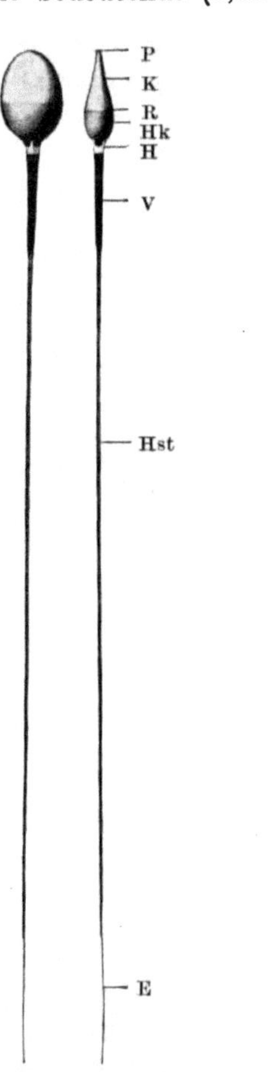

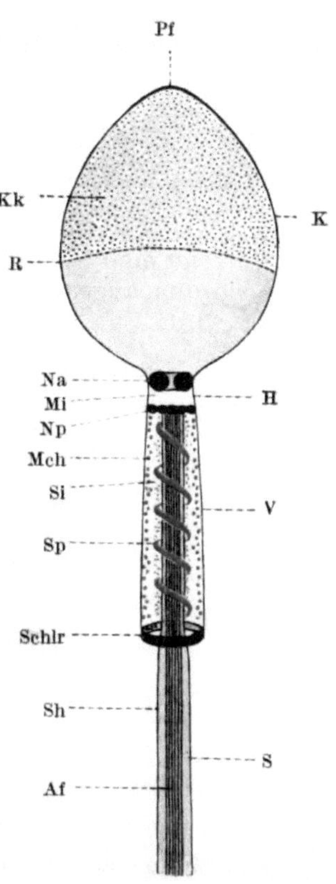

Abb. 6. Samenzellen vom Menschen.
a Kopf von der Fläche, b von der
Kante des Kopfes. E Endstück des
Schwanzes; H Hals; Hk verdicktes
Hinterende des Kopfes; Hst Haupt-
stück des Schwanzes; K Kopf;
R Rand der Kopfkappe; P
Perforatorium; V Verbindungsstück.

Abb. 7. Schema des Aufbaues einer menschlichen Samen-
zelle. Vom Schwanze ist nur der vordere Abschnitt dargestellt.
Af Achsenfaden im Hauptstücke; H Hals; K Kopf; Kk
Kopfkappe; Mch Mitochondrien; Mi Massa intermedia;
Na Noduli anteriores; Np Noduli posteriores; Pf Perfora-
torium; R Rand der Kopfkappe; S Schwanz; Schlr
Schlußring; Sh Schwanzhülle; Si Substantia intermedia;
Sp Spiralfaden; V Verbindungsstück. Nach MEVES.

Der vorne zu einer Schneide — Perforatorium — zugeschärfte, 3—4 μ lange, 2—3 μ breite Kopf ist von der Fläche gesehen elliptisch, von der Kante gesehen birnförmig. Er erscheint völlig homogen, besteht vorwiegend aus Nuclein und färbt sich daher mit Kernfarbstoffen gut und gleichmäßig. Das Mittelstück besteht aus dem Halse (Collum) und aus dem Verbindungsstücke (Pars conjunctionis). Der kurze Hals besitzt vorne zwei Knötchen (Noduli anteriores, vordere Halsknötchen) und besteht im übrigen aus der plasmatischen, weichen Zwischenmasse (Massa intermedia). Das vordere Ende des Zwischenstückes wird von der aus Körnchen (hintere Halsknötchen, Noduli posteriores) bestehenden Querscheibe, das hintere Ende von einem Ringe: Schlußring, Schluß- oder Endscheibe, gebildet. Von der Mitte der Querscheibe geht der Achsenfaden (Filum principale) aus, welcher durch den Schlußring hindurchtritt und bis zum Ende des Schwanzes reicht. Er ist von einer zarten inneren Cytoplasmahülle, von einer mittleren Spiralhülle und von einer äußeren

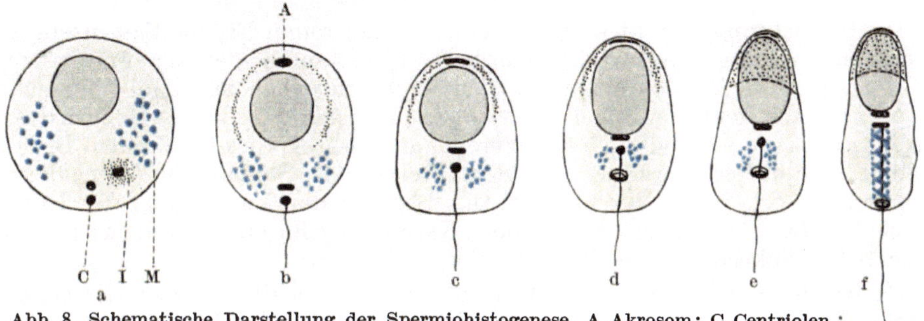

Abb. 8. Schematische Darstellung der Spermiohistogenese. A Akrosom; C Centriolen ; I Idiozom; M Mitochondrien.

Mitochondrienscheide umgeben. An dem 0,03—0,05 mm langen, 0,001 mm breiten Schwanze unterscheidet man ein langes Haupt- und ein kurzes Endstück (Pars principalis und Pars terminalis). Das Hauptstück besteht aus dem Achsenfaden und aus einer ihn umgebenden Hülle, das Endstück aus dem schmäler gewordenen und mit einer Spitze (Endspieß) endenden Achsenfaden und aus einer dem Achsenfaden dicht anliegenden zarten Hülle.

Dieser Aufbau der fertigen Samenzelle ist von dem Aufbaue aller übrigen Körperzellen so verschieden, daß man die Natur der Samenzelle als einer Zelle aus ihm nicht zu erkennen vermag. Ermittelt man jedoch die Entwicklungsart der Samenzelle aus ihrer Mutterzelle, aus der Vorsamenzelle, aus der Spermatide (Abb. 1), so tritt der Zellcharakter der Samenzelle sofort unzweideutig hervor. Diese Entwicklung, die Spermiohistogenese, ist in der Abb. 8 dargestellt. Die Spermatide (a) enthält alle Bestandteile einer typischen Zelle. Während der Spermiohistogenese streckt sie sich in die Länge, wobei sie sich verschmälert. Ihr (in der Abb. 8 durch dunkle Tönung wiedergebener) Kern streckt sich gleichfalls und nimmt später das eine Ende der Zelle ein (f); das Centriol teilt sich in zwei Centriolen (a), das eine (proximale) rückt an den Kern heran; aus dem anderen (distalen) wächst ein sich verlängernder feiner Faden aus (b), der spätere Achsenfaden (Abb. 7), dann teilt sich dieses distale Centriol in zwei Knötchen, von welchen das vordere eine Scheibe, das hintere einen Ring bildet, durch welchen der Faden (Achsenfaden) hindurchgeht (d); in den sich verlängernden Raum zwischen der Scheibe und dem Ringe rücken die Mitochondrien (e, f). Aus einem Vergleiche der Abb. 8 mit der Abb. 7 ergibt sich, daß der Kern der Spermatide den Kopf, das proximale Centriol die Scheibe des Halses, das distale Centriol die Querscheibe und den Schlußring des Zwischenstückes sowie den Achsenfaden bildet, während aus den Mitochondrien die Spiralhülle und die Mitochondrienscheide des Zwischenstückes entstehen.

Die Hauptmasse der Eizelle wird von dem Zelleib gebildet und sie besitzt kein Centriol; die Hauptmasse der Samenzelle wird dagegen vom Kerne (Kopfe) gebildet und das Centriol beteiligt sich sehr wesentlich an dem Aufbaue der Spermie (Mittelstück, Schwanz), während der Zelleib der Spermatide nur in ganz geringem Maße hierbei mitwirkt. Im Gegensatz zu der großen unbeweglichen Eizelle ist die kleine Samenzelle beweglich. Diese Bewegung erfolgt mittels des Schwanzes der Samenzelle. Dieser Gegensatz im Aufbaue der männlichen und der weiblichen Geschlechtszelle stellt eine Anpassung an die verschiedene Rolle dar, welche diesen Zellen bei der Befruchtung zukommt.

Die Befruchtung.

Die Befruchtung besteht in der Vereinigung der reifen Ei- und Samenzelle zu einer neuen, teilungsfähigen Zelle, dem befruchteten Ei, dem Spermovium, der Zygote. Die Befruchtung setzt sich im wesentlichen aus zwei Vorgängen zusammen, aus dem Eindringen der Samenzelle in die Eizelle — Besamung, Imprägnation — und aus der Vereinigung des Kernes der reifen Eizelle (Eikern, weiblicher Vorkern) mit dem Kerne der Samenzelle (Samenkern, männlicher Vorkern) — Konjugation. Der aus der Vereinigung der Kerne der beiden Geschlechtszellen entstandene Kern ist der Kern der befruchteten Eizelle (Keimkern, Zygotenkern, 1. Furchungskern).

Da bei der Befruchtung sowohl die Kerne als auch die Plasmen der beiden Geschlechtszellen miteinander verschmelzen, ist die Befruchtung als Karyoplasmogamie zu bezeichnen.

Das Eindringen der Samenzelle in das Ei ist zwar zur Befruchtung notwendig, die Befruchtung ist aber erst dann vollzogen, wenn es zur Konjugation der beiden Vorkerne gekommen ist. Das Eindringen der Samenzelle in das Ei, also die Imprägnation, kann daher bei manchen Eiarten schon vor der Bildung der reifen Eier, also schon während der Reifungsteilungen erfolgen, während die Konjugation stets erst nach Ablauf der Reifungsteilungen stattfindet. Bei den Säugetieren und beim Menschen kommt es zur 2. Reifungsteilung wahrscheinlich erst nach dem Eindringen der Samen- in die Eizelle.

Bei den verschiedenen Tierarten erfolgt die Befruchtung entweder innerhalb oder außerhalb der weiblichen Geschlechtsorgane: innere, bzw. äußere Befruchtung. In vielen Fällen ist auch eine künstliche Befruchtung durch willkürliches Zusammenbringen von Eiern und Samenzellen möglich.

Dies ist z. B. bei den Seeigeln, Seesternen und Pferdespulwürmern möglich, deren Eier sich überhaupt für die Beobachtung des Befruchtungsvorganges besonders eignen. An den Eiern der Seeigel und der Pferdespulwürmer wurde daher auch das Wesen dieses Vorganges zuerst ermittelt (1875). Bringt man reife Seeigel- oder Seesterneier in Meerwasser, zu welchem man einen Tropfen Samenflüssigkeit hinzugesetzt hat, so schwimmen die Samenzellen von allen Seiten auf die einzelnen Eier zu und suchen durch die die Eier umgebende schleimige Hülle (Abb. 9, Gh) an die Eier heran zu gelangen (Abb. 9a). Einer von diesen Samenzellen gelingt dies früher als den anderen (Abb. 9b, c) und diese Samenzelle dringt nun sofort in die Eizelle ein (Abb. 9d, e) — Besamung, Imprägnation. Bei manchen Tierarten sendet die Eizelle der ihr zuerst näher gekommenen Samenzelle einen kleinen Protoplasmafortsatz entgegen, in welchen die Samenzelle eindringt (Abb. 9c—e); bei anderen Tierarten erhebt sich nach

dem Eindringen der Samenzelle an der Eintrittsstelle der Samenzelle in das Ei
ein kleiner, bald verschwindender Fortsatz (Abb. 9f, g, Befruchtungs- oder
Empfängnishügel). Gleichzeitig mit dem Eintritte der Samen- in die Eizelle verdichtet sich die Randschichte des Zelleibes des Eies und hebt sich als Membran —
Befruchtungsmembran (Abb. 9, Bm) — von der Eizelle ab (Abb. 9 d, e). Diese
Membran ist für Samenzellen undurchlässig, so daß normalerweise nur eine Samenzelle in diese Art von Eizellen eindringen kann (monosperme Befruchtung,

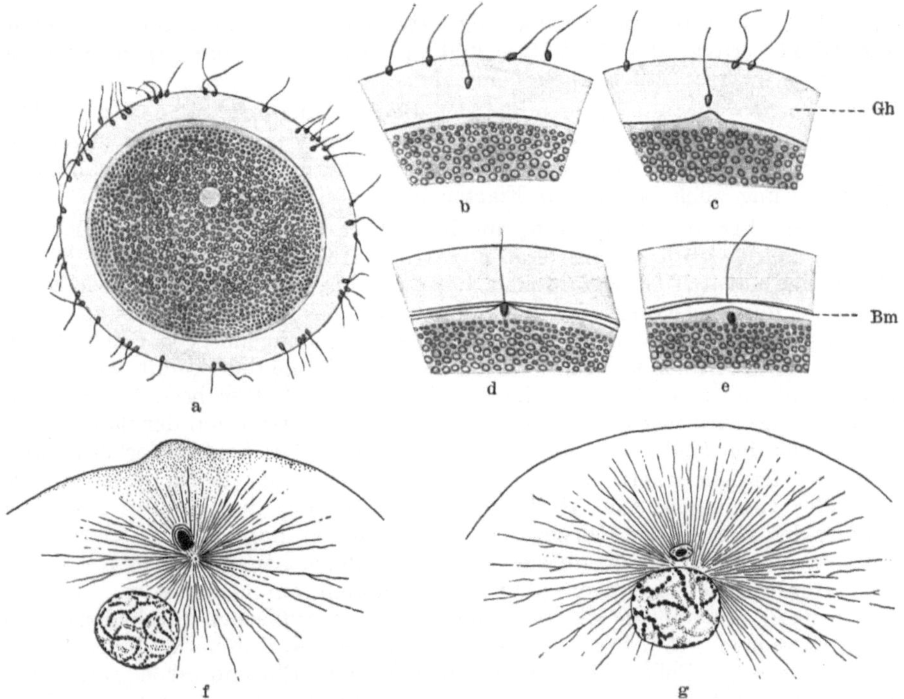

Abb. 9. Darstellung der Befruchtung des Seestern- (a—e) und Befruchtungsvorgang im Inneren
des Seeigeleies (f, g). a die Samenzellen zum Ei drängend; b, c Vordringen einer Samenzelle durch
die Gallerthülle des Eies; d Eintritt des Kopfes der Samenzelle in das Ei; e Besamung des Eies
f, g Befruchtung eines Seeigeleies, dargestellt bei 500facher Vergrößerung. Ei- und Samenkern
bewegen sich aufeinander und zur Eimitte zu. Vom centrosomalen Anteile der eingedrungenen
Samenzelle geht eine Strahlung — die „Dotterstrahlung" — aus. Bm Befruchtungsmembran;
Gh Gallerthülle. Nach FOL und WILSON.

Monospermie). Der Kopf der eingedrungenen Samenzelle schwillt zu einer
Kugel an und wird nunmehr als Samenkern, männlicher Vorkern (männlicher Pronucleus) bezeichnet. Er bewegt sich auf den ihm entgegenrückenden Eikern (weiblichen Vorkern) zu (Abb. 9f, g), beide Vorkerne legen sich in der Mitte
der Eizelle aneinander — Konjugation der Vorkerne — und beide zusammen
bilden nun den Kern der befruchteten Eizelle. Aus dem mit dem Samenkerne zur Eimitte wandernden Mittelstücke der Samenzelle entsteht das Cyto-
zentrum, das Centriol der befruchteten Eizelle (Abb. 9f). Der Schwanz der
Samenzelle dringt bei vielen Tierarten überhaupt nicht in die Eizelle ein
(Abb. 9e); auch wenn dies aber der Fall ist, ist es für den Befruchtungsvorgang
ohne Bedeutung, da der eingedrungene Schwanz bald zugrunde geht.

Im Gegensatze zum Seeigelei dringt die amöboid bewegliche Samenzelle des
Pferdespulwurmes schon während der Reifungsteilungen in das Ei ein
(Abb. 10a). Während der Reifungsteilungen bewegt sie sich zur Mitte des Zelleibes

der Eizelle (Abb. 10a—d), wobei die Chromosomen ihres Kernes, des Samenkernes, zutage treten (Abb. 10c). Nach der 2. Reifungsteilung wandert auch der Eikern zur Zellmitte und konjugiert hier mit dem Samenkerne (Abb. 10e), wodurch die Befruchtung beendet wird.

Bei den Säugetieren dringt die Samenzelle während oder nach der 1. Reifungsteilung in die Eizelle ein, nachdem sie vorher die Zona pellucida des Eies durchbohrt hat. Die Eizelle ist in dieser Zeit schon aus dem GRAAFschen Follikel ausgestoßen worden und sie befindet sich bereits in dem Anfangsteile des Eileiters. Hier erfolgt also die Befruchtung. Erst nach dem Eindringen der Samenin die Eizelle erfolgt die 2. Reifungsteilung. In dieser Weise spielt sich die Befruchtung wahrscheinlich auch beim Menschen ab.

Bei manchen Eiarten dringen bei der Befruchtung mehrere Samenzellen in das Ei ein — polysperme Befruchtung, Polyspermie. Doch gelangt nur eine von ihnen zur Vereinigung mit dem Eikerne, so daß in Wirklichkeit die Befruchtung auch bei diesen Eiarten eine monosperme ist.

Vom cellularen Standpunkte aus betrachtet besteht das Wesen der Befruchtung in der Schaffung einer teilungsfähigen Zelle. Der Eizelle fehlt zur normalen Teilungsfähigkeit das Centriol; die Samenzelle wiederum besteht fast nur aus Kern- und Centriolmaterial, sie besitzt aber viel zu wenig Zelleibmasse. Zur normalen Zellteilung ist aber ein genügend großer Zelleib, ein Kern und ein Centriol notwendig. Durch die Vereinigung der Ei- mit der Samenzelle entsteht nun eine Zelle, welche alle diese Eigenschaften besitzt. Der Zellleib dieser Zelle wird fast ganz von der Eizelle, das Centriol von der Samenzelle, der Kern von den beiden Geschlechtszellen geliefert. Die beiden Vorkerne, also der Ei- und der Samenkern, welche sich in dem Kerne der befruchteten Eizelle miteinander vereinigen, sind Halbkerne, da sie infolge der Reduktionsteilung gegenüber den Kernen der Körperzellen nur die halbe (haploide) Chromosomenzahl besitzen (Abb. 3, 10); wenn sie sich bei der Befruchtung zu dem Kerne der befruchteten Eizelle vereinigen (Abb. 10e), entsteht ein Ganz- oder Vollkern, d. h. ein Kern mit der für die betreffende Tierart typischen (diploiden) Zahl von Chromosomen (Abb. 10f). Indem auf diese Weise durch die Befruchtung eine teilungsfähige Zelle mit der Normalzahl von Chromosomen geschaffen wird, ist die Vorbedingung zur Entwicklung erfüllt. Denn zur Entwicklung ist es vor allem notwendig, daß aus der befruchteten Eizelle durch Zellteilungen die vielen Zellen entstehen, aus welchen der fertige Organismus besteht.

Die biologische Bedeutung der Befruchtung beruht vor allem in ihrer Beziehung zur Vererbung. Indem sich in der befruchteten Eizelle das väterliche und das mütterliche Kern- und Plasmamaterial miteinander vereinigen und vermischen, wird die Möglichkeit zur Vererbung, d. h. zur Übertragung der elterlichen Eigenschaften auf den Embryo geschaffen. Als Vererbungsträger wirken vor allem die Kerne, und zwar vermittels ihrer Chromosomen. Von den Chromosomen des Kernes der befruchteten Eizelle stammt die eine Hälfte vom Samen-, die andere vom Eikerne ab (Abb. 10e). Da aus dem Kerne der befruchteten Eizelle die Kerne aller Körperzellen des fertigen Organismus entstehen, enthalten alle diese Kerne je zwei Chromosomengruppen, von welchen die eine von väterlicher, die andere von mütterlicher Seite (vom Samen- und vom Eikerne) abstammt. Von diesen Chromosomen sind gewisse für die Bestimmung des Geschlechtes des aus der befruchteten Eizelle entstehenden Keimes wichtig. Sie werden als Gono- oder als Geschlechtschromosomen, die übrigen als Autochromosomen bezeichnet.

Keimesentwicklung, Blastogenese.

Die Furchung.

Bald nachdem die Konjugation der Vorkerne erfolgt, die Befruchtung also beendet ist, beginnt die Entwicklung der befruchteten Eizelle, des „Keimes". Das Centriol der befruchteten Eizelle teilt sich in zwei auseinanderweichende Centriole (Abb. 10e); zwischen diesen Centriolen bildet sich eine Teilungsspindel aus, in deren Mitte sich die Chromosomen zur Sternfigur (Aster) anordnen (Abb. 10f). Die befruchtete Eizelle stellt nunmehr eine in karyokinetischer

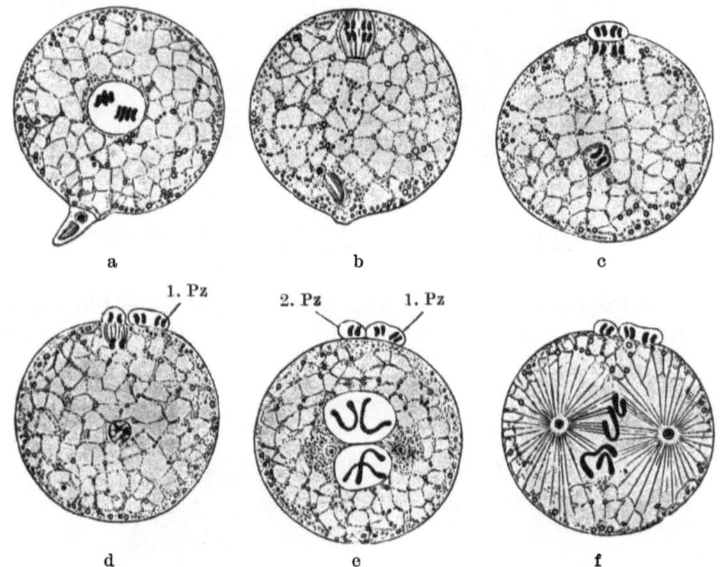

Abb. 10. Eireifung und Befruchtung bei Ascaris megalocephala bivalens (Postreduktionstypus). Pz Polzelle. Nach O. HERTWIG.

(mitotischer) Teilung befindliche Zelle dar und sie zerfällt daher auch in zwei Zellen (Abb. 11a). Nach einiger Zeit teilen sich auch diese Zellen karyokinetisch, so daß nunmehr aus der Eizelle vier Zellen entstanden sind (Abb. 11b). Indem sich dieser Vorgang an diesen Zellen und an ihren Abkömmlingen wiederholt, entstehen allmählich aus der befruchteten Eizelle 8, 16 usw. Zellen, also eine immer größer werdende Zahl von Zellen (Abb. 11c—f). Den einzelnen Teilungsebenen entsprechend treten an der Oberfläche der befruchteten Eizelle, bzw. der aus ihr hervorgehenden Zellen Furchen auf, weshalb man diesen Vorgang der Teilung der befruchteten Eizelle in zahlreiche, aber immer kleiner werdende Zellen als Furchung bezeichnet hat. Die hierbei entstehenden Zellen werden daher als Furchungszellen oder als Blastomeren bezeichnet.

Infolge der bei den verschiedenen Eiarten verschiedenen Menge und Anordnungsart des Dotters ist auch die Art der Furchung der Eier eine verschiedene. Ist der Dotter gleichmäßig im Ei verteilt (holoblastische Eier), so zerfällt das ganze Ei in einzelne Zellen, die Furchung ist eine totale; ist jedoch der Dotter nur in einem Teile des Eies angesammelt, während in dem übrigen Teile des Eies das Bildungsplasma angehäuft ist (meroblastische Eier), so zerfällt nur der das

Bildungsplasma enthaltende Teil des Eies in Zellen, die Furchung ist daher eine partielle.

Je nachdem, ob das Ei bei der totalen Furchung in gleich oder annähernd gleich oder ungleich große Zellen zerteilt wird, unterscheidet man ferner eine

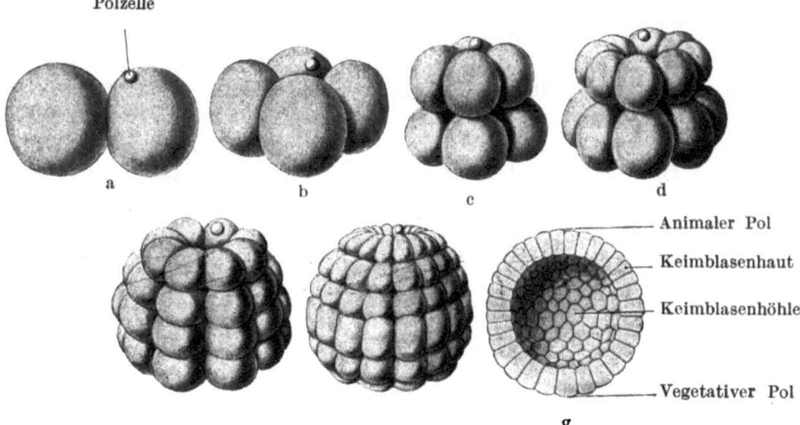

Abb. 11. Furchung von Amphioxus lanceolatus. a—f: 2, 4, 8, 16 usw. Zellenstadium; g Durchschnitt durch die Keimblase. Nach HATSCHEK.

äquale, eine adäquale (Abb. 11) und eine inäquale (Abb. 12) Furchung. Die bei der inäqualen Furchung entstehenden kleinen dotterarmen und großen

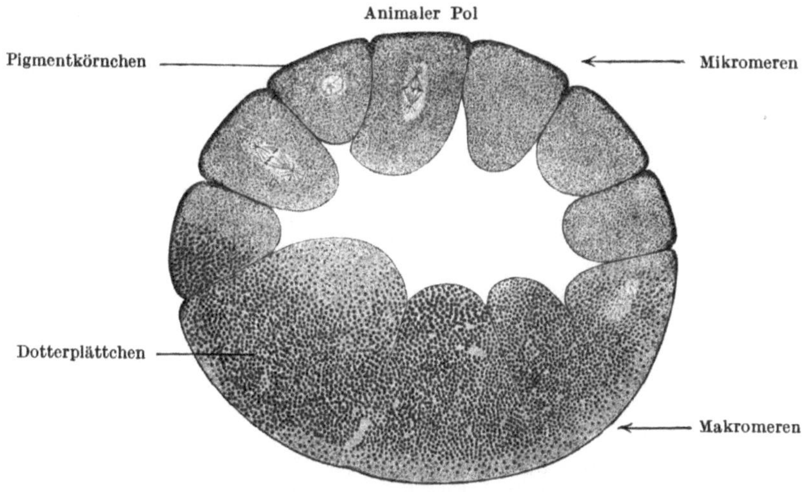

Abb. 12. Durchschnitt durch eine „Morula" vom mexikanischen Wassermolch (Axolotl, Siredon pisciformis). 48fache Vergrößerung.

dotterreichen Zellen werden als Mikro- bzw. als Makromeren (Abb. 12) bezeichnet. Die Mikromeren liegen an dem animalen, die Makromeren an dem vegetativen Pole des Keimes (Abb. 12, 11g).

Die ersten Furchen durchschneiden das Ei, bzw. die ersten Blastomeren vom animalen zum vegetativen Pole, diese Furchen sind also meridionale (vertikale). Die folgenden Furchen sind teils meridionale, teils äquatoriale, bzw. dem Äquator parallel verlaufende, also **latitudinale** (horizontale); auch **tangentiale** Furchen kommen vor. Zwischen den Furchungszellen entsteht sehr bald eine zentrale Höhle, die **Furchungshöhle** (Abb. 12).

Beim **Menschen** ist die Furchung noch nicht beobachtet worden. Sie ist aber zweifellos eine totale und wahrscheinlich eine adäquale. Dies läßt sich aus dem Verhalten der mit dem menschlichen Ei im wesentlichen gleich beschaffenen Eier jener Säugetiere folgern, bei welchen die Furchung beobachtet werden konnte.

Das Ergebnis der Furchung ist bei der totalen und bei der partiellen Furchung ein verschiedenes. Da bei der **partiellen** Furchung nur das am animalen Pole des Eies befindliche, den Eikern bergende Bildungsplasma in Zellen zerteilt werden kann,

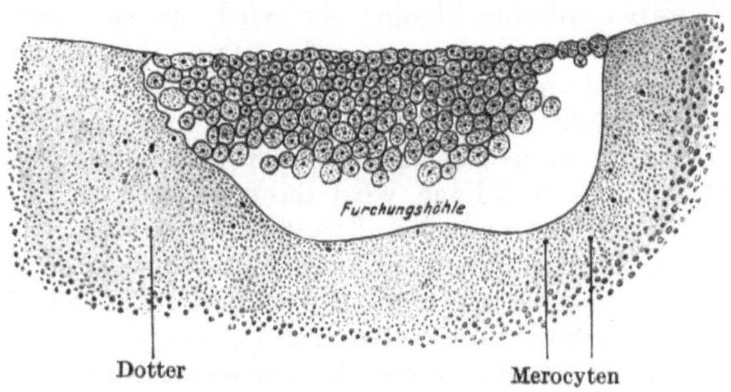

Abb. 13. Durchschnitt durch die Keimscheibe eines Haifischeies (Pristiurus). Nach RÜCKERT.

während der am vegetativen Eipole befindliche Dotter ungeteilt bleibt, liegt die aus der Furchung entstandene Zellmasse wie eine Scheibe dem Dotter auf (Abb. 13), weshalb sie auch als **Keimscheibe** bezeichnet wird. Zwischen ihr und dem Dotter befindet sich ein Hohlraum, die **Furchungshöhle**. Der embryonale Körper wird nur aus der Keimscheibe gebildet, der Dotter dient lediglich als Nahrungsmaterial. Das Endergebnis der **totalen** Furchung besteht dagegen in einer von den Furchungszellen gebildeten Blase (Abb. 11 g), der **Keimblase**, **Blastula**, **Vesicula blastodermica**, deren Höhle als **Keimblasen-**, als **Furchungshöhle** oder als **Blastocoel** bezeichnet wird. Die zellige Wand der Keimblase führt den Namen **Keimblasenhaut**, **Keimhaut**, **Blastoderma**.

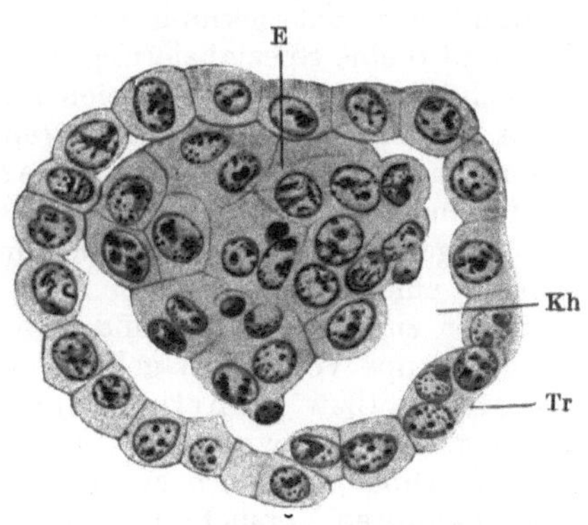

Abb. 14. Durchschnitt durch die Keimblase einer Fledermaus. E Embryonalknoten; Kh Keimblasenhöhle; Tr Trophoblast. Nach VAN BENEDEN.

Während der Furchung findet keine Vergrößerung des Keimes statt. Die Masse der Keimblase ist daher nicht größer als die des Eies. Das Wesen der **Furchung** besteht demnach darin, daß aus der befruchteten Eizelle ohne Volumzunahme eine große Anzahl kleiner Zellen entsteht. Dies erfolgt durch eine Reihe aufeinanderfolgender karyokinetischer Zellteilungen. Von den gewöhnlichen Karyokinesen unterscheiden sich die Furchungskaryokinesen dadurch, daß sich die aus den einzelnen Furchungszellen entstehenden beiden Tochterzellen schon wieder teilen, bevor sie zur Größe ihrer Mutterzellen herangewachsen sind. Die Furchungszellen werden daher immer kleiner und kleiner.

Bei den placentalen Säugetieren entsteht eine besondere Keimblase, die **Säugerkeimblase** (Säugerblastula, -blastocyste). Nachdem bei diesen Tieren durch eine Anzahl von Furchungsteilungen eine aus vielen Zellen bestehende Kugel entstanden ist (Maulbeerstadium, Morula), bildet sich bald ein Unterschied zwischen den im Inneren dieser Zellkugel befindlichen und den übrigen, äußeren Zellen aus. Durch Spalten, welche miteinander zu einem größeren Hohlraume — zu der Keimblasenhöhle (Abb. 14, Kh) — zusammenfließen, wird außerdem die äußere Zellage von den inneren Zellen fast ganz abgetrennt. Diese innere Zellmasse hängt jetzt als ein Knoten in die Keimblasenhöhle hinein; sie wird, da sie allein den embryonalen Körper aus sich entstehen läßt, als Embryonalknoten oder als Embryoblast bezeichnet (Abb. 14, E). Die äußere Zellage dagegen liefert später das Epithel jener Hülle des Embryo, welche mit dem mütterlichen Gewebe, also mit dem Uterus, in Verbindung tritt und so die Ernährung des Embryo vermittelt. Diese äußere Zellage wird daher als Trophoblast bezeichnet (Abb. 14, Tr).

In der befruchteten Eizelle müssen naturgemäß alle materiellen und dynamischen Bedingungen für die Entstehung der einzelnen Teile des embryonalen Körpers enthalten sein. Da nun die befruchtete Eizelle durch die Furchung in eine Anzahl von Zellen zerfällt, könnte man glauben, daß diese Bedingungen durch die Furchung auf die einzelnen Furchungs-, bzw. Keimblasenzellen verteilt werden. Diese Zellen würden dadurch verschiedene Eigenschaften erhalten, so daß jede einzelne, bzw. Gruppen von ihnen die Fähigkeit erhielten, nur bestimmte Teile oder Organe des embryonalen Körpers aus sich entstehen zu lassen. Die Bildungskräfte, die Potenzen der einzelnen Furchungszellen und der Zellen der Keimblase, wären demnach verschiedene und die einzelnen Zellgruppen des Keimes würden voneinander verschiedene „organbildende Keimbezirke" darstellen. Wenn es nun im allgemeinen auch richtig ist, daß sich während der Entwicklung eine Verschiedenheit der Potenzen der einzelnen Zellen, also eine Spezialisierung dieser Zellen, ausbildet, so haben entsprechende Versuche doch gelehrt, daß sich diese Spezialisierung bei vielen Eiarten nicht schon bei den ersten Furchungsteilungen, sondern erst später ausbildet. Bei diesen Eiarten besitzen demnach die ersten Furchungszellen die gleichen Potenzen — sie sind äquipotent; und sie sind auch imstande, wenn sie sich isoliert, d. h. losgelöst aus dem Verbande mit den übrigen Furchungszellen entwickeln können, einen ganzen, wenn auch entsprechend kleineren Embryo aus sich entstehen zu lassen — sie sind also totipotent. Daß das Ei des Menschen zu dieser Gruppe von Eiern gehört, wird durch das Vorkommen von eineiigen Zwillingen (bzw. Mehrlingen) beim Menschen bewiesen, d. h. von Zwillingen, welche nicht aus zwei (oder mehr) befruchteten Eizellen (zweieiige Zwillinge, bzw. Mehrlinge), sondern aus einer befruchteten Eizelle entstanden sind. Die oben erwähnten Versuche und die eineiigen Zwillinge beweisen, daß die in den ersten Furchungszellen enthaltenen Potenzen größer sind als jene, welche diese Zellen bei der normalen Entwicklung entfalten. Dies gilt auch für die Zellen späterer Entwicklungsstadien. Denn nur dadurch läßt sich das Vorkommen von Mehrfachbildungen erklären, d. h. von Fällen, bei welchen sich auf dem Embryonalknoten einer Keimblase statt einer zwei (oder mehr), manchmal auch miteinander zum Teile verschmolzene Embryonalanlagen oder aus einer Organanlage statt eines zwei Organe entwickeln. Die Zellen entfalten demnach bei der normalen Entwicklung nur einen Teil der in ihnen enthaltenen Potenzen, die übrigen Potenzen bleiben verborgen — „latente Potenzen" — und entfalten sich nur unter besonderen, abnormen Umständen. Die möglichen Wandlungsfähigkeiten der Zellen — ihre „prospektive Potenz" — sind demnach im allgemeinen größer als jene, welche bei der normalen Entwicklung zutage treten — „prospektive Bedeutung". Auch in den Zellen des fertigen Organismus sind daher vielfach noch latente Potenzen enthalten.

Die Entfaltung der in den Zellen enthaltenen Potenzen, die Ausbildung, die Differenzierung der Zellen erfolgt teils durch die in diesen Zellen selbst enthaltenen Kräfte: Selbstdifferenzierung; teils unter dem Einflusse von außerhalb der Zellen befindlichen Umständen: Abhängige Differenzierung.

Die Bildung der Keimblätter (Gastrulation).

Erst nach der Furchung beginnt sich der Keim zu vergrößern. Diese Vergrößerung beruht nicht bloß auf einer Neubildung von Zellen, sondern die neugebildeten Zellen ordnen sich auch in bestimmter Weise an. Zu diesem Zwecke sind bestimmt gerichtete Bewegungen der Zellen notwendig. Zur Zellneubildung gesellt sich daher bei der weiteren Entwicklung Zellbewegung, später auch die Ausbildung struktureller Besonderheiten der Zellen, also die Zelldifferenzierung. An gewissen Stellen gehen Zellen zugrunde, die Entwicklung ist daher auch mit Zelluntergang verbunden.

Der Vorgang, welcher unmittelbar nach der Furchung einsetzt, führt dazu, daß sich die neugebildeten und sich in bestimmter Weise bewegenden Zellen zu Epithelblättern anordnen, welche man als Keimblätter bezeichnet. Innerhalb dieser zunächst rein epithelialen Keimblätter kommt es dann zu einer Sonderung in potentiell verschiedenwertige Zellgruppen und diese Zellgruppen stellen die einzelnen Organanlagen dar. Nach der Lage der Keimblätter im Keime unterscheidet man ein äußeres, inneres und mittleres Keimblatt, ein Ekto-, Ento- und Mesoderm (Ekto-, Ento-, Mesoblast).

Bei der Bildung dieser Keimblätter kann man zwei Phasen unterscheiden: Die Bildung des inneren Keimblattes, die Gastrulation und die Entwicklung des mittleren Keimblattes, die Cölomation. Der Name Cölomation rührt daher, daß mit der Bildung des mittleren Keimblattes auch die Bildung der Leibeshöhle, des Cöloms, verbunden ist. Diese beiden Vorgänge werden auch unter dem Namen „Gastrulation" zusammengefaßt, da sie zumeist zeitlich ineinander übergehen, bzw. sogar zeitlich fast ganz zusammenfallen.

Am einfachsten vollzieht sich die Bildung dieser Keimblätter bei dem von vielen Forschern als Vorfahre der Wirbeltiere aufgefaßten Lanzettfisch, Amphioxus lanceolatus. An dessen Keimblase kann man einen dorsalen „animalen" und einen ventralen „vegetativen" Abschnitt unterscheiden (Abb. 11 g). Die Gastrulation beginnt nun damit, daß sich der vegetative Abschnitt mit seinem dorsalen Teile in die Keimblasenhöhle einstülpt (Abb. 15a). Gleichzeitig damit tritt eine starke Zellvermehrung im animalen Abschnitte der Keimblasenwand auf. Die neugebildeten Zellen dienen teils zur Verlängerung und Streckung des ganzen Keimes, teils werden sie mit den sich gleichfalls vermehrenden Zellen des vegetativen Keimblasenabschnittes in das Innere der Keimblase eingerollt, bzw. eingestülpt (Abb. 15b—d). Die auf diese Weise in das Keiminnere gelangende Zellmasse verengert die Keimblasenhöhle immer mehr und mehr, bis diese Höhle schließlich schwindet (Abb. 15d). Der Keim stellt nunmehr einen Becher dar, dessen Wände aus zwei Epithellamellen bestehen. Die äußere dünnere Lamelle ist das äußere Keimblatt, Hautsinnesblatt oder Ektoderm, die innere dickere Lamelle ist das innere Keimblatt, Entoderm, primäres oder Ur-Entoderm. Die von dem inneren Keimblatte umschlossene Höhle des Bechers ist die Darmleibeshöhle, das Cölenteron oder der Urdarm, Progaster. Die an dem hinteren Ende des Keimes befindliche Öffnung der Darmleibeshöhle ist der Urmund, Blasto- oder Gastroporus. Seine Ränder sind die Urmundlippen (dorsale, ventrale, seitliche Lippen). Wie aus der Lage des Urmundes am hinteren Körperende hervorgeht, steht der Urmund nicht in Beziehung zur Bildung des späteren

Mundes, sondern zu jener des Afters. Der ganze Keim wird als Darm- oder Becherlarve, Gastrula, bezeichnet.

Der Gastrulationsvorgang besteht demnach beim Amphioxus aus einer Einstülpung (Invagination) des vegetativen Zellmateriales und aus einer an der

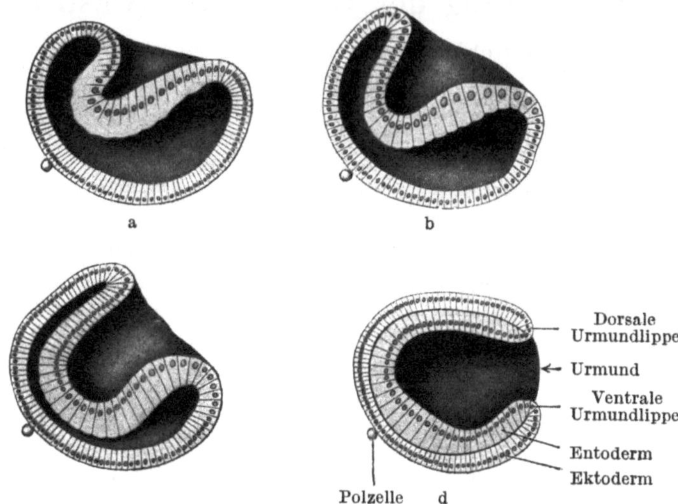

Abb. 15. Gastrulation von Amphioxus lanceolatus. Nach CERFONTAINE.

dorsalen Urmundlippe erfolgenden Einrollung animaler Zellen in das Keiminnere. Diese Einrollung setzt sich später auf die seitlichen und auf die ventrale Urmundlippe fort. Die durch Einrollung an der dorsalen Urmundlippe

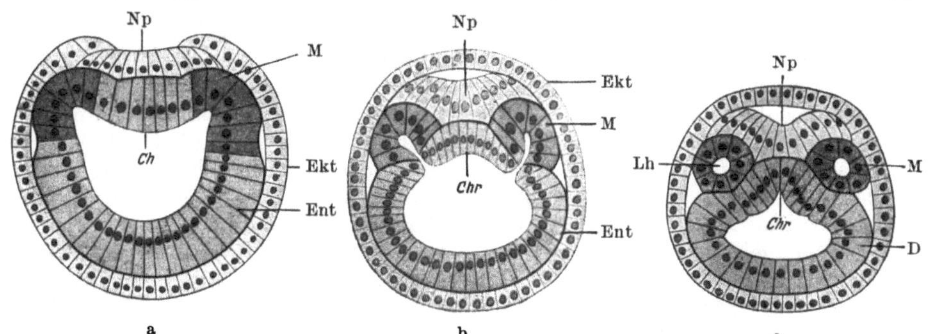

Abb. 16. Querschnitte durch drei junge Keime von Amphioxus lanceolatus. a Embryo mit einem Ursegmentpaar; b Embryo mit vier, c Embryo mit fünf Ursegmentpaaren. Ch Chorda; Chr Chordarinne; D Darmrohr; Ekt Ektoderm; Ent Entoderm; Lh Leibeshöhle; M Mesodermfalte bzw. Mesodermsegment; Np Nervenplatte. Nach HATSCHEK.

in das Keiminnere gelangten Zellen bilden das Urdarmdach, während die vegetativen Zellen den Urdarmboden bilden.

Die aus zwei Keimblättern bestehende Gastrula wächst in die Länge, wobei sich ihre Rückenfläche abplattet (Abb. 18). In der Mitte dieser Fläche werden die Zellen höher und bilden so eine Platte, die Anlage des Nervensystems, die sog. Medullarplatte, Nerven- oder Neuralplatte. Diese senkt sich auf das Urdarmdach herab (Abb. 16a), wird vom Ektoderm überwachsen (Abb. 16b), bildet hierauf eine Rinne — Medullar- oder Neuralrinne (Abb. 16c) —

deren Seitenwände sich dorsal vereinigen, so daß aus der Rinne ein Rohr entsteht: Medullar-, Neural- oder Nervenrohr (Abb. 17). Durch die Ausbildung der Anlage des Nervensystems wird die Gastrula zu einer Neurula.

Die Medullarplatte reicht caudal bis zum Urmunde. Da nun das Ektoderm auch das caudale Ende der Medullarplatte, bzw. der Medullarrinne überwächst, wird auch der Urmund von ihm überwachsen. Nach Schluß der Medullarrinne zum Medullarrohre kommuniziert daher die Lichtung des Medullarrohres (der Canalis centralis) vermittels des Urmundes mit dem Urdarme (Abb. 18). Die zum Urmunde führende Fortsetzung des Canalis centralis wird als Canalis neurentericus (Abb. 18) bezeichnet. Sein unterer Abschnitt wird später verschlossen, wodurch der Canalis centralis sowie der Darm caudalwärts abgeschlossen und voneinander getrennt werden. Vorne öffnet sich das Medullarrohr eine Zeitlang noch durch den Neuroporus nach außen (Abb. 18).

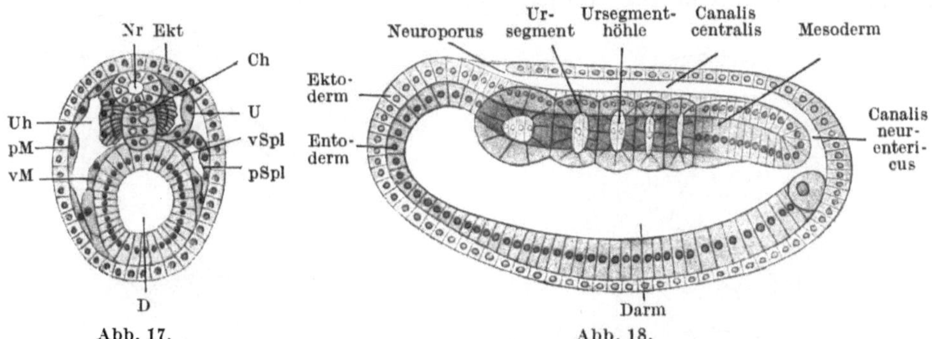

Abb. 17. Querschnitt durch einen Embryo von Amphioxus lanceolatus mit 11 Ursegmentpaaren. Ch Chorda dorsalis; D Darmrohr; Ekt Ektoderm; p, vM parietales, viscerales Mesoderm; Nr Nervenrohr; pSpl parietale Seitenplatte; vSpl viscerale Seitenplatte; U Urwirbel; Uh Ursegmenthöhle. Auf den beiden Körperseiten sind verschiedene Entwicklungsstadien dargestellt. Nach HATSCHEK. Abb. 18. Optischer Längsschnitt durch eine Amphioxuslarve mit 5 Ursegmentpaaren. Nach HATSCHEK.

Während dieser Vorgänge vollzieht sich die Bildung des mittleren Keimblattes. Das Urdarmdach sondert sich dadurch, daß es in der Mitte durch die Nervenplatte ein wenig nach abwärts gedrängt wird, in einen mittleren und in zwei seitliche Bezirke (Abb. 16a). Der mittlere Abschnitt ist die Chordaplatte; sie vertieft sich zur Chordarinne (Abb. 16b, c), die sich später von der Darmwand abschnürt, zu einem Rohre, bzw. Stabe abschließt und so die Rücken- oder Wirbelsaite, die Chorda dorsalis bildet (Abb. 17). Die seitlichen Abschnitte falten sich am Übergange der dorsalen in die seitliche Wand des Urdarmes dorsalwärts aus, so daß an diesen Stellen Ausbuchtungen entstehen — die Mesodermfalten oder Cölomtaschen (Abb. 16a). Sie vertiefen sich immer mehr und schnüren sich schließlich von der Urdarmwand vollständig ab (Abb. 16b, c, M), so daß dann auf jeder der beiden Körperseiten zwischen Urdarm, Neuralrinne und Ektoderm ein Hohlsack liegt, der das mittlere Keimblatt, das Mesoderm, darstellt. Der Hohlraum jedes dieser Hohlsäcke ist die primäre Leibeshöhle, das (primäre) Cölom (Abb. 16c).

Nach Abschnürung der Chorda und der beiden Mesodermfalten schließt sich das primäre Entoderm durch Vorwachsen von den beiden Seiten her in dorsomedianer Richtung zu einem Rohre zusammen, das den bleibenden oder sekundären Darm darstellt (Abb. 17). Das Entoderm selbst wird nunmehr als sekundäres Entoderm oder als Darm-Drüsenblatt bezeichnet.

An den entsprechend dem Längenwachstum der Larve immer länger werdenden Mesodermfalten treten in kranio-caudaler Richtung in regelmäßigen

Abständen quere Scheidewände auf, so daß jede der beiden Mesodermfalten in eine Anzahl kleiner, hintereinander liegender Folgestücke — Segmente — zerteilt wird. Sie werden als Ursegmente, Mesodermsegmente, und ihre Hohlräume als Ursegmenthöhlen bezeichnet (Abb. 18). Die mediale Wand der Ursegmente liegt dem Medullarrohre, der Chorda und dem Darme, die laterale Wand dem Ektoderm an (Abb. 17, linke Bildhälfte). Die mediale Wand wird als viscerales, die laterale als parietales Mesoderm bezeichnet.

Die zarten Scheidewände, durch welche die Ursegmente voneinander abgetrennt werden, reißen hierauf in der ventralen Körperhälfte durch. Die Ursegmenthöhlen fließen daher im ventralen Körperabschnitte jederseits zu einer einheitlichen Höhle zusammen: Sekundäre Leibeshöhle, Cölom (sekundäres Cölom). Während auf diese Weise die Segmentierung des Mesoderms in dem ventralen Körperabschnitte verschwindet, bleibt sie im dorsalen erhalten. Die dorsalen Abschnitte der Ursegmente werden nunmehr als Urwirbel, Somiten oder

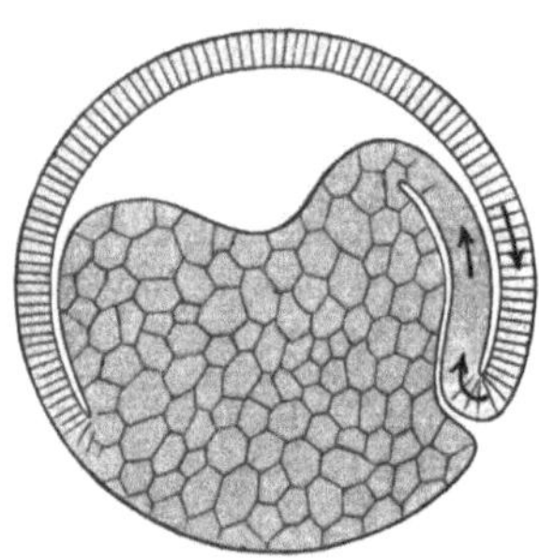

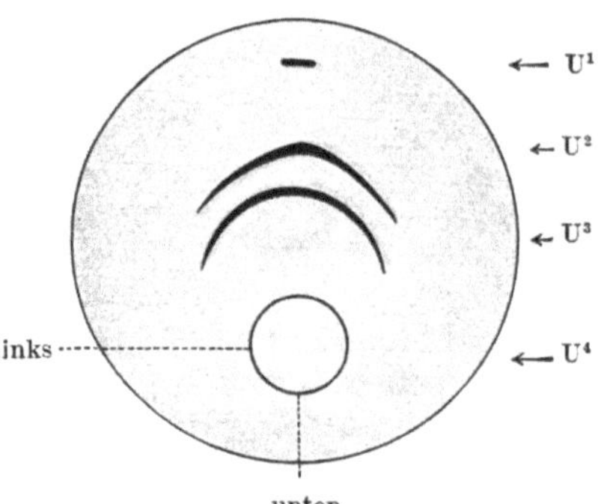

Abb. 19. Schematische Darstellung des Gastrulationsvorganges bei den Amphibien. Die Pfeile geben die Richtung der Bewegungen an.

Abb. 20. Verschiedene Stadien der Urmundbildung (U¹—U⁴) bei einem Amphibienei. Nach MORGAN.

als sekundäre Ursegmente bezeichnet, während die ventralen, die Leibeshöhle einschließenden, nicht segmentierten Abschnitte der Ursegmente die sog. Seitenplatten bilden (Abb. 17, rechte Bildhälfte). Die dem Ektoderm anliegende, also die seitliche Wand der Leibeshöhle darstellende Seitenplatte ist die parietale Seitenplatte oder Somatopleura, die dem Darm anliegende, die mediale Leibeshöhlenwand bildende Seitenplatte ist die viscerale Seitenplatte oder Splanchnopleura.

Eine gewisse Ähnlichkeit mit der Gastrulation des Amphioxus besitzt die Gastrulation bei den Amphibien. Die Keimblase besteht bei ihnen wie bei Amphioxus in einem ihrer Abschnitte aus kleineren „animalen“, in dem anderen Abschnitte aus großen, dotterreichen „vegetativen“ Zellen (vgl. Abb. 12). Das Übergangsgebiet dieser beiden Zellarten befindet sich an der seitlichen Keimblasenwand im Gebiete der sog. Randzone. An einer dem späteren Hinterende des Keimes entsprechenden Stelle dieser Randzone beginnt nun die Gastrulation als Einstülpung vegetativer Zellen in das Keiminnere. Der Einstülpung folgt alsbald eine Einrollung der in rege Zellvermehrung eintretenden animalen Zellen in die Keimblasenhöhle (Abb. 19). Die an der Außenfläche des Keimes zunächst als eine quere Furche erscheinende Einstülpungs- und Einrollungsstelle ist der Urmund (Abb. 19, 20, 21), der schmale Spalt zwischen den eingestülpten vegetativen und den eingerollten animalen Zellen ist der Urdarm (Abb. 19, 21). Indem sich nun die Einstülpung auch in seitlicher und dann in ventraler Richtung fortsetzt, wird der zunächst quere Urmund später sichel-, dann hufeisenförmig und schließlich — durch Entgegenwachsen der beiden

Enden des Hufeisens — kreisförmig (Abb. 20), so daß man dann an ihm eine dorsale, eine ventrale und zwei seitliche Urmundlippen (Abb. 21) unterscheiden kann. Während dieses Vorganges werden immer mehr animale Zellen in das Keiminnere eingerollt und vegetative Zellen eingestülpt. Der Urdarm verlängert und erweitert sich (Abb. 19, 21), die Furchungs- oder Keimblasenhöhle wird infolgedessen immer mehr und mehr eingeengt, bis schließlich das in das Keiminnere eingestülpte und eingerollte Zellmaterial der äußeren, das Ektoderm des Keimes darstellenden Wand unmittelbar anliegt (Abb. 21).

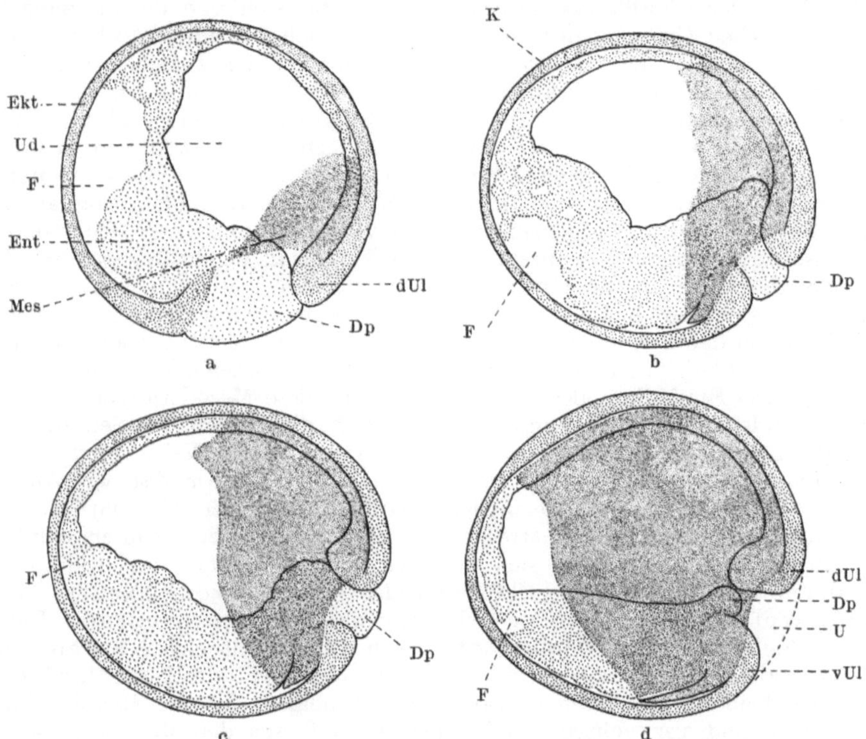

Abb. 21. Medianschnitte durch 4 verschieden alte Gastrulae des Rippenmolches (Pleurodeles Waltli) mit rekonstruiertem Mesodermmantel. Die drei Keimblätter sind durch verschiedene Punktierung gekennzeichnet und zwar das Entoderm durch lockere, das Ektoderm durch dichtere, das Mesoderm durch besonders dichte. Dp Dotterpfropf; Ekt Ektoderm; Ent Entoderm; F Rest der Furchungshöhle; K Vorderende des Bereiches der Medullarplatte; Mes Mesoderm: U Urmund; Ud Urdarm; dUl, vUl dorsale, ventrale Urmundlippe. Nach VOGT.

Im Inneren des Keimes ist nur mehr eine Höhle vorhanden, die Höhle des Urdarmes. Das Dach dieses Urdarmes wird von den an der dorsalen Urmundlippe eingerollten animalen Zellen, die vordere, die ventrale und die Seitenwände werden von den vegetativen Zellen gebildet. Da die Einstülpung der großen, schwer beweglichen vegetativen Zellen nur langsam vor sich geht, ragt ein Teil von ihnen eine Zeitlang noch aus dem Urmunde als „Dotterpfropf" hervor (Abb. 21). Wie beim Amphioxus beteiligt sich nun auch bei den Amphibien das Dach des Urdarmes nicht an der Bildung der Wand des bleibenden Darmes, es liefert vielmehr, wie beim Amphioxus, aus seinem medianen Abschnitte die Chorda dorsalis, aus seinen seitlichen Abschnitten einen Teil des Mesoderms. Man kann daher das durch Einrollung animaler Zellen an der dorsalen Urmundlippe entstandene Urdarmdach als Chordamesodermplatte bezeichnen. Der Zusammenhang zwischen den Seitenwänden dieser Platte und den Seitenwänden des

Urdarmes löst sich später, die Seitenwände des Urdarmes wachsen in dorso-medianer Richtung unter der Platte vor und vereinigen sich in einer dorsomedianen Nahtlinie, wodurch erst die dorsale Wand des bleibenden Darmes gebildet wird. Die gesamte Wand dieses Darmes wird nunmehr von den eingestülpten vegetativen Zellen gebildet und diese stellen das Entoderm des Keimes dar. Das Mesoderm dagegen entsteht aus den in reger Zellteilung befindlichen animalen Zellen, welche im Bereiche des ganzen Randes des Urmundes in das Keiminnere eingerollt werden. Diese Einrollung beginnt an der dorsalen Urmundlippe mit der Bildung der Chordamesodermplatte und setzt sich von da aus zunächst auf die seitlichen Urmundlippen und schließlich auch auf die ventrale Urmundlippe fort (Abb. 21). Die eingerollten Zellen schieben sich zwischen dem Ektoderm und dem Entoderm kranialwärts vor, so daß das Entoderm allmählich von einem Zellmantel umhüllt wird, der als Mesodermmantel bezeichnet werden kann. Entsprechend der am Urmunde erfolgenden und dort in dorso-ventraler Richtung vordringenden Einrollung breitet sich dieser Mesodermmantel von der caudalen und dorsalen Seite des Keimes her allmählich kranial- und ventralwärts über dem Entoderm aus (Abb. 21). Die auf diese Weise gebildete Zellmasse zerfällt hierauf in ihrem dorsalen Anteile in regelmäßig aufeinander-folgende Teilstücke, in die Urwirbel, während ihre seitlichen und ventralen Anteile unsegmentiert bleiben und die Seitenplatten darstellen. Zwischen den Urwirbeln und den Seitenplatten sind schmale Verbindungsstücke eingeschaltet, die als Mittelplatten oder Ursegmentstiele bezeichnet werden (vgl. Abb. 33). Die Epithellamellen, aus welchen alle diese Mesodermteile bestehen, liegen einander dicht an, erst später trennen sich die beiden, die Seitenplatten darstellenden Lamellen voneinander und die auf diese Weise entstandenen Hohlräume stellen jederseits die Leibeshöhle, das Cölom dar (vgl. Abb. 33 sowie die schematische und körperliche Darstellung in der Abb. 93).

Während dieser Vorgänge streckt sich und wächst der Keim in caudaler Richtung in die Länge, plattet sich an seiner dorsalen Fläche etwas ab und läßt hier durch Höherwerden der Ektodermzellen eine Nerven-, Neural- oder Medullarplatte entstehen. Der Keim wird damit zu einer Neurula. Indem sich die Seitenteile der Medullarplatte erhöhen, entsteht eine Nerven- oder Medullarrinne, deren Seitenwände Nerven-, Neural- oder Medullarfalten (-wülste) heißen. Mit ihren dorsalen Firsten neigen sich die Medullarfalten einander zu und verwachsen miteinander, so daß aus der Medullarrinne ein Medullarrohr, Nervenrohr entsteht, das unter dem Ektoderm liegt (vgl. Abb. 33, 34, 35, 40a). Seine Lichtung ist der Canalis centralis. Dieser geht in frühen Entwicklungsstadien bei den schwanzlosen Amphibien (Anuren) mittels des Canalis neurentericus in die Lichtung des Urdarmes über.

Obzwar die Eier der Säugetiere — und daher auch das menschliche Ei — wie die Eier des Amphioxus und der Amphibien holoblastisch sind, unterscheidet sich der äußere Ablauf der Gastrulation bei den Säugetieren wesentlich von jenem des Amphioxus und der Amphibien. Dies ist auch begreiflich, da ja der embryonale Körper bei den Säugetieren nicht wie bei Amphioxus und bei den Amphibien aus einer Keimblase, sondern aus einer soliden Zellmasse, nämlich aus dem Embryonalknoten der Säugetierkeimblase hervorgeht und eine Ein-stülpung in dieser soliden Zellmasse naturgemäß nicht möglich ist. Dagegen stimmt die Gastrulation der Säugetiere in ihrem äußeren Ablaufe mit jener der Vögel überein, obzwar diese Tiere nicht holo- sondern meroblastische Eier besitzen. Auch bei den meroblastischen Eiern ist eben eine Einstülpung nicht möglich, da ja der Keim bei ihnen als eine aus Zellen bestehende Scheibe dem toten Dotter aufruht (vgl. Abb. 13). Da sich demnach die Gastrulation bei den Vögeln und bei den Säugetieren im wesentlichen in der gleichen Weise vollzieht und da die Ermittelung der hierbei stattfindenden Bewegungen der Zellen nicht an dem innerhalb des mütterlichen Körpers sich entwickelnden Säugetierei, sondern nur an dem Vogelei zur unmittelbaren Anschauung gebracht werden kann, soll hier zuerst die Gastrulation bei den Vögeln geschildert werden.

Die Bildung des inneren Keimblattes beginnt beim Vogelei unmittelbar nach der Furchung damit, daß sich am hinteren Rande der mehrschichtigen Keimscheibe von der untersten Zellschichte dieser Scheibe Zellen ablösen und unter der Keimscheibe, über dem Dotter, in der Furchungshöhle kranialwärts vorwandern, wobei sie sich zu einer Epithellamelle zusammenschließen. Diese Epithellamelle stellt das Entoderm des jungen Keimes dar, während die darüber gelegene, aber von dem Entoderm durch einen Zwischenraum getrennte Zellschichte das Ektoderm ist. Die Gastrulation erfolgt demnach bei diesen Eiern nicht durch Einstülpung, sondern durch Ablösung von Zellen. Ektoderm und Entoderm liegen als Epithellamellen in ganzer Fläche übereinander, ein Urdarm wie bei Amphioxus und bei den Amphibien kann daher nicht gebildet werden.

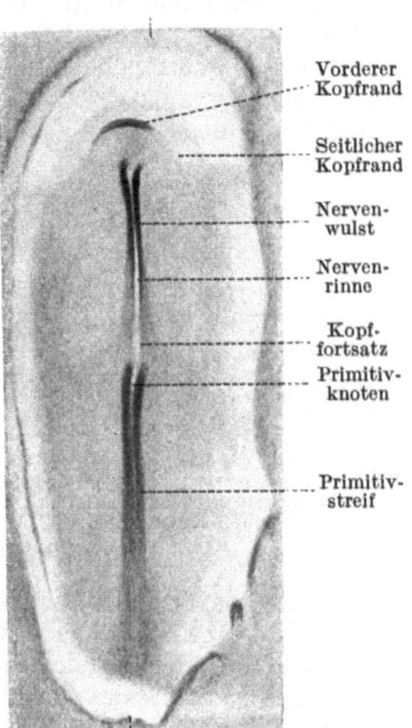

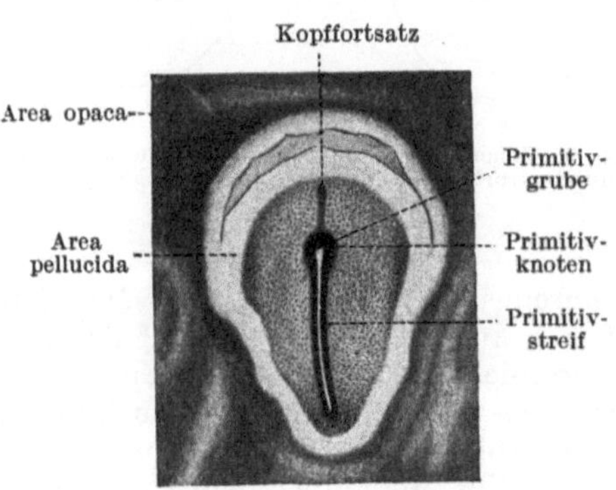

Abb. 22. Keimscheibe eines etwa 16 Stunden bebrüteten Hühnereies. 24fache Vergrößerung.

Abb. 23. Keimscheibe eines etwa 18 Stunden bebrüteten Hühnereies. 20fache Vergrößerung.

Die nunmehr aus dem Ekto- und Entoderm bestehende Keimscheibe vergrößert sich durch Zellvermehrung und breitet sich daher immer mehr auf dem Dotter aus. Der unter ihr befindliche Dotter wird dabei verflüssigt, so daß dieser Teil des Eies heller als der übrige erscheint. Man nennt ihn daher den hellen Fruchthof, Area pellucida, zum Unterschiede von dem ihn umgebenden dunklen Fruchthof oder Dotterhof, Area opaca, Area vitellina (Abb. 22, 28). Innerhalb der Area pellucida verdickt sich das Ektoderm der Keimscheibe zu einer zuerst rundlichen, dann ovalen und vorne verbreiterten Platte, welche man als Embryonalschild bezeichnet. In dem hinteren verschmälerten Abschnitte dieses Schildes tritt hierauf ein dunkler Streif auf, der sog. Primitivstreif (Abb. 22, 28). In diesem Primitivstreif ist das Material für den größten Teil des Körpers enthalten. Während sich dieser Streif gleichmäßig mit dem sich vergrößernden Embryonalschilde verlängert, bildet sich in ihm eine Längsrinne aus, die Primitivrinne; die sie begrenzenden wallartigen Seitenwände des Primitivstreifens sind die Primitivwülste(-falten,

Abb. 22, 26). Das vordere Ende des Primitivstreifens verdickt sich zum Primitivknoten (Knoten des Primitivstreifens, HENSENscher Knoten);
das in diesem befindliche vordere Ende der Primitivrinne kann sich zu einer
Grube, zur Primitivgrube, erweitern. Vor dem Primitivknoten erscheint
hierauf ein schmaler, medianer, unter dem Ektoderm gelegener Streif, dessen
Name — Kopffortsatz — nur insoferne berechtigt ist, als er sich kopfwärts
verlängert (Abb. 22, 23). In der Mitte des vor dem Kopffortsatze gelegenen
Abschnittes des hellen Fruchthofes verdickt sich hierauf das Ektoderm zu
einer caudalwärts sich verlängernden Platte, welche die Anlage des Gehirnes und
Rückenmarkes darstellt und welche daher als Nerven-, Neural- oder Medullarplatte bezeichnet wird. Ihre seitlichen Abschnitte erheben sich dann zu
den Nerven-, Neural- oder Medullarwülsten (-falten); die zwischen
diesen Wülsten entstehende Rinne ist die Rücken-, Nerven- oder Medullarrinne (Abb. 23, 28). Die Medullarwülste verlängern sich hierauf in caudaler
Richtung, umwachsen infolgedessen den Kopffortsatz und schließlich auch das

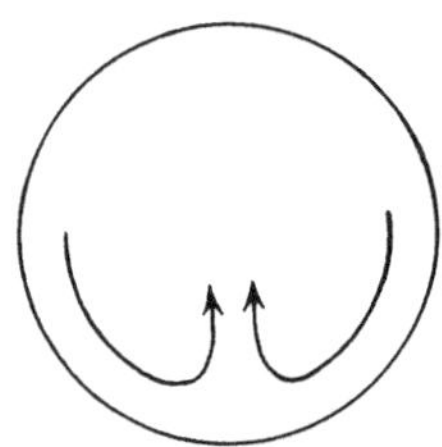
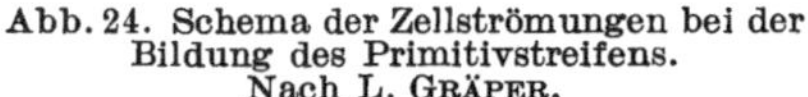
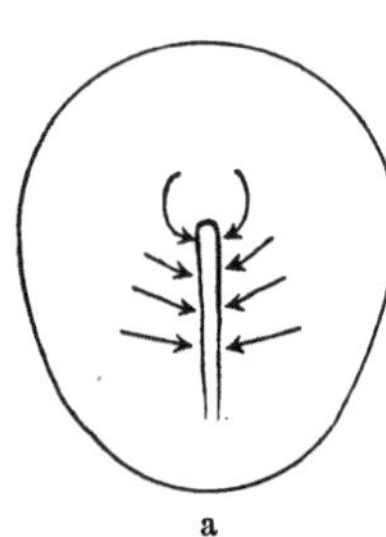
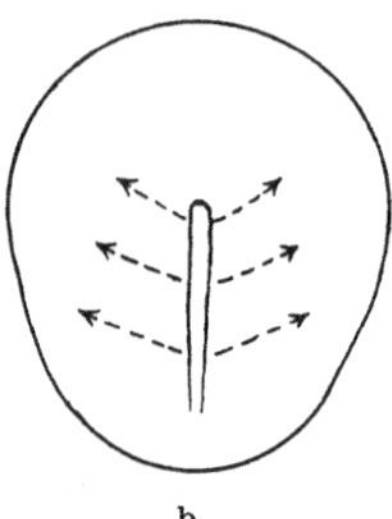

Abb. 24. Schema der Zellströmungen bei der   Abb. 25. Schema der Zellströmungen an einem jungen
Bildung des Primitivstreifens.   Primitivstreifen. a in der oberflächlichen Schicht,
Nach L. GRÄPER.   b in der tieferen Schicht.
Nach L. GRÄPER.

vordere Ende des Primitivstreifs. In demselben Maße, als sich die Medullaranlage caudalwärts verlängert, verkürzt sich auch der Primitivstreif dadurch,
daß sich sein vorderes Ende caudalwärts verschiebt. Der Primitivknoten wandert
also mit den sich caudalwärts verlängernden und ihn umfassenden hinteren
Enden der Medullarwülste caudalwärts (vgl. Abb. 23 mit Abb. 28), bis schließlich der ganze Primitivstreif verschwindet. Vor und über dem caudalwärts
wandernden Primitivknoten schließt sich allmählich — in derselben Weise wie
bei den Amphibien — die Medullarrinne zum Medullarrohre. Der mit der
Anlage des zentralen Nervensystems versehene Vogelkeim (Abb. 23) entspricht
der Neurula des Amphioxus- und Amphibienkeimes.
Die Zellbewegungen, durch welche die Gastrulation nach dem früher Gesagten
zustande kommt, lassen sich nun auch beim Vogelkeime nachweisen. Die Bildung
des Entoderms besteht, wie bereits erörtert wurde, in der Ablösung und Vor-
wärtswanderung von Ektodermzellen. Die Bildung des mittleren Keimblattes
wird — nach der einen Ansicht — dadurch eingeleitet, daß sich Zellen des
vorderen seitlichen Bezirkes in jeder der beiden Hälften des noch rundlichen
Embryonalschildes nach rückwärts bewegen, dort gegen die Mitte abschwenken
und dann nebeneinander in dem medianen Abschnitte des Embryonalschildes
nach vorne ziehen (Abb. 24). Dadurch wird in der Mitte des Embryonalschildes der Primitivstreif gebildet. Dieser verlängert sich vor allem dadurch,
daß ihm durch die geschilderte Zellbewegung hinten immer neues Zellmaterial
von den Seiten zugeführt wird und indem er selbst durch eigene Zellvermehrung
in die Länge wächst. Durch die am hinteren Ende des Primitivstreifs erfolgende
Hinzufügung von Zellmaterial wird der ursprünglich kreisrunde Embryonalschild

in seiner hinteren Hälfte immer mehr in die Länge gestreckt, während seine vordere Hälfte rund bleibt. Der Embryonalschild erhält infolgedessen eine Birnform (Abb. 22). Nachdem der Primtivstreif ungefähr 2 mm lang geworden ist, wird diese Zellbewegung immer schwächer. Nach einer anderen Ansicht wird der Primitivstreif an Ort und Stelle gebildet. Nach seiner Bildung strömt neues Zellmaterial von beiden Seiten her in die Primitivwülste ein (Abb. 25a). Bei jungen Primitivstreifen ist diese Strömung vorne besonders stark und sie führt Zellen zum

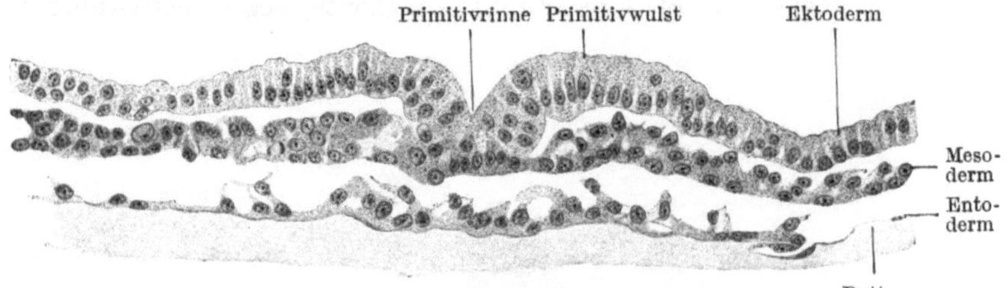

Abb. 26. Querschnitt durch den Primitivstreif eines 16 Stunden bebrüteten Hühnereies. 200fache Vergrößerung.

Primitivstreif heran, welche früher seitlich vor dessen vorderem Ende lagen. (Abb. 25a). Das zum Primitivstreif strömende Zellmaterial verschwindet in der Tiefe der Primitivrinne, von wo aus es sich zwischen dem Ekto- und Entoderm nach

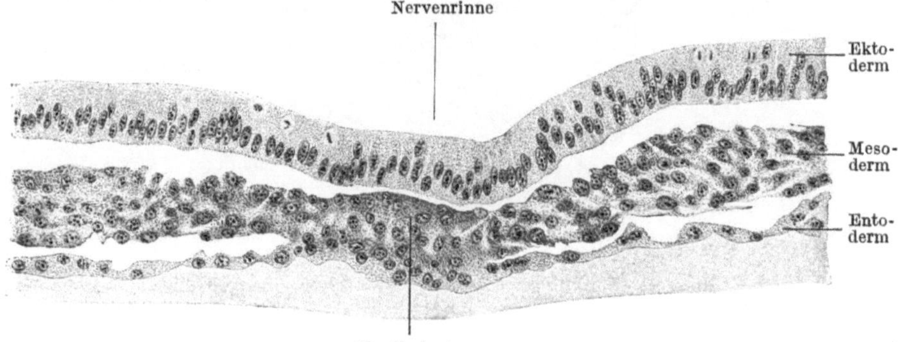

Abb. 27. Querschnitt durch das Vorderende der Keimscheibe eines 25 Stunden bebrüteten Hühnereies. 92fache Vergrößerung.

den beiden Seiten der Keimscheibe zu divergierend fortbewegt (Abb. 25b). Auf einem Querschnitte durch den Primitivstreif (Abb. 26) sieht man daher, daß eine Zellmasse in der Mitte mit dem Grunde der Primitivrinne zusammenhängt, während sie an den beiden Seiten frei zwischen dem Ekto- und Entoderm liegt. Diese Zellmasse ist das Mesoderm, das demnach bei den Vögeln längs des ganzen Primitivstreifs vom Grunde der Primitivrinne aus nach den beiden Seiten hin auswächst. Von dem vorderen Ende des Primitivstreifs, also von dem Primitivknoten aus, wächst diese Zellmasse nicht bloß nach den beiden Seiten, sondern auch nach vorne vor. Der dadurch entstehende mediane, kranialwärts vorwachsende Zellstreif stellt den Kopffortsatz dar (Abb. 22, 23, 27). Er bildet sich zur Chorda dorsalis um. Caudalwärts verlängert sich die Chorda dorsalis dadurch, daß der Primitivknoten entsprechend der späteren Verkürzung des Primitivstreifs immer weiter caudalwärts rückt (Abb. 28). Das Zellmaterial, aus dem die Chorda dorsalis und das Mesoderm entstehen, entspricht der Chordamesodermplatte der Amphibien (S. 21).

Das auf diese Weise entstandene Mesoderm wird nun auf den beiden Körperseiten in seinem mittleren, der Chorda anliegenden Anteile durch Querfurchen in einzelne Abschnitte zerteilt. Die erste dieser Querfurchen bildet sich an einer in dem späteren Hinterkopfe, hinter dem Ohrbläschen, gelegenen Stelle aus. Die übrigen Querfurchen treten in regelmäßigen Abständen hinter der ersten Furche auf und zerteilen daher die ursprünglich einheitliche Mesodermmasse in caudaler Richtung in eine wachsende Anzahl von caudalwärts an Größe abnehmenden Folgestücken (Segmenten), welche man als Urwirbel (Ursegmente) bezeichnet (Abb. 28). Das

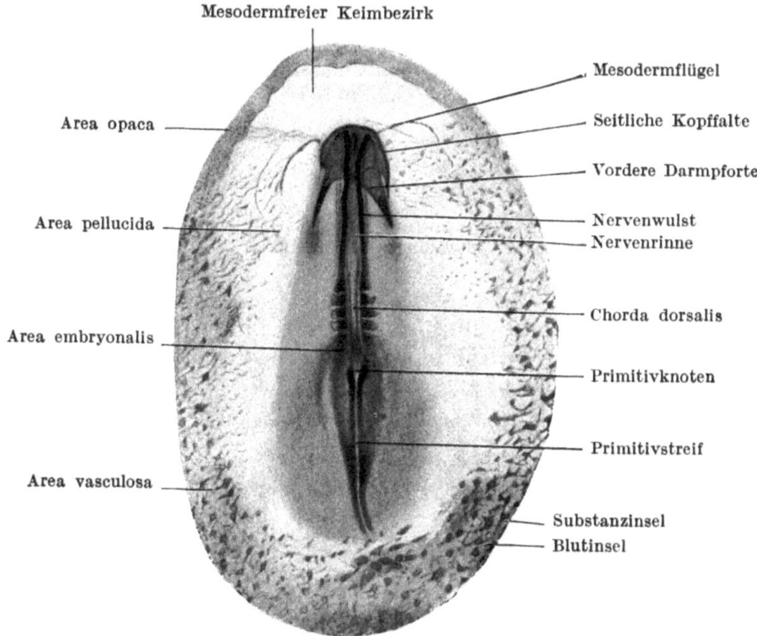

Abb. 28. Keimscheibe mit 4 Urwirbelpaaren eines etwa 23 Stunden bebrüteten Hühnereies. 18 fache Vergrößerung.

seitlich von diesen Urwirbeln gelegene Mesoderm bleibt dagegen unsegmentiert und stellt die Seitenplatten dar. Zwischen ihnen und den Urwirbeln befinden sich die Mittelplatten (vgl. Abb. 93). In der Mitte des Embryonalschildes sind nunmehr die Anlage des zentralen Nervensystems, der Rest des Primitivstreifs, in der Tiefe die Chorda dorsalis, seitlich von ihr die Urwirbel, Mittel- und Seitenplatten, darunter das Entoderm vorhanden. Alle diese Gebilde stellen zusammen die Anlage des embryonalen Körpers, die Area embryonalis, dar (Abb. 28). Ihr mittlerer Abschnitt wird als Stamm- oder Rückenzone, ihre beiden seitlichen Abschnitte werden als Seiten- oder als Parietalzonen (vgl. Abb. 30, Stz und Pz) bezeichnet. In dem Randabschnitte des caudalen Anteiles der Keimscheibe treten sog. Blutinseln und später Blutgefäße auf, wodurch sich hier der Gefäßhof, die Area vasculosa (Abb. 28) auszubilden beginnt, der sich allmählich auch nach den beiden Seiten und im kranialen Randabschnitte der Keimscheibe ausbreitet.

Die an der Oberfläche des Keimes der Säugetiere wahrnehmbaren Veränderungen stimmen mit denen der Vogelkeime im wesentlichen überein. An der Oberfläche des durch Zellvermehrung wachsenden Embryonalknotens bildet sich ein zunächst runder, dann ovaler Embryonalschild aus, der sich hierauf in seinem hinteren Abschnitte verschmälert. In ihm tritt der Primitivstreif mit der Primitivrinne und der Primitivknoten mit der Primitivgrube

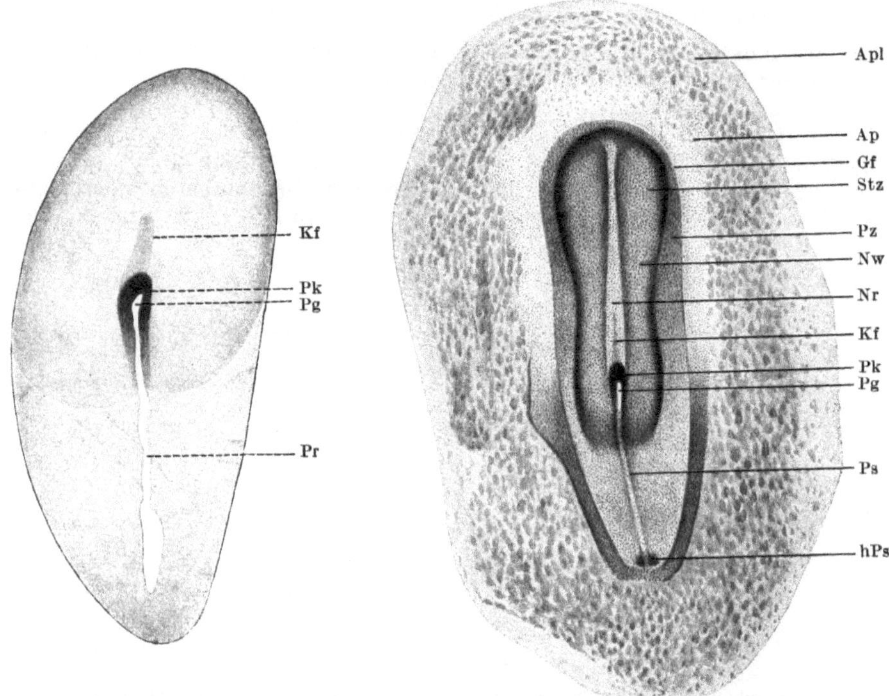

Abb. 29. Embryonalschild vom Kaninchen. 7 Tage 16 Stunden nach der Begattung. Kf Kopffortsatz; Pg Primitivgrube; Pk Primitivknoten; Pr Primitivrinne. 23fache Vergrößerung. Nach C. Rabl.

Abb. 30. Embryonalanlage vom Hunde. 17 Tage 7¹/₂ Stunden nach der Begattung. Ap Area pellucida; Apl Area placentaris (Placentarwulst); Gf Grenzfalte(-rinne); Kf Kopffortsatz; Nr Neuralrinne; Nw Neuralwulst; Pg Primitivgrube; Pk Primitivknoten; Ps Primitivstreif; hPs hinteres Ende des Primitivstreifs; Pz Parietalzone; Stz Stammzone. 15fache Vergrößerung. Nach Bonnet.

und ferner ein Kopffortsatz wie bei den Vögeln auf (Abb. 29, 30, 38). Wie bei den Vögeln entsteht auch die Anlage des zentralen Nervensystems aus einer

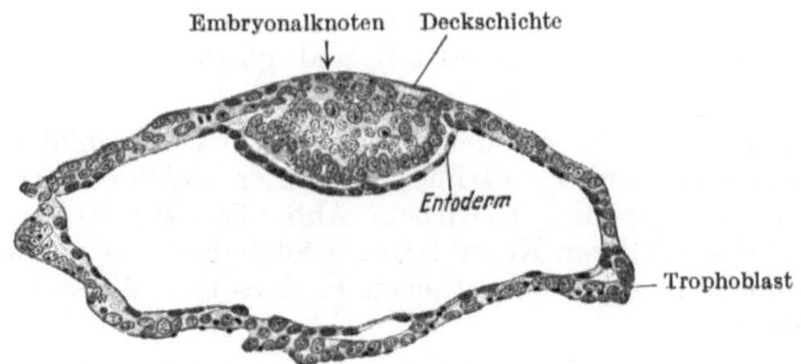

Abb. 31. Schnitt durch die Keimblase einer Fledermaus. Nach van Beneden.

Neuralrinne, deren Seitenwände — die Neuralwülste — sich dorsal miteinander vereinigen und so zu einem von dem Ektoderm bedeckten Nervenrohre schließen. Die hinteren Enden der Nervenwülste umgreifen, wie bei den Vögeln, den caudalwärts wandernden Primitivknoten und verlängern sich seiner Wanderung entsprechend caudalwärts (Abb. 38—40). Unter dem Medullarrohre entsteht aus dem Kopffortsatze und in seiner caudalen Verlängerung aus dem medialen Teile des Mesoderms die Chorda dorsalis (Chordamesodermplatte, S. 21).

Wenn nun auch die unmittelbare Beobachtung der die Bildung der drei Keimblätter begleitenden Zellbewegungen bei den im Inneren des mütterlichen Körpers sich entwickelnden Säugetierkeimen nicht möglich ist, so besteht doch kein Zweifel darüber, daß diese Zellbewegungen in gleicher Weise wie bei den Vogelkeimen stattfinden. Denn die Säugetierkeime stimmen mit den Vogelkeimen nicht bloß hinsichtlich ihrer äußerlich wahrnehmbaren Formbestandteile (Primitivstreif usw.), sondern auch hinsichtlich der Bilder überein, welche

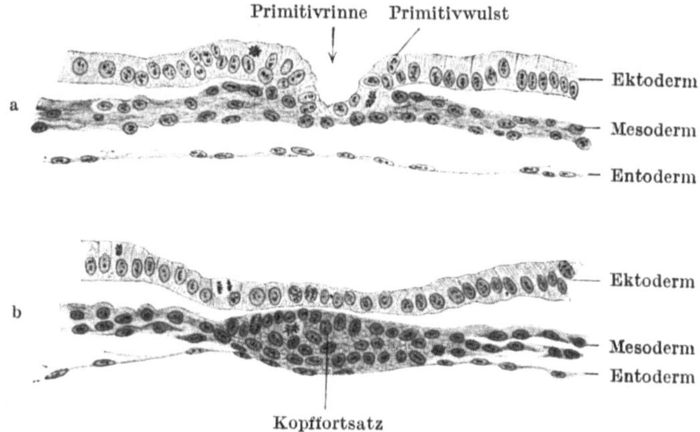

Abb. 32. Querschnitt a durch den Primitivstreifen, b durch den Kopffortsatz eines Kaninchens 7 Tage 12 Stunden nach der Begattung. 90fache Vergrößerung. Nach C. RABL.

die durch sie geführten Schnitte darbieten. Das innere Keimblatt wird demnach auch hier nicht durch Einstülpung, sondern durch Ablösung von Zellen gebildet, und zwar — in Anpassung an die besonderen Verhältnisse des Säugetierkeimes — durch Ablösung der tiefen, der Keimblasenhöhle zugekehrten Zellschichte des Embryonalknotens. Die Zellen dieser Schichte vermehren sich und breiten sich über den Embryonalknoten hinauswandernd an der inneren Fläche des Trophoblasten aus (Abb. 31). Das mittlere Keimblatt wächst später vom Grunde der Primitivrinne aus zwischen dem Ekto- und Entoderm in seitlicher Richtung aus (Abb. 32) und gliedert sich dann in Urwirbel, Mittel- und Seitenplatten.

Auch beim Menschen bildet sich ein Embryonalschild und in diesem der Primitivstreif und die übrigen früher erwähnten Gebilde (Primitivknoten, Kopffortsatz, Chorda dorsalis, Urwirbel, Abb. 38—40) aus. Die Bildung des inneren und des mittleren Keimblattes erfolgt daher beim Menschen innerhalb der Embryonalanlage im wesentlichen in derselben Weise wie bei den Vögeln und Säugetieren.

Beim Amphioxus und bei den Amphibien entsteht das mittlere Keimblatt vom Urmundrande, bei den Vögeln und bei den Säugetieren vom Grunde der Primitivrinne aus. Man kann daher die Primitivrinne mit dem Urmunde vergleichen und kann sie in diesem Sinne auch als Urmundrinne bezeichnen.

Die ersten Entwicklungsvorgänge an dem mittleren Keimblatte.

Das vom Grunde der Primitivrinne aus zwischen dem Ekto- und Entoderm seitlich auswachsende Mesoderm beginnt sich frühzeitig — beim Menschen in der 3. Woche — in seinem mittleren, der Chorda dorsalis benachbarten Abschnitte durch das Auftreten von Querfurchen in Urwirbel zu teilen. Diese Teilung oder Segmentierung betrifft jedoch nicht das ganze Mesoderm, da die erste Querfurche in dem Gebiete des späteren Hinterkopfes, unmittelbar hinter dem Gehörbläschen, auftritt. Das vor dieser ersten Querfurche gelegene Kopfmesoderm bleibt daher unsegmentiert. Das gleiche gilt von dem caudalsten Abschnitte des Mesoderms, von dem Schwanzmesoderm. In Urwirbel segmentiert wird dagegen das Rumpfmesoderm in seinem medialen, zu beiden Seiten der Chorda gelegenen Abschnitte. Die Zahl der gebildeten Urwirbel ist bei allen Wirbeltieren größer als jene der bleibenden Wirbel und beträgt speziell beim Menschen 38—41. Einige von diesen Urwirbeln, und zwar die caudalsten, gehen später zugrunde und von den erhalten bleibenden beteiligen sich die 3—4 vordersten an der Bildung des Hinterkopfes, die übrigen an der Bildung der Wirbel, wobei jeder Wirbel aus den einander benachbarten Hälften je zweier Urwirbel entsteht.

Die Entwicklungsvorgänge an den Urwirbeln, Mittel- und Seitenplatten lassen sich am klarsten bei den Embryonen der Haifische feststellen (Abb. 33, 34). Sie erfolgen aber bei allen übrigen Wirbeltieren im wesentlichen in der gleichen Weise.

Ein Querschnitt durch ein entsprechendes Entwicklungsstadium (Abb. 33) lehrt, daß das mittlere Keimblatt, also Urwirbel, Mittel- und Seitenplatten, aus zwei Epithellamellen, aus einer medialen und aus einer lateralen Lamelle besteht, welche an dem dorsalen Rande des Urwirbels, an der sog. dorsalen Urwirbelkante, ineinander übergehen. Die mediale Epithellamelle liegt den Achsenorganen, also dem Medullarrohre, der Chorda, der Aorta und dem sich zum Darmrohre rundenden Entoderm, die laterale Epithellamelle liegt dem Ektoderm an. Der im Bereiche des Urwirbels zwischen diesen beiden Epithellamellen befindliche, später schwindende Spaltraum ist die Urwirbelhöhle, der zwischen den beiden Seitenplatten (parietale und viscerale Seitenplatte) vorhandene Hohlraum ist die Leibeshöhle (vgl. auch Abb. 93).

In den Zellen des mittleren Abschnittes der medialen Lamelle des Urwirbels treten nun Muskelfibrillen auf, wodurch sich diese Zellen in Muskelbildungszellen, in Myoblasten, umwandeln. Aus diesen Zellen entstehen später die tiefen Rückenmuskeln. Die mediale Lamelle des Urwirbels wird daher auch als Muskellamelle bezeichnet (Abb. 33, 34). Diese Muskelanlagen treten demnach den Urwirbeln entsprechend, also segmentweise auf (Abb. 116). Diese einzelnen Segmente sind die Myotome. Der untere Abschnitt der medialen Urwirbellamelle löst sich in Zellen auf, welche sich an der Seitenfläche der Chorda und des Medullarrohres ausbreiten (Abb. 34). Diese den Urwirbeln entsprechend, also segmentweise auftretenden Zellmassen werden als Sklerotome (Abb. 116) bezeichnet, da sie einen Teil des Skeletes, und zwar das axiale Skelet, zu bilden bestimmt sind. Die Zellen dieser Sklerotome sind sternförmig, voneinander durch Zwischenräume getrennt; sie hängen jedoch vermittels zarter Fortsätze miteinander zusammen. Sie stellen daher kein Epithel mehr dar, sondern eine Gewebsart, welche man als embryonales Bindegewebe, Mesoderm im engeren Sinne oder als Mesenchym bezeichnet (Abb. 77, 78). Auch die

Zellen der lateralen Lamelle des Urwirbels geben allmählich ihren Epithel-
verband auf und lösen sich in embryonales Bindegewebe auf. Da dieses
Gewebe unter dem Ektoderm liegt und daher die spätere Cutis der Haut
dieser Körpergegend (Rücken) bildet, wird die laterale Urwirbellamelle auch
Haut- oder Cutislamelle genannt. An der Übergangsstelle der Urwirbel
in die Mittelplatten kommt es hierauf zu einer Trennung zwischen den Urwirbeln
und den Mittelplatten. Aus den beiden Epithellamellen der Mittelplatten gehen
später Teile des Urogenitalapparates hervor, weshalb die Mittelplatten auch als
Urogenitalplatten oder als Gononephrotome bezeichnet werden. Aus
den seitlich von diesen Urogenitalplatten
liegenden beiden Seitenplatten entsteht
fast ausschließlich (S. 32) embryonales
Bindegewebe. Das von der parietalen
Seitenplatte gebildete embryonale Bindegewebe breitet sich unter dem Ektoderm

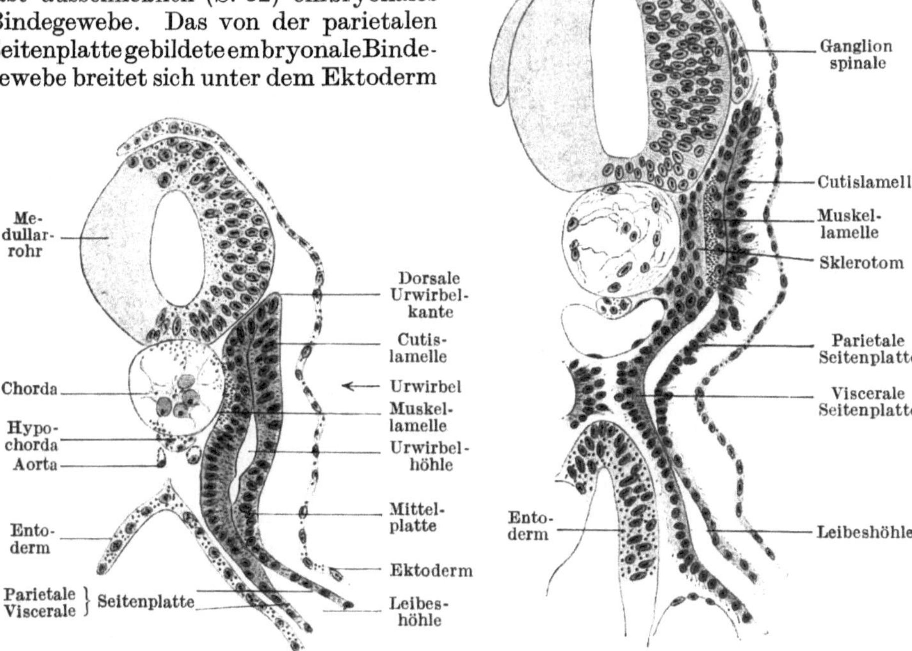

Abb. 33. Querschnitt durch einen Embryo des
Haifisches Pristiurus melanostomus mit 26—27
Urwirbelpaaren. 184 fache Vergrößerung. Nach
C. RABL.

Abb. 34. Querschnitt durch einen Embryo des
Haifisches Pristiurus melanostomus mit 45—46
Urwirbelpaaren. 184 fache Vergrößerung.
Nach C. RABL.

der seitlichen und der ventralen Rumpfwand aus und bildet hier die Cutis der
seitlichen und der ventralen Rumpfhaut. Das aus der Cutislamelle der Urwirbel
und aus der parietalen Seitenplatte hervorgehende embryonale Bindegewebe
kann man daher zusammen als Haut-, dermales oder als parietales Mesoderm bezeichnen. Das aus der visceralen Seitenplatte entstehende embryonale
Bindegewebe breitet sich auf dem Entoderm aus und liefert das embryonale
Bindegewebe des Darmes und der Eingeweide. Dieses embryonale Bindegewebe
kann daher viscerales Mesoderm genannt werden. Das aus den Sklerotomen
entstandene embryonale Bindegewebe ist das axiale Mesoderm, da es das
Achsenskelet liefert.

    Das ursprünglich — wie das Ekto- und Entoderm — epitheliale Mesoderm
sondert sich demnach geweblich in folgender Weise: Epithelial bleiben die
Mittelplatten und ihre Abkömmlinge; epithelähnlich werden jene Zellen des

Mesoderms, welche das die Körperhöhlen bekleidende platte Epithel (Endothel) liefern; in Muskelbildungszellen, Myoblasten wandelt sich ein Teil der Zellen der medialen Urwirbellamelle um; alle übrigen aus dem Mesoderm hervorgehenden Zellen werden in Zellen des embryonalen Bindegewebes und später in die aus diesem Bindegewebe entstehenden Zellen umgewandelt. Dieses embryonale Bindegewebe ist morphologisch überall gleich beschaffen und stellt ein den ganzen embryonalen Körper durchsetzendes Füllgewebe — Mesenchym oder Mesoderm im engeren Sinne — dar, in welchem alle übrigen noch epithelialen Elemente der drei Keimblätter eingebettet sind (Abb. 49, 77, 78, 80—82, 86, 87, 91, 95, 105).

Während demnach Epithel von allen drei Keimblättern geliefert wird, stammt das gesamte embryonale Bindegewebe (samt dem Endothel) von dem mittleren Keimblatte ab.

Die Leistungen der Keimblätter.

Alle späteren Organe des Körpers entstehen an bestimmten Stellen aus Zellgruppen der drei Keimblätter, weshalb man die Keimblätter auch als „Primitivorgane" bezeichnet hat. Mit Ausnahme der Linse und des Glaskörpers des Auges sind in allen Geweben und Organen des fertigen Körpers Elemente von embryonal-bindegewebiger Herkunft enthalten. Das Mesoderm beteiligt sich daher an der Bildung sämtlicher Gewebe und Organe (mit Ausnahme der Linse und des Glaskörpers), während das Ekto- und das Entoderm nicht bei allen Organbildungen mitwirken. Gewisse Gewebe und Organe entstehen aus dem embryonalen Bindegewebe allein, während sich an der Bildung der übrigen Organe außer dem embryonalen Bindegewebe auch noch epitheliale Zellen beteiligen. Bei der ersterwähnten Organgruppe besteht demnach die Organanlage lediglich aus embryonalem Bindegewebe, während sie bei der zweiterwähnten Gruppe aus einem embryonal-bindegewebigen und aus einem epithelialen Anteile besteht. Der epitheliale Anteil stammt von einem der drei Keimblätter, also vom Ekto-, Ento- oder Mesoderm ab, während der embryonal-bindegewebige Anteil stets mesodermaler Herkunft ist. Bestimmend für die morphologische und funktionelle Natur dieser Organe ist jedoch vor allem der epitheliale Anteil der Organanlage, so daß man diese Organe je nach der Herkunft ihrer epithelialen Anlage als Organe des äußeren, inneren und mittleren Keimblattes bezeichnen kann. Die lediglich aus einem embryonal-bindegewebigen Anteile entstehenden Organe sind dann den Organen des mittleren Keimblattes zuzuzählen.

Bei der späteren Schilderung der Entwicklung der einzelnen Organe werden demgemäß die aus einem epithelialen und aus einem mesodermalen Anteile entstehenden Organe jenem Keimblatte zugerechnet, welchem der epitheliale Anteil des betreffenden Organes entstammt. Wenn dann der Kürze halber gesagt wird, das betreffende Organ entstehe, wie z. B. die Leber aus dem Entoderm, so bezieht sich dies stets nur auf die epithelialen Bestandteile dieses Organes; alle übrigen Bestandteile des Organes aber sind — weil Abkömmlinge des embryonalen Bindegewebes — mesodermaler Herkunft.

Im einzelnen stellt sich die Art der Beteiligung der drei Keimblätter an der Bildung der Gewebe und Organe des embryonalen Körpers und der sog. Anhangsorgane des Embryo (d. h. der Nabelblase, der Allantois, des Amnion und des Chorion) folgendermaßen dar.

Das äußere Keimblatt liefert das Epithel der Haut, also die Epidermis; ferner die Abkömmlinge der Epidermis, d. h. Haare, Nägel, die Epithelzellen der Schweiß-, Talg- und Milchdrüsen (bei Tieren: Federn, Krallen, Hufe, Klauen u. dgl.); das Epithel der Schleimhaut und ihrer Drüsen im Vestibulum und im vorderen Teile des Cavum oris; den Schmelz der Zähne; die Adenohypophyse; das Epithel der Nasenhöhle; das Epithel der von den Geschlechtsfalten gebildeten

Seitenwände des Vestibulum vaginae des Weibes und des vorderen Teiles der
Pars cavernosa urethrae des Mannes; alle nicht bindegewebigen Bestandteile
des Nervensystems, also alle Arten der Nervenzellen, die Nervenfasern, die
Gliazellen, die Scheidenzellen; die Epithelzellen des Geruch-, des Gehör-, des
Gleichgewichts-, des Sehorganes und der im ektodermalen Teile des Epithels der
Zungenoberfläche liegenden Geschmacksknospen; im Auge auch noch das Tapetum
nigrum, die Linse, den Glaskörper und die Muskeln der Iris; im Bereiche der
Anhangsorgane des Embryo das Epithel des Amnion.

Das innere Keimblatt liefert das Epithel des Darmkanales — mit Ausnahme der oben erwähnten Teile des Mundes; die Epithelzellen der Drüsen der
Darmschleimhaut; die epithelialen Bestandteile der Schilddrüse, der Epithelkörperchen, des Thymus, der Leber, der Bauchspeicheldrüse; die Epithelzellen
der Ohrtrompete, des Mittelohres, des Kehlkopfes, der Luftröhre, der Bronchien,
der Lungen; das Sinnesepithel der im entodermalen Teile der Zungenoberfläche
entstehenden, also der meisten Geschmacksknospen; das Epithel der Harnblase;
das Epithel der Harnröhre des Weibes, der Pars prostatica, der Pars membranacea und des größeren Teiles der Pars cavernosa urethrae des Mannes; das
Epithel der Scheide des Weibes und des ihr entsprechenden Utriculus prostaticus
des Mannes; das Epithel im Grunde des Vestibulum vaginae des Weibes;
ferner — bei den Anhangsorganen des Embryo — das Epithel der Nabelblase
und der Allantois.

Das mittlere Keimblatt ist in seinen Leistungen besonders vielseitig.
Diese gehen teils von den epithelial bleibenden Zellen dieses Keimblattes, also
von dem mesodermalen Epithel, teils von dem embryonalen Bindegewebe aus.

Das mesodermale Epithel liefert die Epithelzellen der Vor-, Ur- und der
Nachniere, d. h. später: die epithelialen Elemente der Nachniere, der Querkanälchen des Caput epididymis, der Paradidymis, des Ep- und des Paroophoron; das Epithel der primären und sekundären Harnleiter, d. h. später:
das Epithel des Ductus deferens und ejaculatorius, der Samenblasen, des Längs-
kanales des Epoophoron, des Ureters; ferner die Rindenschichte der Nebenniere; das Oberflächenepithel der Keimdrüsen (ohne die Urgeschlechtszellen);
endlich das Epithel des Eileiters und der Gebärmutter.

Das embryonale Bindegewebe liefert alle Arten des Bindegewebes, die
Knorpel und Knochen, das Zahnbein; das Herz, die Blutgefäße und Blutzellen,
die Lymphknoten, Lymphgefäße und Lymphzellen; die Blutlymphknoten; die
Milz; die quergestreiften und glatten Muskeln (mit Ausnahme der aus der
Muskellamelle der Urwirbel entstehenden quergestreiften Muskeln des Rückens
und der glatten Muskeln in der Iris); die bindegewebigen Anteile der Muskel-
und Sehnenspindeln, sowie der Nervenendkörper (Tast-, Lamellen-, Gelenk-,
Geschlechtsnervenkörper); das Endothel und das Bindegewebe der Wände der
großen Leibeshöhlen, also der Brust-, Herzbeutel- und Bauchhöhle; die Wände
der Gelenkhöhlen, der Schleimbeutel, des Subarachnoidal- und des Subdural-
raumes; bei den Anhangsorganen des Embryo die bindegewebigen Elemente.

Entsprechend den früheren Erörterungen (S. 16) sind die wirklichen
Potenzen der Keimblätter größer als jene, welche sie bei der normalen Entwicklung tatsächlich entfalten. Diese nicht zur Entfaltung gelangenden Potenzen
bleiben als „latente Potenzen" in verschiedenem Grade und verschieden lange
Zeit in den Abkömmlingen der einzelnen Keimblätter, ganz besonders in
gewissen Abkömmlingen des embryonalen Bindegewebes, erhalten und können
im späteren Leben unter besonderen Umständen zur Entfaltung gelangen.

Die Abschnürung des embryonalen Körpers von dem Dottersacke und die Bildung der Fruchthüllen bei den Reptilien und Vögeln.

Beim Amphioxus und bei den Amphibien wird das ganze — holoblastische — Ei in den embryonalen Körper umgewandelt. Bei den meroblastischen Eiern der Fische, Reptilien und Vögel dagegen liefert nur die dem Dotter aufruhende Keimscheibe den embryonalen Körper und dieser muß sich daher allmählich von dem Dotter abschnüren. Der embryonale Körper stellt nach der Gastrulation eine dem Dotter aufruhende Scheibe dar, welche aus den drei Keimblättern besteht (Abb. 35a). Indem nun die Keimblätter seitlich und ventralwärts vorwachsen, umwachsen sie den Dotter und bilden eine Hülle um ihn herum

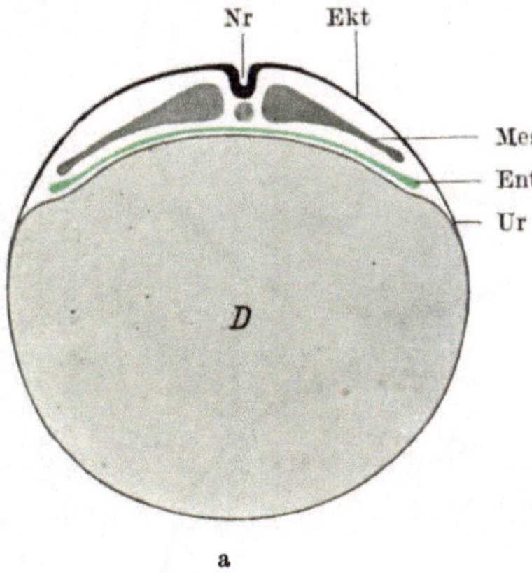

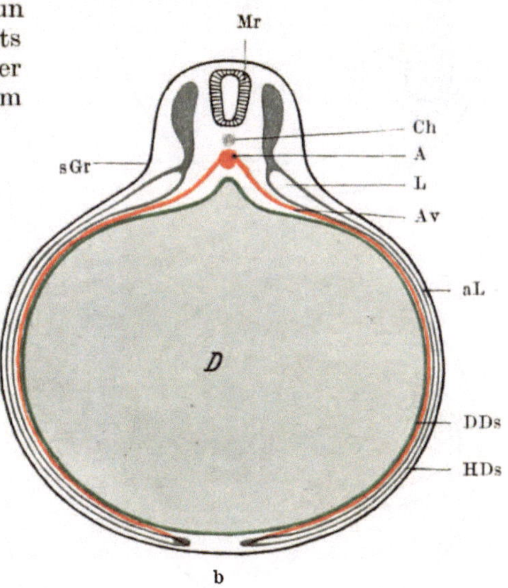

Abb. 35. Schematische Darstellung der Überwachsung des Dotters durch die Keimblätter. Durchschnitte. Dotter hellgrau, Ektoderm (Ekt) schwarz, Entoderm (Ent) grün, Mesoderm (Mes) grau, Arterien rot. A Aorta; Av Arteria vitellina; Ch Chorda dorsalis; D Dotter; DDs Darmdottersack; HDs Hautdottersack; L Leibeshöhle; aL außerembryonale Leibeshöhle; Mr Medullarrohr; Nr Neuralrinne; sGr seitliche Grenzrinne; Ur Umwachsungsrand.

(Abb. 35b, 36a—d). Hülle und Dotter zusammen stellen einen Sack dar, den sog. Dottersack. Man kann nun auf dem Dotter einen Bezirk unterscheiden, innerhalb dessen sich der embryonale Körper aus den Keimblättern ausbildet — embryonaler Bezirk — und ferner einen außerhalb dieses Bezirkes gelegenen durch das Vorwachsen der Randteile der Keimblätter über den Dotter entstandenen Bezirk — außerembryonaler Bezirk. Auch an den einzelnen Keimblättern können diese Bezirke unterschieden werden, ebenso auch an der zwischen den Seitenplatten befindlichen Leibeshöhle (Abb. 35b, 36). Die Übergangsstelle des Entoderms vom Embryo auf den Dotter wird als Darmnabel, die gleichartige Übergangsstelle des Ektoderms als Hautnabel bezeichnet (Abb. 36e, 54, 55, 66). Von der unterdessen im embryonalen Körper gebildeten Aorta wachsen die Dotterarterien, Arteriae vitellinae (s. omphalomesentericae, Abb. 35b, 36e) in das embryonale Bindegewebe ein, welches aus der dem Entoderm anliegenden visceralen Seitenplatte auf dem Dotter gebildet wurde. Diese Arterien lösen sich in Capillaren auf, welche in die Dottervenen, Venae vitellinae (s. omphalo-mesentericae) übergehen. Durch diese Venen wird das Blut wieder in den embryonalen Körper geleitet. So entsteht vermittels dieser Dottersackgefäße, Vasa vitellina, der Dotter-

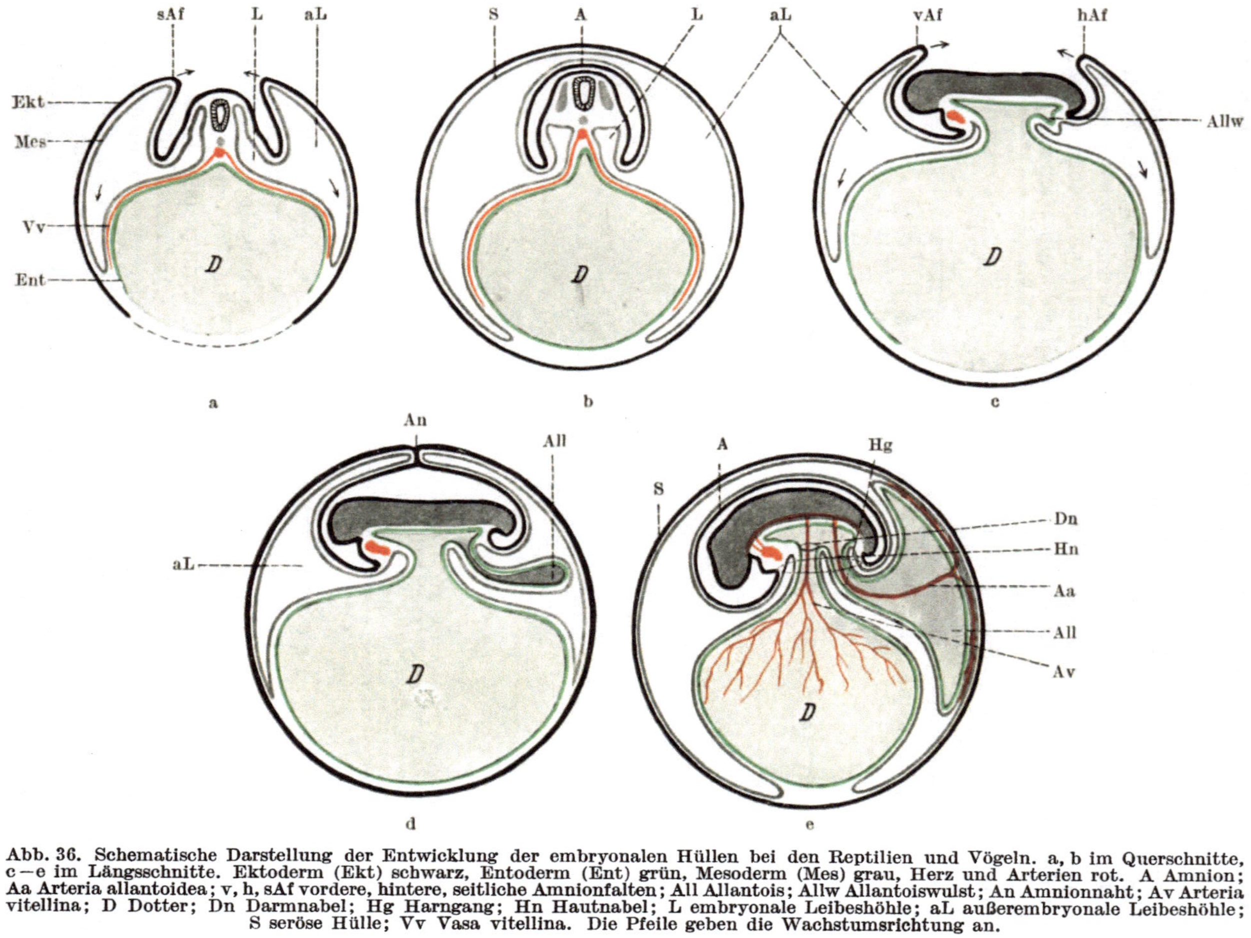

Abb. 36. Schematische Darstellung der Entwicklung der embryonalen Hüllen bei den Reptilien und Vögeln. a, b im Querschnitte, c—e im Längsschnitte. Ektoderm (Ekt) schwarz, Entoderm (Ent) grün, Mesoderm (Mes) grau, Herz und Arterien rot. A Amnion; Aa Arteria allantoidea; v, h, sAf vordere, hintere, seitliche Amnionfalten; All Allantois; Allw Allantoiswulst; An Amnionnaht; Av Arteria vitellina; D Dotter; Dn Darmnabel; Hg Harngang; Hn Hautnabel; L embryonale Leibeshöhle; aL außerembryonale Leibeshöhle; S seröse Hülle; Vv Vasa vitellina. Die Pfeile geben die Wachstumsrichtung an.

kreislauf. Vermittels der entodermalen Umhüllung des Dotters und vermittels des Dotterkreislaufes wird der Dotter resorbiert und dem embryonalen Körper zugeführt.

Der dem Dotter gegenüber an Masse geringfügige junge embryonale Körper ruht dem großen Dottersacke zunächst flach auf. Indem sich dann der Embryo nach allen Richtungen hin vergrößert, wächst er mit seinem Vorder- und Hinterende („Kopfhöcker" und „Rumpfschwanzknospe") sowie mit seinen Seitenteilen über den Dotter vor. Zwischen dem Dotter und dem embryonalen Körper bilden sich daher Buchten bzw. Rinnen aus, und zwar unter dem Kopfe des Embryo die vordere, unter seinem Schwanzende die hintere und an den beiden Seiten die seitlichen Grenzrinnen (vgl. Abb. 35b, 36, ferner 39, 40). Diese Rinnen gehen ineinander über und bilden so eine an der ventralen Fläche des embryonalen Körpers in der späteren Nabelgegend befindliche ringförmige Rinne, die Nabelrinne. Da diese Rinnen immer tiefer werden, wird die Verbindung zwischen dem embryonalen Körper und dem Dottersacke zu einem schmalen, langen Stiele umgestaltet (Abb. 36e), der als Dotter- oder Dottersackstiel bezeichnet wird. Er geht am Hautnabel von der ventralen Körperfläche ab. In seinem Inneren enthält er einen von Entoderm ausgekleideten Gang, welcher die Verbindung zwischen dem Darmepithel und der entodermalen Bekleidung des Dotters herstellt: Darm-Dottergang, Dottergang, Nabelgang, Ductus vitello-intestinalis oder omphalo-entericus. Er geht am Darmnabel (Abb. 36d, e, 51, 54, 55) von dem Darmrohre des Embryo ab und leitet die Dottergefäße zum Dottersacke. Mit der zunehmenden Resorption des Dotters wird der Dottersack immer kleiner und kleiner. Sein Rest schlüpft am Schlusse der Brutzeit durch den Nabel in die Bauchhöhle, wo er resorbiert wird.

Während seiner Abschnürung vom Dotter umgibt sich der embryonale Körper mit den Fruchthüllen, den embryonalen oder fetalen Hüllen. Sowohl an den beiden Körperseiten (Abb. 36a), als auch vor dem Kopfe und hinter dem Schwanze des Embryo (Abb. 36c) erhebt sich das Ektoderm mit der ihm anliegenden parietalen Seitenplatte zur Bildung je einer Falte: einer vorderen, einer hinteren und zwei seitlichen Amnionfalten. Indem sich diese Falten vergrößern, umhüllen sie den Embryo von allen Seiten, weshalb sie auch als Kopf-, Schwanz- und als Seitenscheiden bezeichnet werden. Die freien Ränder dieser Scheiden verwachsen über dem Rücken des Embryo in der dorsalen Mittellinie in kraniocaudaler Richtung miteinander und bilden so die Amnionnaht (Abb. 36d). Diese Naht reißt jedoch bald ein, wodurch zwei Hüllen um den Embryo entstehen (Abb. 36b, e): Eine innere, die innere Fruchthülle, das Amnion, in welcher der Embryo wie in einem Sacke liegt: Amnionsack (Abb. 36b, e: A); ferner eine äußere Hülle, die äußere Fruchthülle, seröse Hülle (Serosa) oder (amniogenes) Chorion (Abb. 36b, e: S). Jede dieser beiden Hüllen besteht aus einer vom Ektoderm stammenden Epithellage und aus einer die Fortsetzung der parietalen Seitenplatte bildenden Lage embryonalen Bindegewebes (Abb. 36). Beim Amnion liegt das Epithel an der dem Embryo zugewendeten inneren, bei der serösen Hülle an der vom Embryo abgewendeten äußeren Fläche.

Entsprechend dem zunehmenden Wachstum des embryonalen Körpers vergrößert sich der Amnionsack, wobei sich in ihm das Amnion- oder Fruchtwasser, Liquor amnii ansammelt. In dieser Flüssigkeit schwimmt der Embryo und er ist in ihr vor Austrocknung und bis zu einem gewissen Grade auch vor mechanischen Schädigungen geschützt. Auch die seröse Hülle vergrößert sich (Abb. 36) und breitet sich schließlich an der Innenfläche der das Ei einschließenden Kalkschale aus. Der Dotter wird während dieser Vorgänge vom Entoderm und von der dem Entoderm anliegenden visceralen Seitenplatte umwachsen und so der Dottersack gebildet (Abb. 36a—d). Der Raum zwischen der Dottersackwand einerseits und der äußeren Fläche des Amnion sowie der inneren Fläche der serösen Hülle andererseits ist die Fortsetzung der

intraembryonalen Leibeshöhle (Endocölom), da er ja zwischen den
Fortsetzungen der visceralen (Mesoderm der Dottersackwand) und der parietalen
(Mesoderm des Amnion und des Chorion) Seitenplatte liegt; er wird daher als
außerembryonale Leibeshöhle (Exocölom) bezeichnet (Abb. 35 b,
36 a—c).

In diese außerembryonale Leibeshöhle wächst nun jenes Organ ein, welches
man als Allantois bezeichnet. An der ventralen Wand des caudalen Darmabschnittes (Enddarm) entsteht eine kleine Ausbuchtung, die Allantoisbucht
(Abb. 36 c, 53). Sie stülpt die ihr anliegende viscerale Seitenplatte aus, wird immer
tiefer und wächst, die viscerale Seitenplatte vor sich her drängend, als Allantois
aus (Abb. 36 d, e). Ihr Endabschnitt erweitert sich dabei zu einer immer größer
werdenden Blase, Allantoisblase (Abb. 36 e), welche bis an die Innenfläche
der serösen Hülle vorwächst und welche allmählich die ganze außerembryonale
Leibeshöhle ausfüllt. Ihr Anfangsabschnitt verlängert und verschmälert sich und
heißt Allantoisgang, Allantoisstiel. In das Mesoderm des Allantoisstieles
wächst jederseits eine von der Aorta abzweigende Arterie ein (Abb. 36 e), um
sich in der Wand der Allantoisblase in Capillaren zu verzweigen. Das aus diesen
Capillaren abfließende Blut sammelt sich in Venen, welche es in den embryonalen
Körper leiten. Durch diese Allantoisgefäße, Vasa allantoidea s. umbilicalia (Arteriae und Venae allantoideae s. umbilicales) entsteht der Allantois-
oder Umbilicalkreislauf. Nach der Verwachsung der Allantois mit der unterdessen bis an die Kalkschale herangewachsenen serösen Hülle liegen die Allantoisgefäße dicht unter der Kalkschale und nunmehr kann zwischen dem Blute dieser
Gefäße und der Außenluft vermittels der die Kalkschale durchsetzenden Poren
der Gaswechsel eintreten. Die Allantois dient daher dem Embryo als Atmungs-
organ. Durch den in den Darm mündenden Ausführungsgang der Urniere
gelangt auch der Harn in die Allantois, weshalb man die Allantoisblase auch
als Harnsack und den Allantoisgang als Harngang bezeichnet. Die Allantois
wirkt daher auch als Organ der Exkretion. Die Allantois dient endlich auch als
resorbierendes Organ, da sie das Eiweiß umwächst und mittels blutgefäßreicher
Zotten resorbiert.

Die Entwicklung der Fruchthüllen und der Embryonalanlage bei den Säugetieren und beim Menschen.

Wie in dem vorigen Abschnitte gezeigt wurde, entwickeln sich die Fruchthüllen bei den Reptilien und Vögeln durch Ausfaltungen des Ektoderms und
der ihm anliegenden parietalen Seitenplatte. Das auf diese Weise entstehende
Amnion kann daher als Faltamnion bezeichnet werden. Mit diesem Namen
wird dann auch die Entstehungsart der serösen Membran, des Chorion, an-
gegeben: Bei einem Faltamnion entsteht das Chorion stets gleichzeitig und aus
derselben Falte wie das Amnion, das Chorion ist also „amniogen".

In dieser Weise erfolgt die Entwicklung der Fruchthüllen auch bei vielen
Säugetieren (z. B. bei den Raub- und Huftieren). Bei vielen anderen Säugetieren
dagegen — und zu diesen gehört auch der Mensch — kommt es jedoch zu keiner
Ausfaltung bei der Entwicklung der beiden fetalen Hüllen und diese Hüllen
besitzen auch keine gemeinsame Anlage. Das Amnion entsteht vielmehr da-
durch, daß in dem oberen Abschnitte des Embryonalknotens durch Zerfall von
Zellen eine Höhle entsteht (Abb. 37 a, 45), die Amnionhöhle. Den Boden dieser
Höhle bildet der auf dem Embryonalknoten entstehende Embryonalschild, ihre

Seitenwände und ihre dünne Decke stellen das Amnion dar. Seiner Entstehungsart nach ist dieses Amnion also kein Falt-, sondern ein Spaltamnion. Sein
Epithel stammt unmittelbar von den Zellen des Embryonalknotens ab, geht
aber an den Seiten des Bodens der Amnionhöhle in das Ektoderm des Embryonalschildes über. An seiner Außenfläche wird es von Mesodermzellen (also von

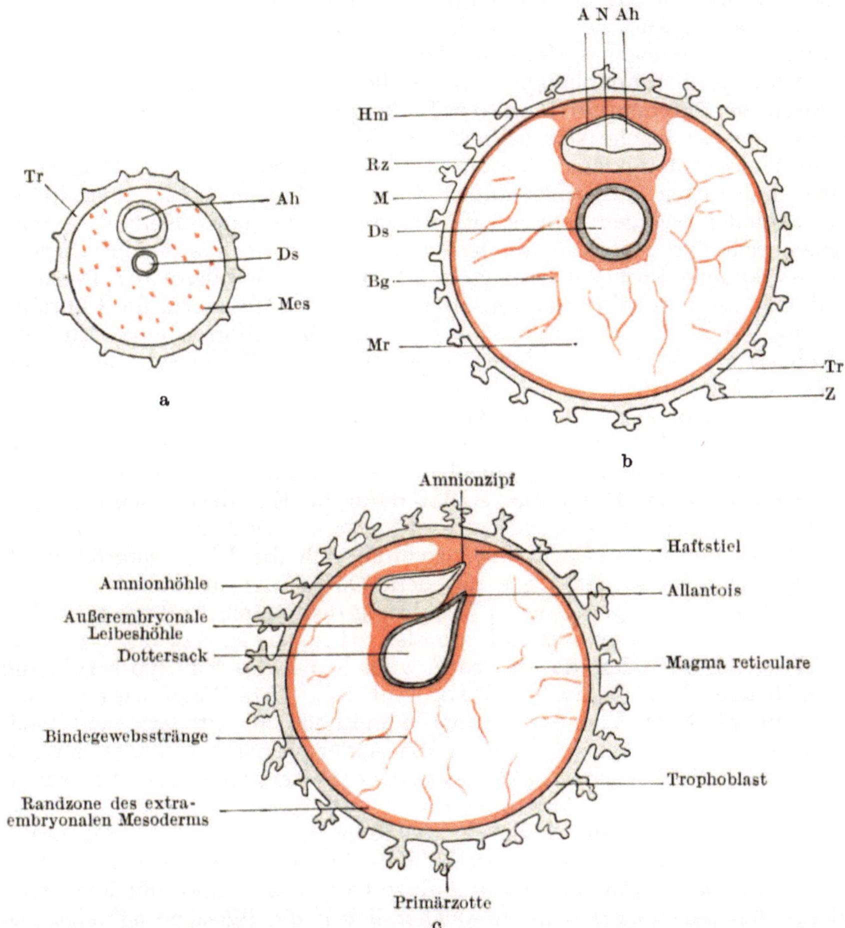

Abb. 37. Schematische Darstellung von drei frühen Entwicklungsstadien des Menschen. Mesoderm
rot; Entoderm ein wenig dunkler getönt als das Ektoderm und der Trophoblast. A Amnion;
Ah Amnionhöhle; Bg Bindegewebsstränge; Ds Dottersack; Hm Haftmesoderm; M Hüllmesoderm;
Mes extraembryonales Mesoderm; Mr Magma reticulare; N Anlage des zentralen Nervensystems;
Rz Randzone des extraembryonalen Mesoderms; Tr Trophoblast; Z Primärzotte.

embryonalem Bindegewebe) bedeckt, welche ohne Grenze in die Mesodermzellage
übergehen, die sich unterdessen an der Innenfläche des Trophoblasten ausgebildet
hat (Randzone des extraembryonalen Mesoderms, Abb. 37b, c). Mesodermzellen
finden sich auch in der ganzen Keimblasenhöhle verstreut vor (Abb. 37a, 45).
Alle diese außerhalb der Embryonalanlage befindlichen Mesodermzellen („extraembryonales Mesoderm") stammen wahrscheinlich von Zellen ab, welche
noch vor der Bildung des Embryonalknotens, also vor der Gastrulation, entstehen. Innerhalb der Embryonalanlage entsteht das Mesoderm (das „intraembryonale Mesoderm") in der früher (S. 24) geschilderten Weise vom
Grunde der Primitivrinne aus. Die parietale Seitenplatte dieses Mesoderms

setzt sich in das Mesoderm des Amnion fort (Abb. 37b, c). Das intraembryonale Mesoderm bildet überhaupt eine Hülle um die ganze Embryonalanlage („Hüllmesoderm", Abb. 37b: M.)

Der epitheliale Trophoblast samt der seiner Innenfläche anliegenden Mesodermzellage (Abb. 37b, c, Randzone des extraembryonalen Mesoderms) stellt die äußere Fruchthülle des menschlichen Embryo dar. Sie wird als Chorion bezeichnet. Im Gegensatze zu den Embryonen, welche ein Faltamnion und daher auch ein amniogenes Chorion bilden (Abb. 36), entsteht demnach das Chorion des Menschen unabhängig vom Amnion, und zwar erfolgt seine Anlage schon durch die Furchung in Form der Bildung des epithelialen Trophoblasten, an dessen innerer Fläche sich alsbald eine Mesodermzellage ausbreitet. Das auf diese Weise entstandene Chorion besteht demnach, wie das Chorion der Reptilien und Vögel, aus einer äußeren epithelialen und aus einer inneren embryonal-bindegewebigen Zellage. Es umschließt die ganze Keimblasenhöhle, in welcher sich der Embryonalknoten, bzw. später die aus dem Embryonalknoten entstandene Embryonalanlage befindet. Das Mesoderm der Decke der Amnionhöhle steht in seiner ganzen Breite mit dem Mesoderm des Chorion in Verbindung, wodurch die Embryonalanlage an das Chorion angeheftet wird (Abb. 37b: Hm). Man kann daher diesen Teil des Mesoderms des Amnion Haftmesoderm nennen.

Der untere, dem Zentrum der Keimblasenhöhle zugekehrte Abschnitt des Embryonalknotens stellt den entodermalen Anteil des Embryonalknotens dar.

In ihm bildet sich — wie in dem oberen ektodermalen Anteile die Amnionhöhle — gleichfalls eine Höhle aus, so daß dann die Entodermzellen eine kleine Blase umschließen (Abb. 37a, 45). In diese Blase diffundiert eiweißhaltige Flüssigkeit aus der Keimblasenhöhle, wodurch sich die Blase vergrößert. Da man diese Inhaltsmasse der Blase mit dem Dotter der meroblastischen Eier vergleichen kann — er spielt bei der Ernährung des jungen Embryo tatsächlich eine Rolle — bezeichnet man diese Blase als Dottersack, Saccus vitellinus (Abb. 37b, c, 38, 39) oder, da sie später vom Nabel des Embryo herabhängt, als Nabelblase, Vesica umbilicalis (Abb. 51). Ihre Wand wird von zwei Zellschichten gebildet: Von einer inneren epithelialen entodermalen Zellage und von einer dieser auflagernden embryonal-bindegewebigen, also mesodermalen Zellage, welche die Fortsetzung der visceralen Seitenplatte des intraembryonalen Mesoderms darstellt (Abb. 37b, c).

Ein menschlicher Keim dieser Entwicklungsstufe (Abb. 37b, 45) besteht demnach aus einer Trophoblasthülle(-schale), innerhalb welcher sich die Embryonalanlage befindet. Diese Anlage besteht aus einer mittleren mesodermalen Zellmasse, über und unter welcher sich je ein Bläschen befindet. Das obere, größere stellt den Amnionsack, das untere kleinere die Nabelblase dar. Das Mesoderm der Decke der Amnionhöhle geht in das Mesoderm der Trophoblasthülle über und heftet so den jungen Embryo an die Trophoblasthülle an. Der Raum zwischen dem Embryo, dem Amnion- und dem Dottersacke einerseits und der Trophoblasthülle andererseits — die Keimblasenhöhle — ist von einer gallertigen Masse erfüllt, innerhalb welcher sich ein weitmaschiges Netz von Bindegewebszellen und -strängen befindet (Abb. 37b, c). Dieser Inhalt der Keimblasenhöhle wird als Magma reticulare bezeichnet. Der Raum der Keimblasenhöhle entspricht der außerembryonalen Leibeshöhle der Reptilien und Vögel (Abb. 36).

Die ursprünglich breite Verbindung zwischen dem Amnion und Chorion, das Haftmesoderm (Abb. 37b), verschmälert sich später und erhält sich nur am Hinterende des Embryo. Sie wird jetzt als Haftstiel bezeichnet (Abb. 37c).

Schon in diesem Entwicklungsstadium entsteht beim Menschen die Allantois, und zwar dadurch, daß das Entoderm des caudalen Abschnittes der

Embryonalanlage einen Fortsatz in den Haftstiel aussendet (Abb. 37c, 51, 53). Diese Allantois bleibt jedoch sehr klein; sie bildet keine frei in die außerembryonale Leibeshöhle vorwachsende Blase, wie bei den Reptilien und Vögeln, aus, sondern stellt nur einen im Mesoderm des Haftstieles befindlichen kurzen und engen Epithelschlauch dar, der als Allantoisgang bezeichnet wird. Von den Funktionen, welche der Allantois bei den Reptilien und Vögeln zukommen, behält die Allantois der Säugetiere nur eine, nämlich die, daß sie als Leitgebilde für die Blutgefäße dient, welche von dem Embryo zum Chorion und vom Chorion zum Embryo ziehen. Diese Blutgefäße sind die Vasa allantoidea s. umbilicalia (Arterien und Venen, Abb. 51). Im Vereine mit den Blutgefäßen des Uterus stellen diese Gefäße den fetalen, placentaren oder Allantoiskreislauf her. Gleichzeitig oder noch etwas früher bildet sich auch

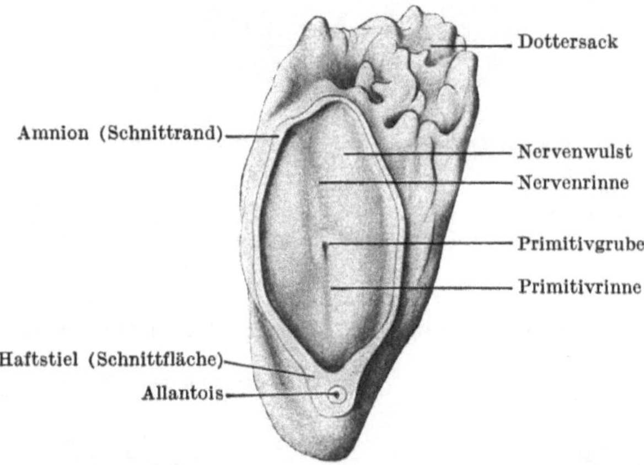

Abb. 38. Modell eines jungen menschlichen Keimes. Länge des Embryonalschildes 1,17 mm, Breite 0,6 mm. 18fache Vergrößerung. Nach Frassi.

auf der Oberfläche des Dottersackes, wie bei den Reptilien und Vögeln vermittels der Arteriae und Venae omphalo-mesentericae (Vasa omphalo-mesenterica, Abb. 51) der Dottersackkreislauf aus.

Die besonders frühzeitige Ausbildung der Fruchthüllen, der Allantois und des Allantoiskreislaufes beim Menschen ist deshalb notwendig, weil der menschliche Embryo frühzeitig auf die Ernährung und Atmung durch das mütterliche Blut angewiesen ist. Die Verbindung zwischen dem Embryo und dem mütterlichen Gewebe (Uterus) wird durch das Chorion hergestellt. Zu diesem Zwecke bilden sich auf der Oberfläche des Chorion die Chorionzotten, Villi choriales aus (Abb. 37, 48, 50, 51). Sie werden als Auswüchse der Trophoblasthülle angelegt, sind also zunächst rein epitheliale Gebilde: „Primärzotten" (Abb. 37).

Innerhalb der Trophoblasthülle, also innerhalb des Chorion, vollzieht sich die Entwicklung des jungen Embryo und seiner Anhangsorgane[1]. Hierbei vergrößert sich zunächst ganz besonders die Nabelblase (der Dottersack), da ihr Inhalt durch Diffusion zunimmt (vgl. Abb. 37); die Nabelblase ist daher in diesem Zeitraume der Entwicklung größer als die Embryonalanlage. In dem embryonalen Bindegewebe der Dottersackwand treten frühzeitig Ansammlungen von Mesodermzellen auf, welche wegen ihrer Beziehung zur Blut- und Gefäßbildung als Blutinseln bezeichnet werden. Durch sie wird das höckerige Aussehen der Dottersackwand hervorgerufen (Abb. 38). Einen etwa 20 Tage alten

---

[1] Der Embryo samt seinen „Anhangsorganen" (S. 31) wird gewöhnlich als „Ei" bezeichnet.

menschlichen Keim dieser Art gibt die Abb. 38 wieder. Das Amnion ist abgekappt. Auf dem Embryonalschilde sieht man den Primitivstreif, die Primitiv-

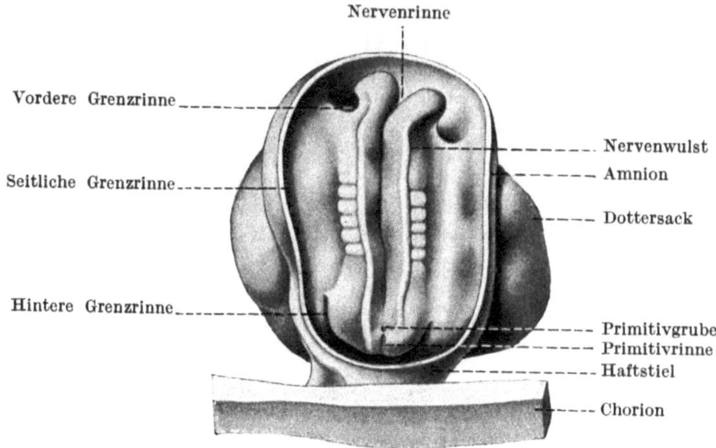

Abb. 39. Modell eines menschlichen Embryo mit 6 Urwirbelpaaren (Embryo Klb von KRÖMER-PFANNENSTIEL). Länge des Embryo 1,8 mm, mittlere Breite 0,9 mm. 15fache Vergrößerung.

rinne, die Primitivgrube, die Nervenrinne und die Nervenwülste. In dem knapp bei der Embryonalanlage abgeschnittenen Haftstiele ist die Allantois

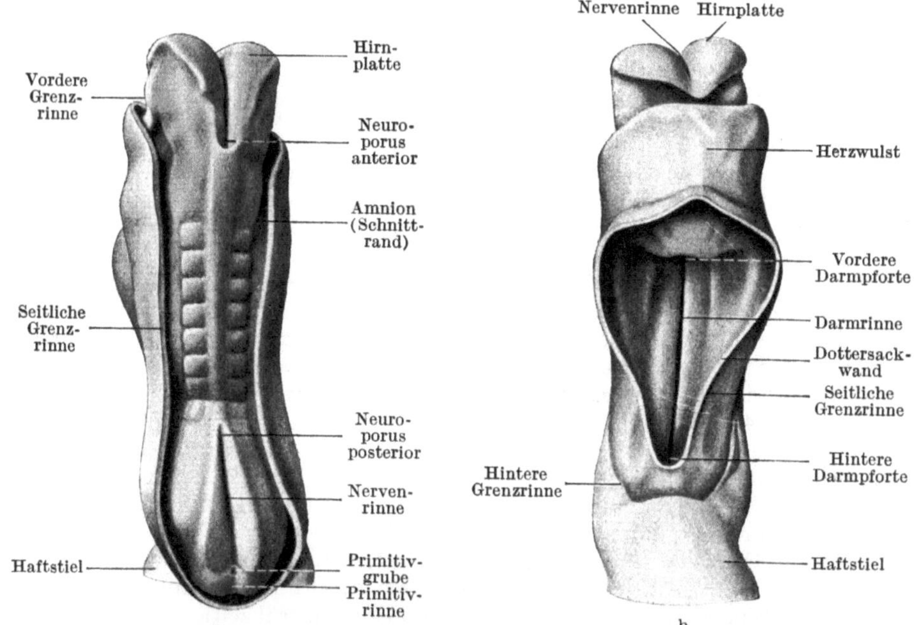

Abb. 40. a Rücken- und b Bauchansicht des Modelles eines 2,11 mm langen menschlichen Embryo mit 8 Urwirbelpaaren. 35fache Vergrößerung. Nach ETERNOD.

sichtbar. Das oben erwähnte Größenverhältnis zwischen Embryonalanlage und Dottersack tritt deutlich hervor.

Bei dem in der Abb. 39 dargestellten Keime hat sich dieses Größenverhältnis bereits geändert, da die Embryonalanlage rasch gewachsen ist. Ihre Nervenwülste sind höher und steiler, die Nervenrinne ist daher tiefer geworden. Am caudalen Ende der Embryonalanlage umfassen die Enden der Nervenwülste das vordere Ende des bereits sehr verkürzten Primitivstreifs. Durch die Segmentierung des Mesoderms sind sechs Urwirbelpaare entstanden. Das kraniale und das caudale Ende (der „Kopf" und die „Rumpfschwanzknospe") der Embryonalanlage sind über den Dottersack hinaus vorgewachsen, so daß die vordere und hintere Grenzrinne entstanden ist, während die seitlichen Grenzrinnen noch seichte Furchen darstellen. Mittels eines breiten Haftstieles ist der ganze Keim an dem Chorion befestigt.

Bei einem 2 mm langen Embryo mit 8 Urwirbelpaaren (Abb. 40a) ist die Abgrenzung des embryonalen Körpers vom Dottersacke durch die Vertiefung auch der seitlichen Grenzrinnen gut durchführbar. Infolge der Vertiefung der Grenzrinnen hat sich auch eine ventrale Fläche an dem vorderen und an dem hinteren Abschnitte des embryonalen Körpers ausgebildet (Abb. 40b). Nur in der Mitte setzen sich die Seitenflächen des Embryo unmittelbar in die Wand des Dottersackes fort. In dem mittleren Abschnitte des embryonalen Körpers haben sich die Medullarwülste zum Medullarrohre geschlossen und das Ektoderm ist über das Medullarrohr herübergewachsen (Abb. 40a). Am vorderen und am hinteren Ende des Embryo ist jedoch noch eine dorsalwärts offene Nervenrinne vorhanden. Die Übergangsstellen des geschlossenen mittleren Abschnittes in die noch offenen kranialen und caudalen Abschnitte der Medullaranlage werden als Neuropori (Neuroporus anterior und posterior, Abb. 53), bezeichnet. Die Nervenwülste sind vorne breit und massig, sie stellen die Anlage des Gehirnes, die Hirnplatten, dar. Mit ihren caudalen Enden umgreifen sie den Rest des Primitivstreifs. Da die Bildung des Medullarrohres aus der Medullarrinne von der Mitte des Embryo aus in kranialer und caudaler Richtung fortschreitet, verschieben sich auch die beiden Neuropori allmählich in diesen Richtungen, bis sie — nach Schluß der Nervenrinne — vollständig verschwinden.

Die Ausbildung der Körperform menschlicher Embryonen.

Ist die Neuralrinne verschwunden, ist also das Neuralrohr seiner ganzen Länge nach gebildet und vom Ektoderm überwachsen worden, so bildet sich bald die den jungen menschlichen Embryo kennzeichnende Körperform aus (Abb. 41). Besonders rasch wächst das Gehirn und damit auch der Kopf des Embryo, der in dieser Zeit fast ganz vom Gehirne gebildet wird. Die Rumpfschwanzknospe wächst in die Länge, dringt daher über den Haftstiel hinaus in caudaler Richtung vor; der ursprünglich vom caudalen Ende des Embryo abgehende Haftstiel gerät infolgedessen auf die ventrale Seite des embryonalen Rumpfes (Abb. 51, 53) und heißt daher jetzt: Bauchstiel. In dem Maße als sich der Rumpf caudalwärts immer mehr verlängert, verschiebt sich der Bauchstiel auf der Bauchfläche des Rumpfes kranialwärts, nähert sich infolgedessen dem Dottersackstiel (Abb. 51), mit welchem zusammen er dann den Nabelstrang bildet. Die Nabelblase wird durch Resorption immer kleiner, weshalb man sie später als Nabelbläschen, Vesicula umbilicalis bezeichnet; sie hängt vermittels des langen und schmalen Nabelblasenstieles mit dem Embryo zusammen (Abb. 48, 51). Etwa in der 4. Woche besitzt der menschliche Keim eine Körperform, welche die typischen Merkmale eines menschlichen

Embryo aufweist (Abb. 41). Der vordere Abschnitt des Kopfes springt ventral
als Stirnhöcker (StH), dorsal als Scheitelhöcker (SH) vor; hinter
diesem befindet sich eine Einschnürung, auf welche ein dorsalwärts leicht ge-
wölbter Kopfteil folgt, welcher das Rautenhirn (Rh) enthält. Da sich die dorsale Decke dieses Hirnabschnittes nicht wie die anderen Wandabschnitte des
Gehirnes verdickt, sondern zu einer dünnen Lamelle gestaltet, schimmert die
Fossa rhomboidea durch diese Lamelle und durch das sie bedeckende Ektoderm hindurch. Hinter dem Rautenhirne geht der Kopf an dem Nackenhöcker (NH) unmittelbar in den Rumpf über, da ein Hals noch nicht

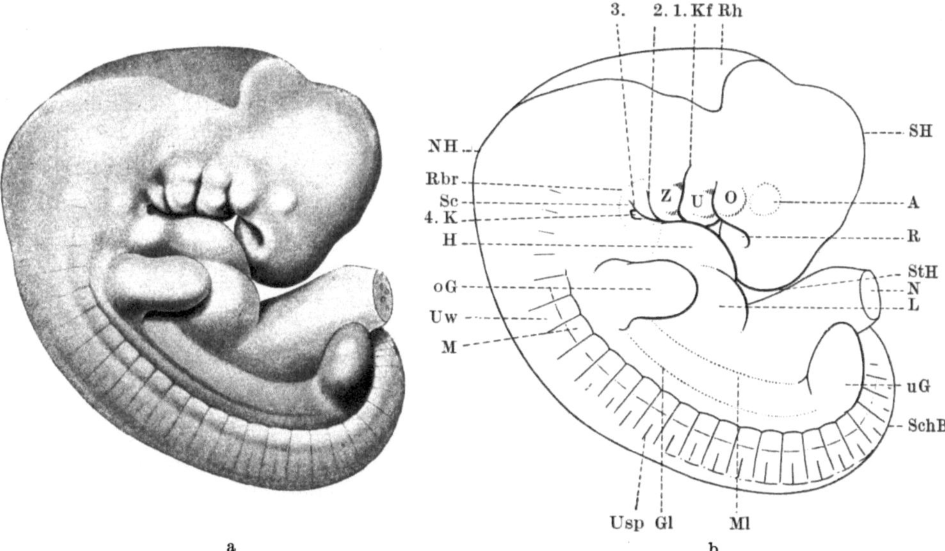

Abb. 41. Menschlicher Embryo, größte Länge 8,5 mm. a Bild des Embryo, b Umrißzeichnung
und Bilderklärung: A Auge; oG, uG obere, untere Gliedmaße; Gl Gliedmaßenleiste; H Herz;
4. K 4. Kiemenbogen; 1., 2., 3. Kf 1. bis 3. Kiemenfurche; L Leber; M Mittelplatte des Urwirbels;
Ml Milchleiste; N Nabelstrang; NH Nackenhöcker; O Oberkieferfortsatz des 1. Kiemenbogens;
R Riechgrube; Rbr Retrobranchialleiste; Rh Rhombencephalon; Sc Sinus cervicalis; SH Scheitelhöcker; SchB Schwanzbeuge; StH Stirnhöcker; U Unterkieferfortsatz des 1. Kiemenbogens;
Uw Urwirbel; Usp Ursegmentspalt; Z Zungenbeinbogen. 7,5 fache Vergrößerung.

vorhanden ist. An der Seitenfläche des Kopfes ist das Ektoderm durch die Augenblase leicht vorgewölbt (A); ventral von dieser Vorwölbung befindet sich eine
Grube, die Riechgrube (R); hinter dem Auge folgen die vier Kiemenbogen,
von welchen der erste, der Kieferbogen, in einen Ober- (O) und Unterkieferfortsatz (U) geteilt ist (vgl. auch Abb. 56). Der 2. Kiemenbogen
wird als Zungenbein- oder als Hyoidbogen bezeichnet (Z). Der 3. und 4.
sind die Branchial- oder Kiemenbogen im engeren Sinne; sie sind von
vornherein kleiner als der vor ihnen liegende Zungenbeinbogen, bleiben im
Wachstum immer mehr zurück und kommen infolgedessen später auf den
Grund einer hinter dem 2. Kiemenbogen sich ausbildenden Grube (Abb. 41, Sc),
Halsbucht, Sinus cervicalis, zu liegen. In dem dorsalen Abschnitte des
Rumpfes schimmern durch das Ektoderm die Urwirbel (Uw) und die Mittelplatten (M) hindurch. Die Urwirbel werden durch die Zwischenurwirbel-
oder Intersegmentalspalten (Abb. 41, 116) voneinander getrennt. Die
einzelnen Urwirbel (richtiger: ihre Sklerotome) werden durch je eine seichte
Furche, durch den Ursegment-, Intervertebral- oder Intrasegmental-
spalt (Usp) in eine kraniale und eine caudale Hälfte geteilt (Abb. 116). An der

Seitenwand des Rumpfes springen die Anlagen der Gliedmaßen (oG, uG) als stummelförmige Anhänge des Rumpfes hervor. Ihre Abgangsstellen vom Rumpfe sind durch eine niedrige, später verschwindende Leiste, Gliedmaßen-, Extremitäten- oder WOLFFsche Leiste, miteinander verbunden (Gl). Medial von ihr verläuft die Milchleiste oder Milchlinie (Ml), von der aus an einer bestimmten Stelle die Milchdrüse entsteht. An der ventralen Fläche des Rumpfes, unter den Kiemenbogen, wölben zwei rasch wachsende und verhältnismäßig sehr große Organe, das Herz und die Leber, die Rumpfwand vor: Herz-Leber-Wulst (H, L). Caudal vom Leberwulste geht der Nabelstrang (N) vom Embryo ab.

Durch das rasche Wachstum des Gehirnes wächst der ganze Kopf zu verhältnismäßig bedeutender Größe heran (Abb. 42). Im ventralen Teile seiner Seitenfläche bildet sich in dem seitlichen Teile der Nasenanlage, im Bereiche des sog. seitlichen Nasenwalles (S. 95), eine vom Auge zum Nasenloche verlaufende Furche aus, die Augen-Nasen- oder Tränenfurche (-rinne), Sulcus naso-lacrimalis (Abb. 42, 85). Die 1. Kiemenfurche hat sich — soweit sie erhalten bleibt — zur äußeren Ohröffnung vertieft und die sie umsäumenden Ränder des 1. und 2. Kiemenbogens haben je 3 Höcker gebildet, die Ohr- oder Auricularhöcker (Abb. 42). Der 2. Kiemenbogen hat mit einem Fortsatze, Kiemendeckel oder Opercularfortsatz, Operculum, den Sinus cervicalis ·überwachsen, so daß der 3. und der 4. Kiemenbogen von

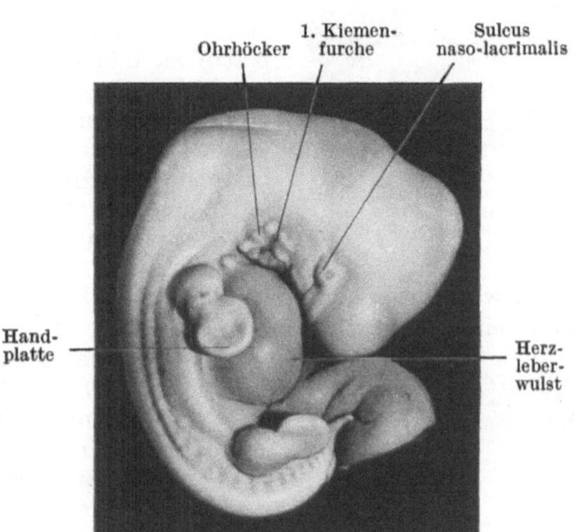

Abb. 42. 11,8 mm langer menschlicher Embryo. Lichtbild von HOCHSTETTER.

außen nicht mehr sichtbar sind. An der Anlage der oberen Gliedmaße sind Ober-, Unterarm und Hand unterscheidbar. Die Handanlage bildet eine Platte, die Handplatte, innerhalb welcher allmählich fünf Leisten, die Fingerstrahlen, sichtbar werden. Die untere Gliedmaße entwickelt sich langsamer als die obere, die Fußplatte und die Zehenstrahlen treten daher etwas später auf. Bei ihrer zunehmenden Verlängerung wachsen die Finger (Zehen)-Strahlen später allmählich, zunächst mit ihren vorderen Enden, aus der Hand(Fuß)platte heraus. Zwischen diesen vorgewachsenen Enden befinden sich Spalten, die Zwischenfinger(zehen)spalten, Interdigitalspalten, während die übrigen Abschnitte der Finger (Zehen) durch die Zwischenfinger(zehen)membran (auch „Schwimmhaut" genannt) zunächst miteinander verbunden bleiben. Durch das Einschneiden der Interdigitalspalten schwindet diese Membran später, so daß die Finger (Zehen) ganz frei werden. Durch das rasche Wachstum der Leber überwiegt im Herz-Leber-Wulste der der Leber zukommende Anteil. Das caudale Rumpfende läuft in einen langen „Schwanzfaden" aus, der dem Nabelstrange anliegt.

Da der Kopf in diesem Zeitraume fortfährt verhältnismäßig rascher als der Rumpf zu wachsen, kehrt sich allmählich das Verhältnis zwischen der Masse des Kopfes und des Rumpfes zugunsten des Kopfes um (vgl. Abb. 41—43). Infolge der mächtigen Ausbildung des Vorderhirnes wird ferner die Masse des

Vorderkopfes besonders groß. Um das Auge beginnen sich die Lider auszubilden; die Nase tritt als ein kleiner, von der Stirne durch eine tiefe Furche getrennter Höcker hervor; die Kiemenbogen werden völlig in die Bildung des Kopfes und des nunmehr abgrenzbaren Halses einbezogen; die äußere Ohröffnung wird von einer Falte, der Ohrfalte, umzogen (Abb. 43, 44); die vordere Rumpfwand ist, hauptsächlich durch die mächtige Leber, stark vorgewölbt; tief unter seiner späteren Lagestätte befindet sich der Nabel, von welchem der Nabelstrang abgeht. Die quergestellten oberen Gliedmaßen legen sich dem Rumpfe an; aus der Handplatte bilden sich die Finger aus; erst später beginnen sich die Zehen aus der Fußplatte zu bilden.

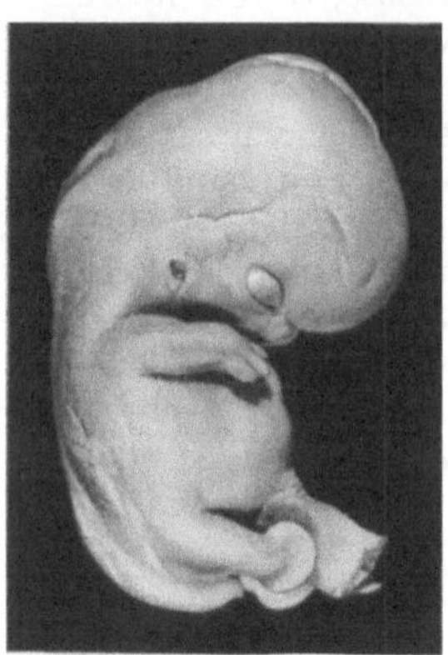

Abb. 43. 17,03 mm langer menschlicher Embryo. Lichtbild von HOCHSTETTER.

Embryonen vom Ende des 2. Monates besitzen bereits eine ausgesprochen menschliche Gesamtform (Abb. 44). Doch ist der Kopf noch immer unverhältnismäßig groß und sein Gesichtsteil ist im Verhältnisse zum Hirnteile noch klein. Der Oberkiefer tritt über den Unterkiefer stark vor. Die nur zum Teile von den sich bildenden Lidern bedeckten Augen stehen weit auseinander. Die Nase ist breit und niedrig, die Nasenlöcher sind durch einen Epithelpfropf verschlossen. Der Hals ist kurz, die Brust klein, der Bauch aber groß und vorgewölbt. Das Becken beginnt sich erst auszubilden. Im Anfangsteile des Nabelstranges befinden sich Darmschlingen, es ist also ein (normaler) Nabelschnurbruch vorhanden, der im 3. Monate verschwindet, da die vorgelagerten Darmschlingen in die unterdessen weiter gewordene Bauchhöhle aufgenommen werden. Die oberen Gliedmaßen liegen der Brustwand an, die unteren sind im Hüft- und Kniegelenk gebeugt; die Sohlenflächen der Füße sind einander zugekehrt.

Am Ende des 3. Monates sind jene Größenverhältnisse ausgebildet, welche die Körperform des Fetus kennzeichnen. Sie bestehen vor allem in der verhältnismäßigen Größe des Kopfes gegenüber dem Rumpfe, in dem Überwiegen des Gehirn- gegenüber dem Gesichtsteile des Kopfes, in der Kleinheit der Brust und des Beckens, in der Kürze der Gliedmaßen und in dem Tiefstande des Nabels. Später bilden sich allmählich, und zwar vor allem durch das verringerte Wachstum des Kopfes, durch die Entwicklung des Beckens und durch das Wachstum der Gliedmaßen die Proportionen des Neugeborenen aus.

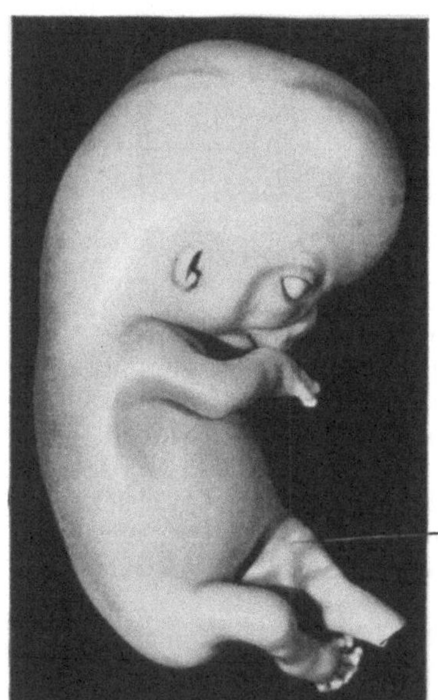

Abb. 44. 25,08 mm langer menschlicher Embryo in Seitenansicht. Nach HOCHSTETTER.

Im besonderen sei noch folgendes erwähnt: Im 3. Monate erscheinen die ersten Haare, und zwar in der Augenbrauengegend. Es sind sog. Wollhaare. Sie treten allmählich fast am ganzen Körper auf, so daß der Fetus zu Ende des

5. Monates ein Wollhaarkleid, Lanugo, besitzt. — Die Nasenlöcher werden im 4.—5. Monate wieder frei, da der sie verstopfende Epithelpfropf verschwindet. — Die Augen werden im 3. Monate von den Augenlidern überwachsen und die Lider vereinigen sich in der Lidnaht miteinander. Erst im 7. oder 8. Monate löst sich diese Naht. — Der hinter dem Oberkiefer zurückgebliebene Unterkiefer wächst vom 4. Monate ab nach vorne vor und erhält dann ein Kinn. — Um die Mitte der Schwangerschaft beginnen die Talgdrüsen der Haut zu sezernieren. Ihr Sekret bildet mit den abgestoßenen Epidermiszellen einen dünnen Überzug auf der Haut, die Fruchtschmiere, Vernix caseosa. — Im 6. Monate beginnt sich Fett im Unterhautbindegewebe anzusammeln. Die Haut bleibt jedoch zunächst runzelig. Erst zu Ende des Fetallebens ist die Fettspeicherung in der Haut so bedeutend geworden, daß diese Runzeln schwinden. Durch die in jüngeren Entwicklungsstadien noch nicht verhornte Epidermis schimmert das Blut hindurch, weshalb die Haut ursprünglich rötlich erscheint. — Die Bestimmung des Geschlechtes ist an den äußeren Geschlechtsorganen erst zu Anfang des 3. Monates möglich. — Aktive Bewegungen des Fetus treten bereits im 4. Monate auf.

Im 7. Monate ist die Entwicklung so weit gediehen, daß der Fetus unter gewissen Bedingungen auch außerhalb des mütterlichen Körpers — wenn auch nur selten — am Leben erhalten werden kann. Bei den im 8. Monate geborenen Feten (40—45 cm Länge, 1800—2000 g Körpergewicht) gelingt dies in mehr als der Hälfte der Fälle.

Zur — ungefähren — Altersschätzung der Embryonen (Feten) dient die Bestimmung der Scheitel-Fersen-Länge (Standhöhe). Sie beträgt am Ende des 1.—10. Monates 0·8, 2, 9, 16, 25, 30, 35, 40, 45, 50 cm. Bei dieser Zählung handelt es sich um Mondmonate, d. h. Monate zu 28 Tagen. Die Schwangerschaftsdauer beträgt darnach 280 Tage, gerechnet vom Tage des Beginnes der letzten Menstruation. Da aber die Befruchtung erst nach der Menstruation erfolgt, und zwar wahrscheinlich erst 14—18 Tage nach dem Beginne der Menstruation — denn erst in dieser Zeit tritt wahrscheinlich in den meisten Fällen die Ovulation ein — beginnt die Schwangerschaft erst etwa 14 Tage nach dem Beginne der zuletzt erfolgten Menstruation. Was nach der üblichen Berechnung der Schwangerschaftsdauer als 1. Monat gilt, entspricht daher nur den ersten 14 Tagen der Schwangerschaft, der 2. Monat entspricht in Wirklichkeit der zweiten Hälfte des 1. und der ersten Hälfte des 2. Monates usw.

Die Placentation.

Nachdem das menschliche Ei im Anfangsteile des Eileiters befruchtet wurde, wird es durch den Eileiter zur Gebärmutter befördert. Während dieser — beim Menschen wahrscheinlich etwa 3 Tage währenden — Wanderung furcht sich das Ei und beginnt die Bildung seiner Keimblätter. Nachdem dann das Ei einige Zeit in der Lichtung der Gebärmutter verweilt hat, legt es sich an einer Stelle der Schleimhaut des Körpers der Gebärmutter an, zerstört hier mit Hilfe seiner Trophoblastzellen das Uterusepithel, dringt hierauf in das unter dem Epithel liegende Bindegewebe ein (Operculum, Abb. 45), wo es sich einbettet und festsetzt: Einnistung, Einbettung, Nidation (Implantation) des Eies. Die Einbettungsstelle des Eies wird als Eikammer bezeichnet (Abb. 45).

Unmittelbar nach dem Eindringen des Eies in die Uterusschleimhaut tritt eine lebhafte Vermehrung der Trophoblastzellen ein. Die neugebildeten Zellen zerstören, um sich Platz zu verschaffen, das Uterusgewebe und bilden bei ihrem

Vorwachsen mannigfach verzweigte Zellstränge (Abb. 45), die in ihrer Gesamtheit die **Trophoblasthülle** oder -**schale** des Embryo darstellen. Die Lücken

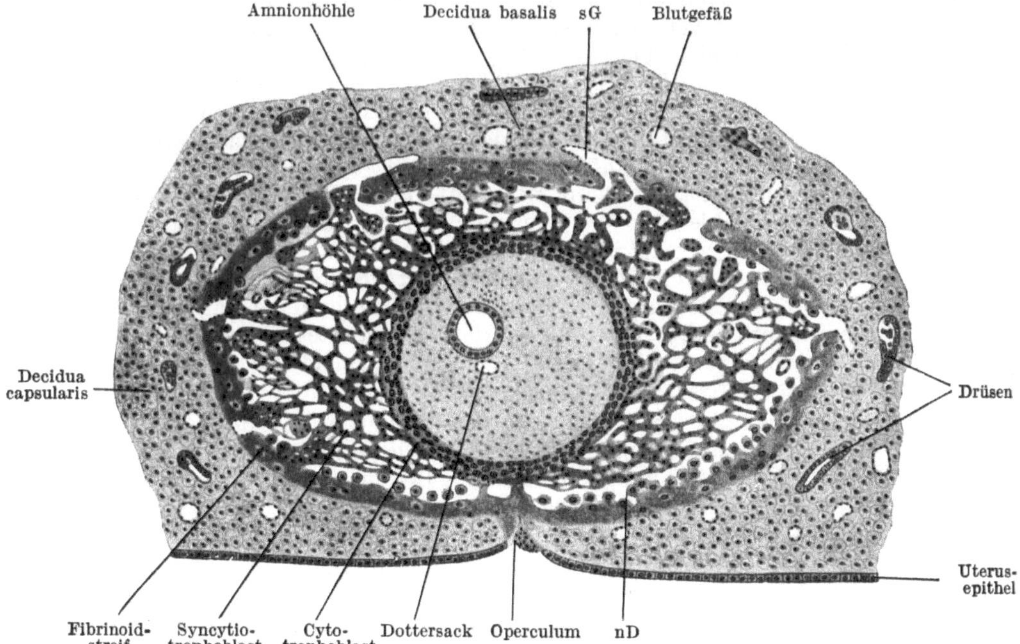

Abb. 45. Schematisiertes Schnittbild durch die Eikammer eines etwa 2 Wochen alten menschlichen „Eies". nD nekrotisierende Deciduazellen; sG durch den Syncytiotrophoblasten eröffnete mütterliche Capillare. 45fache Vergrößerung. Nach BRYCE-TEACHER.

zwischen diesen Zellsträngen sind teils durch die Zerstörung (Andauung) des Uterusgewebes durch die Trophoblastzellen entstanden, teils sind es Bluträume,

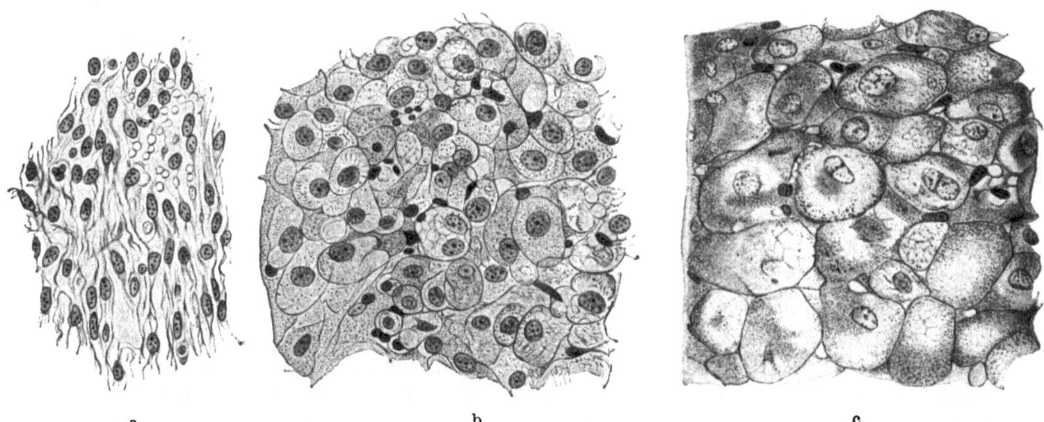

Abb. 46. Bindegewebszellen des Corpus uteri. a im postmenstruellen, b im prämenstruellen Stadium (Deciduazellen). c Deciduazellen einer Schwangeren. 400fache Vergrößerung. Nach HITSCHMANN und ADLER.

entstanden durch die von den Trophoblastzellen bewirkte Zerstörung der Blutgefäßwände. Da der Trophoblast mit dem an seiner Innenfläche befindlichen

Mesoderm das Chorion darstellt (Abb. 37b, c) und da die von ihm gebildeten Zellsäulen als Zotten, Chorionzotten, Villi choriales (S. 39), bezeichnet werden, befinden sich die erwähnten Bluträume zwischen diesen Zotten; man nennt sie daher Zwischenzotten- oder intervillöse Räume.

Durch die von der befruchteten Eizelle und von dem Corpus luteum graviditatis gebildeten und vermittels der Blutbahn zum Uterus gelangenden Stoffe, sowie durch die Einbettung des Eies im Uterus werden Reize auf die Schleimhaut des Uterus ausgeübt, welche zu einer Umbildung dieser Schleimhaut führen.

Dem menstruellen Zyklus entsprechend macht die Schleimhaut des Körpers des Uterus während der ganzen Dauer der geschlechtlichen Tätigkeit des Weibes, also etwa zwischen dem 15.—45. Lebensjahre, allmonatlich bestimmte Wandlungen durch, deren einzelne Phasen als menstruelles, post-, inter- und prämenstruelles Stadium (Menstrum, Post-, Inter-, Prämenstrum) bezeichnet werden. Die Schleimhaut des Uteruskörpers wird vor jeder Menstruation in die Decidua menstruationis umgebildet, indem sich die Bindegewebszellen in große, epitheloide Zellen, in die Deciduazellen umwandeln (Abb. 46b), indem sich ferner die Drüsen verlängern und verbreitern (Abb. 47). Die Umbildung der Schleimhaut zur Decidua menstruationis und — im Falle der Befruchtung einer Eizelle — zur Schwangerschaftsdecidua, Decidua graviditatis, vollzieht sich nur innerhalb des Körpers der Gebärmutter. Die Umbildung zur Decidua graviditatis besteht im wesentlichen in einer Steigerung jener Zustände, welche die prämenstruelle Schleim-

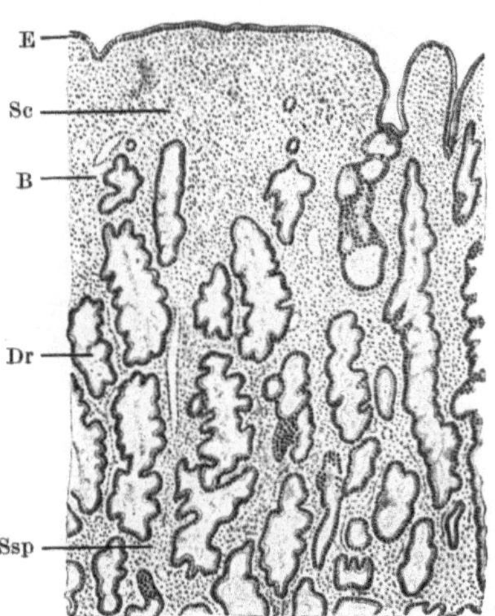

Abb. 47. Schnitt durch die Schleimhaut des Corpus uteri im prämenstruellen Stadium. B Bindegewebe (Deciduazellen); Dr Drüsen; E Uterusepithel; Sc Substantia compacta; Ssp Substantia spongiosa.
Nach HITSCHMANN und ADLER.

haut kennzeichnen: Die Deciduazellen werden noch größer (Abb. 46c), die Drüsen noch breiter und so lang, daß sie sich, besonders in den tieferen Lagen der Schleimhaut, in Schlingen und Windungen legen müssen. Infolgedessen erscheinen die tieferen Lagen der Schleimhaut auf Durchschnitten von zahlreichen Lücken — den Lichtungen der Drüsenwindungen — durchsetzt, also schwammartig. Man bezeichnet daher diese tiefere Schichte der Schleimhaut des schwangeren Corpus uteri als Substantia spongiosa zum Unterschiede von der oberen Schichte, der Substantia compacta, in welcher der von den Deciduazellen eingenommene Raum größer als der von den Drüsen eingenommene ist (vgl. Abb. 47). Die Einbettung des Eies erfolgt in der Substantia compacta.

An der Decidua graviditatis kann man drei Zonen unterscheiden (Abb. 48, 45): Die an der basalen Seite der Trophoblastschale des „Eies" (vgl. S. 39, Anmerkung) befindliche Decidua basalis s. serotina; die an den übrigen Seiten der Trophoblastschale vorhandene, also das „Ei" umhüllende Decidua capsularis; die außerhalb der Einbettungsstelle des Eies befindliche, über den ganzen übrigen Bereich des Uteruskörpers sich ausdehnende Decidua parietalis s. vera. Die Übergangszone zwischen der Decidua basalis, capsularis und parietalis wird als Decidua marginalis bezeichnet.

Die Umbildung der Uterusschleimhaut zur Decidua graviditatis erreicht ihren höchsten Grad im Bereiche der Decidua basalis. Dort wird daher auch die

Schleimhaut besonders dick (Abb. 48). Die Decidua capsularis dagegen wird immer dünner. Wenn nämlich der Embryo mit seinen Hüllen weiter wächst, wenn sich also das „Ei" vergrößert, muß sich auch die das „Ei" umhüllende Decidua capsularis entsprechend ausdehnen. Sie wird daher immer dünner und dünner (Abb. 48), atrophiert zum Teile und bleibt daher schließlich nur in kleinen Resten erhalten. Das „Ei" kann naturgemäß nur in die Lichtung des

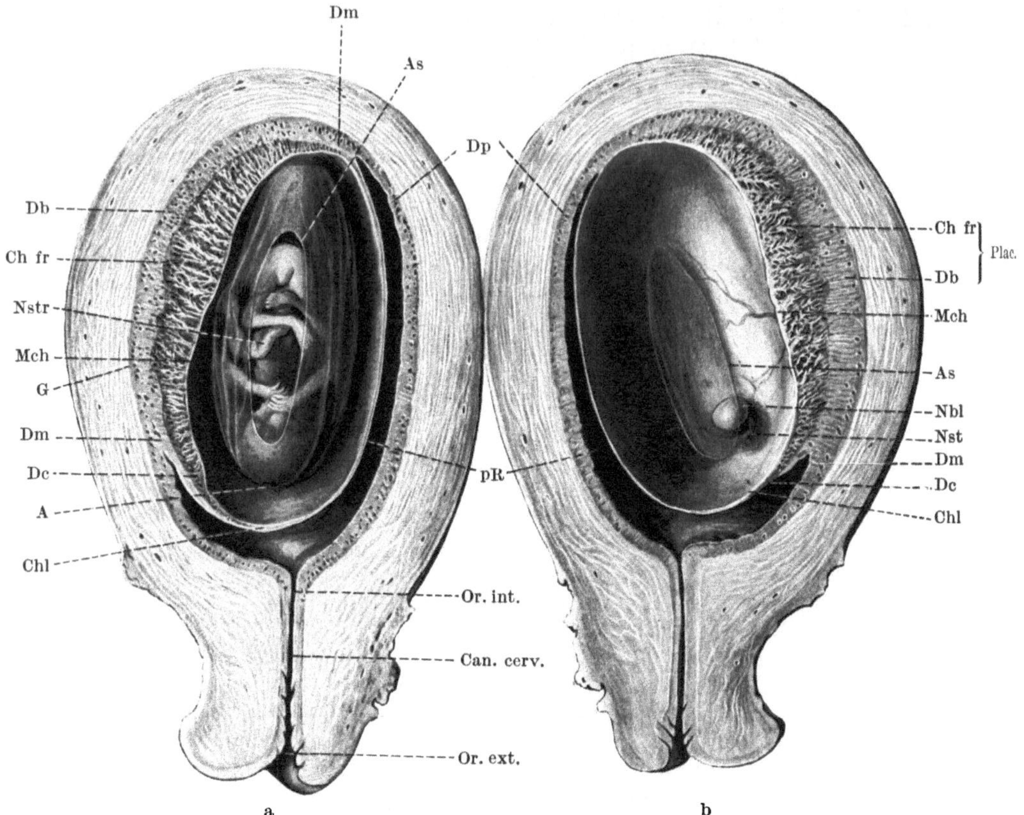

Abb. 48. Die beiden Hälften eines Längsschnittes durch den Uterus im 3. Monate der Schwangerschaft. a enthält den Fetus, b den abgekappten Teil des Amnion- und Chorionsackes und das Nabelbläschen. A Amnion; As Schnittrand des Amnion; Can. cerv. Canalis cervicis; Ch fr Chorion frondosum; Chl Chorion laeve; Db Decidua basalis; Dc Decidua capsularis; Dm Decidua marginalis; Dp Decidua parietalis; G Blutgefäß; Mch Membrana chorii; Nbl Nabelblase; Nst Nabelblasenstiel; Nstr Nabelstrang; Or. ext. Orificium externum uteri; Or. int. Orificium internum uteri; pR perionaler Raum; Plac Placenta.

Uterus vorwachsen. Der zwischen ihm und der Uteruswand befindliche Raum, der perionale Raum (Abb. 48, pR), wird schließlich durch das immer größer werdende „Ei" ganz ausgefüllt, die Decidua capsularis legt sich dann dicht an die Decidua parietalis an und verwächst mit ihr.

Entsprechend der allseitigen Ausbildung von Zellsträngen auf den Trophoblasten (Abb. 45) bilden sich die Chorionzotten auf der ganzen Oberfläche des Chorion aus. Das ganze Chorion ist daher ursprünglich mit Zotten dicht besetzt, es ist eine „Zottenhaut", ein Chorion villosum (frondosum). Wenn sich aber das Chorion entsprechend dem Wachstum des Embryo stark vergrößert, beginnen die Zotten auf der sich gegen die Uteruslichtung vorwölbenden

Fläche des Chorion zu schwinden, so daß das Chorion hier eine glatte Oberfläche erhält. Diese Umwandlung des Chorion zu einem glatten Chorion, zu einem Chorion laeve (Abb. 48, Chl), schreitet auf dem sich vergrößernden Chorion immer weiter vor, bis schließlich nur noch auf der der Decidua basalis zugekehrten Seite des Chorion Zotten vorhanden sind: Chorion frondosum (Abb. 48, Ch fr). Diese Zotten wachsen rasch zu reich verzweigten Zottenbäumen aus, welche sich tief in die Decidua basalis einsenken. Während sie ursprünglich nur aus Epithelzellen bestehen („Primärzotten", Abb. 37, 45), dringt später Bindegewebe in sie ein. In diesem Bindegewebe befinden sich die Endzweige der Arteriae umbilicales, welche an den Spitzen der Zotten in die Anfangsäste der

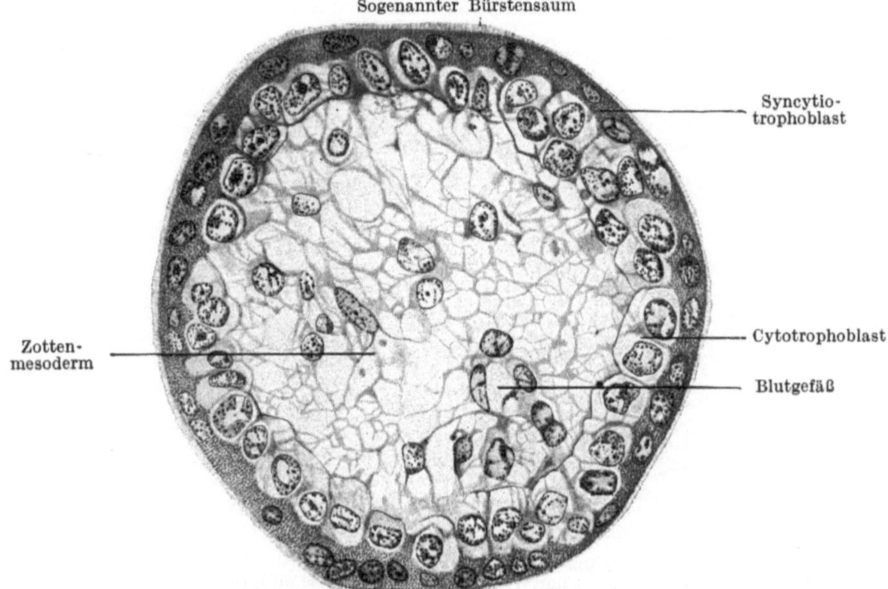

Abb. 49. Querschnitt durch eine Chorionzotte. 575fache Vergrößerung.

Venae umbilicales übergehen (Abb. 50, ZA, ZV). Diese Zotten — Sekundär- oder Gefäßzotten, Chorionzotten — bestehen nunmehr aus einem epithelialen Mantel und aus einer von diesem Mantel umhüllten embryonal-bindegewebigen, Blutgefäße enthaltenden Füllmasse (Abb. 49). Das aus den Trophoblaststrängen entstandene Epithel der Zotten besteht wie diese Stränge selbst (Abb. 45) aus einer tiefen und aus einer oberflächlichen Zellage (Abb. 49). In der tiefen Lage kann man die einzelnen Zellen voneinander abgrenzen; diese Lage wird als Grundschichte oder als Cytotrophoblast, die sie bildenden Zellen werden als Cytotrophoblast- oder als LANGHANSsche Zellen bezeichnet. In der oberen Lage sind Zellgrenzen nicht wahrnehmbar, in dem Protoplasma liegen aber zahlreiche Zellkerne. Diese Lage ist die Deckschichte, der Syncytiotrophoblast, das Syncytium.

Durch die Einsenkung der Chorionzotten in die Decidua basalis wird eine innige Verbindung zwischen dem mütterlichen und dem fetalen Körper hergestellt. Diesen Vorgang bezeichnet man als Placentation, das dabei gebildete Organ als Placenta, Frucht- oder Mutterkuchen.

An der Placenta (Abb. 50) unterscheidet man die vom Uterusgewebe gebildete Placenta uterina s. materna und die vom Chorion aus entstandene Placenta fetalis.

Die Placenta materna entsteht aus dem Gewebe der Decidua basalis (Abb. 48b,
Db). In der tiefen Schichte der Decidua basalis sind die Deciduazellen zu einer
Platte, der Basalplatte (Abb. 50, Bpl), zusammengedrängt. Von ihr gehen
nach aufwärts (gegen die Lichtung der Gebärmutter zu) Stränge von Deciduazellen aus, die Deciduapfeiler, Deciduasepten, Septa placentae (Abb. 50,
Spl.) Zwischen diesen Strängen befinden sich die Zwischenzottenräume
(intervillöse Räume, Abb. 50, Zr). Sie sind aus den durch die Vorwucherung
der Trophoblaststränge eröffneten (Abb. 45, sG) und sich ausweitenden Capillaren entstanden und sind dann entsprechend dem Wachstum des „Eies" immer

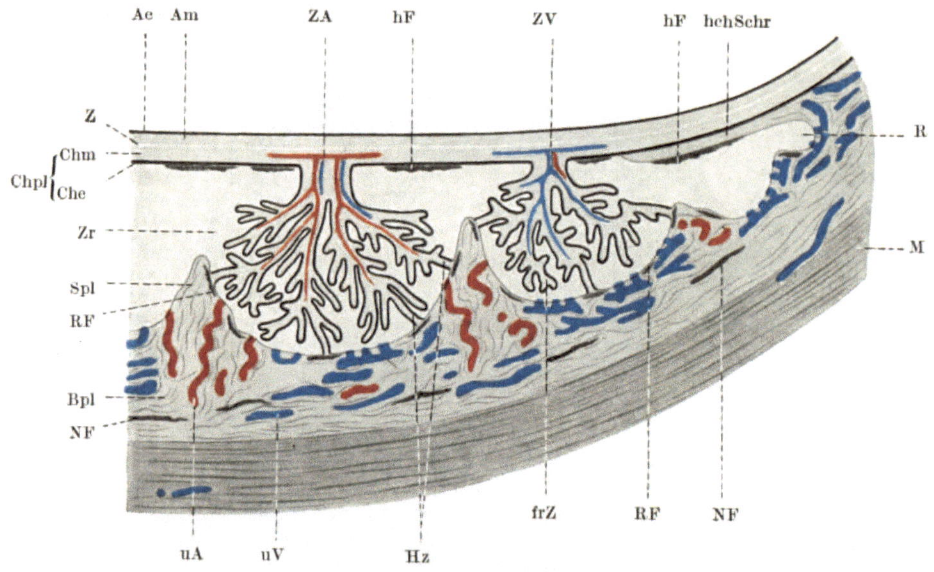

Abb. 50. Schema des Baues der Placenta. Ae Amnionepithel; Am Amnionmesoderm; Bpl Basal-
platte; Che Chorionepithel; Chm Chorionmesoderm; Chpl Chorionplatte; frZ freie Zotte; hF hypo-
chorialer Fibrinoidstreif; hchSchr hypochorialer Schlußring; Hz Haftzotte; M Muskulatur der
Uteruswand; NF NITABUCHscher Fibrinoidstreif; R Randsinus; RF ROHRscher Fibrinoidstreif;
Spl Septum placentae; uA, uV uteroplacentare Arterie, Vene; Z lockeres Zwischengewebe zwischen
Amnion und Chorion; ZA, ZV Zottenarterie, -vene; Zr Zwischenzottenraum.

größer geworden. Der Blutlauf in diesen Räumen wird vermittels der utero-
placentaren Arterien und Venen (Abb. 50, uA, uV) besorgt. Die Gesamtheit
dieser miteinander zusammenhängenden Räume wird als mütterlicher Blut-
raum oder als Placentarraum bezeichnet. Der Randbezirk dieses Raumes
ist der Rand- oder Ringsinus, Sinus circularis (Abb. 50, R). In der Wand
dieser Räume und auf den Zotten lagern sich in der 2. Hälfte der Schwangerschaft Fibrinoidstreifen ab (Abb. 50, hF, RF, NF).

Die Placenta fetalis besteht aus den Chorionzotten und aus jenem Abschnitte des Chorions, von welchem diese Zotten abgehen. Dieser Abschnitt
wird als Chorionplatte, Membrana chorii bezeichnet (Abb. 48, Mch;
50 Chpl). Wie die Zotten, so besteht auch die Chorionplatte aus einem epithelialen und einem embryonal-bindegewebigen Anteile: Chorionepithel und
Chorionmesoderm (Abb. 50, Che, Chm). Das Chorionepithel stammt vom
Trophoblast, das Chorionmesoderm von dem an der Innenfläche des Trophoblast befindlichen Mesoderm ab (Abb. 37b, c). In dem Chorionmesoderm verlaufen die Zweige der Arteriae und Venae umbilicales, von welchen die Zotten-
arterien und Zottenvenen abgehen (Abb. 50, ZA, ZV).

Jede der ursprünglichen Zotten (Primärzotten) stellt später ein reich verzweigtes baumartiges Gebilde, einen Kotyledo, dar. Ein Teil der Zotten — die Haftzotten (Abb. 50, Hz) — ist mit den Deciduasepten und mit der Basalplatte verwachsen, heftet daher die Placenta fetalis mit der Placenta materna zusammen. Die übrigen Zotten — die freien Zotten (Abb. 50, fr Z) — schweben frei im Blute der Zwischenzottenräume. Die menschliche Placenta ist demnach eine Placenta haemochorialis, d. h. eine Placenta, bei welcher die Chorionzotten unmittelbar in das mütterliche Blut eintauchen.

Die Placenta dient dem Fetus als Atmungs-, Ernährungs- und Ausscheidungsorgan: Zwischen dem mütterlichen Blute in den Zwischenzottenräumen und dem fetalen Blute in den Chorionzotten findet ein Gaswechsel in dem Sinne statt, daß das fetale Blut Sauerstoff aus dem mütterlichen Blute aufnimmt und Kohlensäure an das mütterliche Blut abgibt; aus dem mütterlichen Blute treten ferner Ernährungsstoffe für den Fetus in die Zottengefäße über, während die im fetalen Körper gebildeten Ausscheidungsstoffe aus den Zottengefäßen in das Blut der Zwischenzottenräume und damit in den mütterlichen Blutkreislauf gelangen. Die Placenta dient ferner als Organ mit innerer Sekretion und beeinflußt als solches vor allem den mütterlichen Körper, wobei es unter anderem das Wachstum der Follikel im Eierstocke hemmt, so daß während der Schwangerschaft keine Ovulation eintritt.

Die Nachgeburt.

Nach der Geburt des Kindes wird auch die Placenta aus dem Uterus ausgestoßen. Mit ihr sind verbunden und werden daher auch mit ihr ausgestoßen: Das Chorion mit den ihm anhaftenden Resten der Decidua capsularis und parietalis; das Amnion; der nicht am Kinde belassene Teil des Nabelstranges und das Nabelbläschen. Alle diese Gebilde zusammen bilden die Nachgeburt, Secundinae. Amnion und Chorion zusammen bilden den das Kind umhüllenden Fruchtsack, der zumeist vor der Geburt des Kindes einreißt.

Die am Ende einer normalen Schwangerschaft geborene „reife" Placenta stellt zumeist eine runde Scheibe von etwa 16—20 cm Durchmesser und 2,5 bis 3 cm Dicke dar. Sie wiegt etwa 500 g. Man unterscheidet an ihr eine äußere, uterine oder mütterliche und eine innere oder fetale Fläche. Diese innere, der Chorionplatte entsprechende Fläche ist vom Amnion überzogen (Abb. 50, Ae, Am) und ist daher glatt und glänzend; durch das Amnion hindurch sieht man die auf dieser „Amnionfläche" sich verzweigenden Vasa umbilicalia. Die äußere, der Basalplatte entsprechende Fläche wird durch Furchen — Sulci placentae — in Felder — Lobi placentae — geteilt.

Das Chorion (Abb. 48, Ch l) ist eine dünne Membran, welche an ihrer Außenfläche mit Blutgerinnseln und mit Resten der Decidua capsularis und parietalis bedeckt ist.

Das Amnion (Abb. 48, A; 50, Ae; 51) ist eine dünne, durchsichtige und an ihrer dem Fetus zugewendeten Fläche glänzende Membran. Ursprünglich bildet das Amnion einen engen, vom Chorion durch einen Zwischenraum getrennten Sack (Abb. 48). Dieser Sack wächst aber sehr rasch, so daß er meist schon am Ende des 2. Monates mit dem Chorion verwächst (Abb. 50). Die Höhle dieses Sackes, die Amnionhöhle, füllt sich bald mit dem Amnion- oder Fruchtwasser, Liquor amnii, dessen Menge im 6. Monate bis zu etwa 1 Liter ansteigt, um bis zum Ende der Schwangerschaft auf $^1/_2$ Liter abzusinken. In diesem Fruchtwasser schwimmt der Fetus und wird dadurch vor Austrocknung und vor verschiedenen anderen sonst möglichen Schädigungen geschützt. Wenn

der Fruchtsack vor der Geburt des Kindes einreißt, wird ein Teil des Frucht-
wassers als „Vorwasser" nach außen entleert.

Der im Vergleiche mit dem Embryo ursprünglich verhältnismäßig große
Dottersack oder die Nabelblase, Vesica umbilicalis (Abb. 38), schrumpft
infolge der Resorption seines Inhaltes bald zu dem kleinen Nabelbläschen,
Vesicula umbilicalis zusammen. Dieses liegt zumeist auf der fetalen Fläche
der Placenta zwischen dem Amnion und Chorion, seltener im Nabelstrange.
Sein ursprünglich kurzes und dickes Verbindungsstück mit dem Embryo wird
später zu dem langen, aber immer enger werdenden Dottersack- oder Nabelblasenstiel ausgezogen, in dessen Inneren sich der epitheliale Dotter- oder

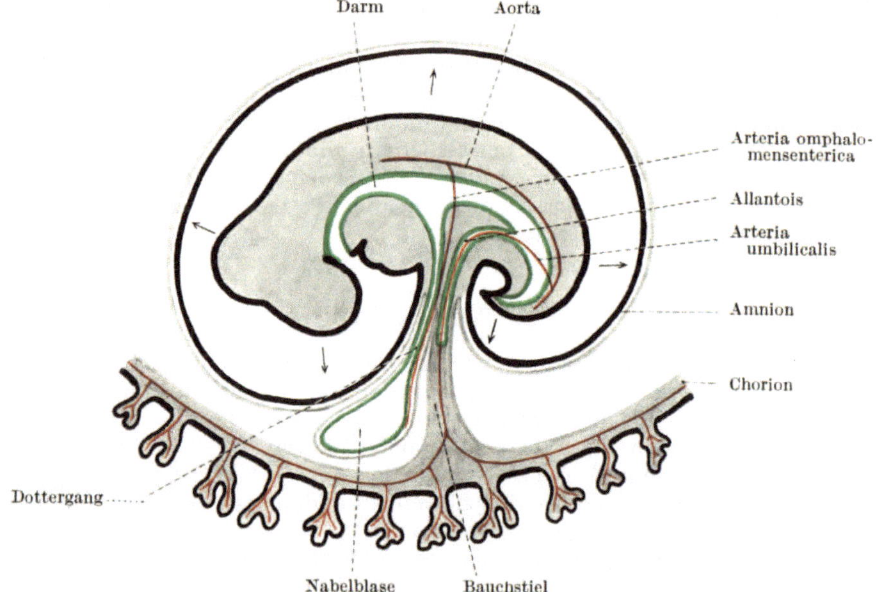

Abb. 51. Schema der Bildung des Nabelstranges. Die Pfeile geben die Wachstumsrichtung des
Amnionsackes an.

Nabelgang, Ductus vitello- intestinalis s. omphalo-entericus befindet
(Abb. 51, 55, 71). In dem diesen Gang umhüllenden Mesoderm liegen die Vasa
omphalo-enterica (je zwei Arteriae und Venae omphalo-mesentericae, Abb. 51),
deren Verzweigungen auf dem Dottersacke den Dottersackkreislauf vermitteln.
Der Gang und die Vasa omphalo-mesenterica bilden sich noch vor der Mitte
der Schwangerschaft zurück.

Der Nabelstrang, Funiculus umbilicalis, stellt die Verbindung
zwischen dem Fetus und der Placenta her. An seiner Bildung beteiligen sich
der Bauch- und der Dottersackstiel sowie das Amnion. Wie bereits erwähnt wurde
(S. 41), stellt der Bauchstiel den durch das vorwachsende Schwanzende auf
die ventrale Fläche des Embryo verschobenen Haftstiel dar. In ihn ragt, wie
in den Haftstiel, die Allantois vor, an deren beiden Seiten die Arteriae und Venae
umbilicales verlaufen (Abb. 51). Vor dem Bauchstiele liegt der Dottersackstiel.
Wenn sich nun der Amnionsack nach allen Richtungen hin vergrößert und das
Amnion daher auch ventralwärts um den Embryo vorwächst (Abb. 51), werden
Bauch- und Dottersackstiel einander bis zur gegenseitigen Berührung genähert
und gleichzeitig vom Amnion umhüllt. Das auf diese Weise entstandene Gebilde

ist der Nabelstrang (Abb. 41—44, 66), deshalb so genannt, weil seine Abgangsstelle von der embryonalen Bauchwand dem späteren Nabel entspricht. Seiner Entstehungsart gemäß enthält der Nabelstrang ursprünglich die Inhaltsgebilde des Dotter- und des Bauchstieles, also den Ductus omphalo-entericus (Abb. 55, 66) mit den gleichnamigen Arterien und Venen, sowie die Allantois mit den die Allantois begleitenden Nabelarterien und -venen (Abb. 51). Die Leibeshöhle (Bauchhöhle) setzt sich in den Anfangsteil des Nabelstranges eine

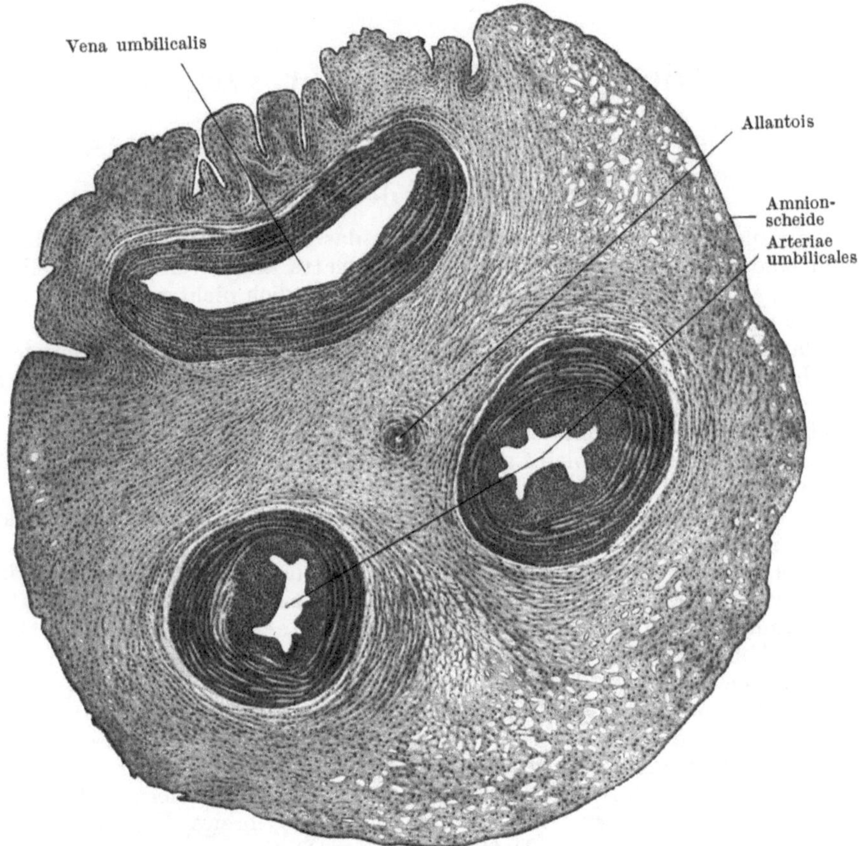

Abb. 52. Querschnitt durch den Nabelstrang eines Neugeborenen. 15fache Vergrößerung.

Strecke weit fort und bildet dort eine Höhle, das Omphalo- oder Nabelstrangcölom (Abb. 66). In dieser Höhle liegen die Darmschlingen des Nabelstrangbruches (Abb. 44). Sobald diese Darmschlingen im 3. Monate in die Bauchhöhle aufgenommen worden sind, verschwindet diese Höhle infolge der Wucherung des sie umgebenden Gewebes.

Das embryonale Bindegewebe, in welchem diese Inhaltsgebilde des Nabelstranges eingebettet sind, gestaltet sich zu der sog. WHARTONschen Sulze, d. h. zu einem gallertigen Bindegewebe mit sternförmigen Zellen, spärlichen Fasern und weiten Zwischenzellräumen. An seiner Oberfläche wird der Nabelstrang vom Amnion überzogen — Amnionscheide (Abb. 52).

Die Inhaltsgebilde des Nabelstranges bleiben nur zum Teile erhalten. Der Dottergang und die ihn begleitenden Vasa omphalo-mesenterica beginnen im

3. Monate zu verschwinden. Doch können sich stellenweise Reste von ihnen erhalten. Auch der Allantoisgang bildet sich zum Teile zurück und ist später nur noch im Anfangsteile des Nabelstranges vorhanden. Von den vier Nabelgefäßen schwindet später die rechte Vena umbilicalis. Auf einem Querschnitte durch das Anfangsstück des „reifen" Nabelstranges (Abb. 52) findet man daher 2 Arterien, aber nur noch eine Vena umbilicalis vor. Der Allantoisgang liegt zwischen den beiden Nabelarterien.

Die Entwicklung der Organe.

Die Organe des inneren Keimblattes.

Die Entwicklung des Darmrohres.

Die Anlage des Darmrohres wird durch das innere Keimblatt gebildet, also durch eine flach unter dem mittleren Keimblatte ausgebreitete Epithellamelle (Abb. 35, 102a). Ein Darmrohr ist daher ursprünglich nicht vorhanden. Sobald nun der embryonale Körper über den Dottersack vorzuwachsen beginnt, dringt auch das Entoderm in diese vorwachsenden Körperabschnitte vor, jedoch nicht als einfache Epithellamelle, sondern derart, daß es sowohl in dem vorderen als auch in dem hinteren über den Dottersack vorwachsenden Körperabschnitte je eine Bucht bildet, während es in dem mittleren Körperabschnitte noch flach über dem Dottersacke ausgebreitet bleibt. Die beiden Buchten werden als kraniale oder vordere, bzw. als caudale oder, hintere Darmbucht, als Vorder- und Hinterdarm (Kopf- und Schwanzdarm) bezeichnet (Abb. 53). Ihre Bildung erfolgt durch Vermehrung der Entodermzellen und durch gleichzeitiges Einschneiden der vorderen, der hinteren und der seitlichen Grenzrinnen (S. 35, 41). Die Zugangsstellen aus dem mittleren, noch nicht zu einem Rohre umgestalteten Entodermbezirke in diese Buchten heißen vordere, bzw. hintere Darmpforte (Abb. 53, 54). Vorne, bzw. hinten (d. h. genauer: kranial bzw. caudal) sind diese Buchten blind, es ist also weder eine Mund- noch eine Afteröffnung vorhanden. Entsprechend dem Längenwachstum des Embryo verlängern sich auch diese beiden Buchten, und zwar nicht bloß durch Vorwachsen in kranialer, bzw. in caudaler Richtung, sondern auch dadurch, daß sich die beiden Darmpforten einander nähern, wodurch auch der mittlere Bezirk des Entoderms allmählich zu einem Rohre umgestaltet wird. Die ursprünglich breite Verbindung dieses Entodermbezirkes mit dem Dottersacke, der Dottergang, Ductus omphaloentericus, wird daher immer enger und enger (vgl. die Abb. 36c—e, 54, 55, 64). Spätestens zu Ende des 1. Monates schnürt sich der Dottergang an seiner Abgangsstelle vom Darme, an dem Darmnabel (S. 35), vom Darme ab, so daß dann das Darmrohr vollkommen geschlossen ist und Vorder- und Hinterdarm ohne Grenze ineinander übergehen (Abb. 66). Der Abschnürungsstelle des Dotterganges vom Darme entspricht beim Erwachsenen eine etwa 80 cm über der Einmündungsstelle des Ileum in das Caecum gelegene Stelle der Vorderwand des Ileum. Erfolgt die Abschnürung des Dotterganges nicht am Darmnabel, sondern innerhalb des Dotterganges selbst, so entsteht aus dem erhalten bleibenden Teile des Dotterganges ein Diverticulum ilei.

Die beiden blinden Enden des Vorder- und Hinterdarmes liegen in Buchten des embryonalen Körpers, von welchen die vordere als Mund-, die hintere als Afterbucht bezeichnet wird (Abb. 53, 100). Die Öffnung der Mundbucht, der primäre Mundspalt, wird von fünf Wülsten des embryonalen Kopfes umsäumt (Abb. 56): Oben von dem Stirnwulste, zu beiden Seiten und unten von den Ober- und Unterkieferfortsätzen des 1. Kiemenbogens. Im Grunde der Mundbucht liegt das Ektoderm der Vorderwand des Vorderdarmes, also dem Entoderm, unmittelbar an (Abb. 53). Ektoderm und Entoderm zusammen

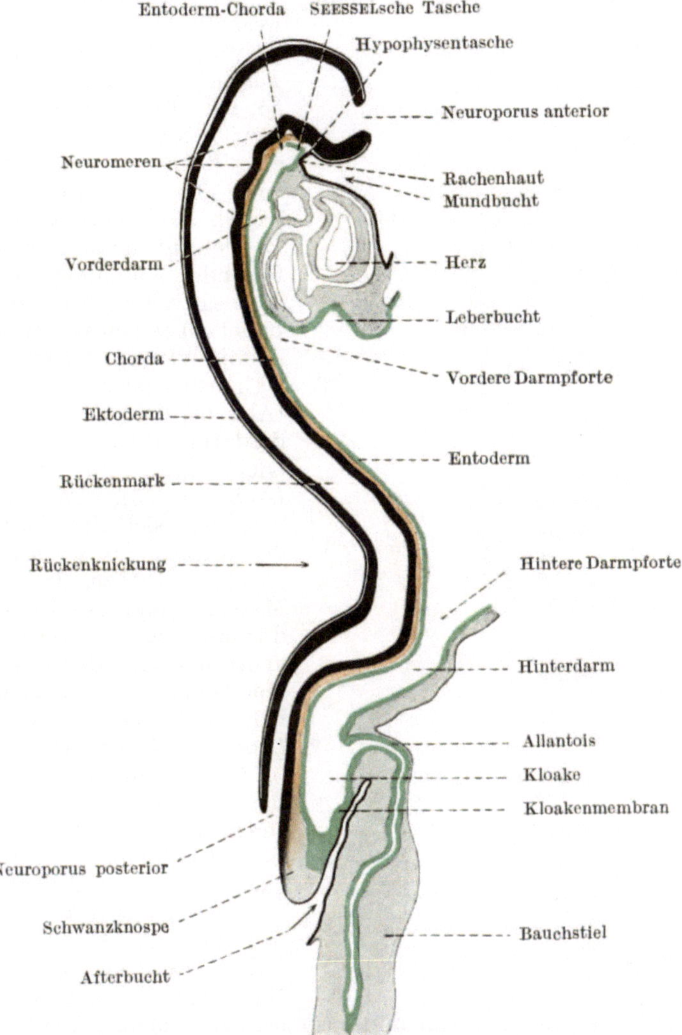

Abb. 53. Medianer Längsschnitt (Profilrekonstruktion) durch einen menschlichen Embryo mit 18 Urwirbelpaaren.

bilden hier eine Epithellamelle, welche als Rachenmembran, -haut, Membrana buccopharyngea bezeichnet wird. Schon in der 3. Woche treten Lücken in dieser Membran auf (Abb. 54), die zusammenfließen, so daß die Rachenhaut verschwindet. Jetzt erst öffnet sich der Vorderdarm nach außen (Abb. 51, 55, 64, 66). Die aus der Vereinigung der Mundbucht mit dem kranialen Abschnitte des Vorderdarmes entstandene Höhle ist die primäre Mundhöhle. Der Mundspalt ist nunmehr zur Mundöffnung geworden. Aus der primären Mundhöhle entsteht später die sekundäre oder bleibende Mundhöhle und ein Teil der Nasenhöhle.

Noch vor dem Schwunde der Rachenhaut wächst das Ektoderm der dorsalen Wand der Mundbucht unmittelbar vor der Rachenhaut dorsalwärts, also gegen das Gehirn zu, in eine Tasche aus, aus deren oberem Abschnitte später der vordere Lappen der Hypophyse, die Adenohypophyse, entsteht, weshalb diese Tasche als Hypophysentasche (RATHKEsche Tasche) bezeichnet wird (Abb. 53, 55, 64, 66). Hinter der Rachenhaut bildet auch das Entoderm eine kleine Tasche, die SEESSELsche Tasche (Abb. 53), welche jedoch bald verschwindet.

Der auf die primäre Mundhöhle folgende Abschnitt des Vorderdarmes weitet sich stark aus und bildet an seinen beiden Seitenwänden je vier Ausfaltungen aus, die Schlund- oder Kiementaschen (Abb. 63, 64). Dieser Teil des Vorderdarmes wird daher als Schlund- oder Kiemendarm bezeichnet (Abb. 54, 55). Caudal von ihm verengert sich der Vorderdarm zu der kurzen Speiseröhre, um sich gleich darauf zu der Anlage des Magens und des Zwölffingerdarmes zu erweitern. Von der ventralen, bzw. dorsalen Wand des Duodenum aus entwickelt sich sehr bald die Leber, bzw. das Pankreas (Abb. 54, 55, 64, 66).

Caudal von der Anlage des Duodenum setzt sich der Darm in die primäre Darmschleife oder Nabelschleife fort. Er steigt nämlich caudal- und ventralwärts zum Nabel ab, um hier dorsalwärts zur Mitte der hinteren Bauchwand umzubiegen (Abb. 55, 66, 71, 76). Diese Nabelschleife besteht daher aus einem zum Nabel absteigenden und aus einem zur dorsalen Bauchwand aufsteigenden Schenkel. Aus dem absteigenden Schenkel entsteht das Jejunum und der größte Teil des Ileum, aus dem aufsteigenden Schenkel etwa 80 cm des Endstückes des Ileum, das Cäcum mit dem Processus vermiformis, das Colon ascendens und das Colon transversum. In der Mitte der dorsalen Bauchwand biegt der aufsteigende Schenkel der Nabelschleife mit der primären Colonflexur in den in der sagittalen Medianebene an der dorsalen Bauchwand caudalwärts verlaufenden Endteil des Darmes, in den Enddarm um (Abb. 55, 66, Cfl, E; 71, 76). In den unteren Abschnitt des Enddarmes mündet der Ausführungsgang der Urniere, der Urnierengang, ein, weshalb dieser Darmteil als Kloake bezeichnet wird (Abb. 54, 55, 64, 66, 92, 97). Jenseits der Kloake setzt sich

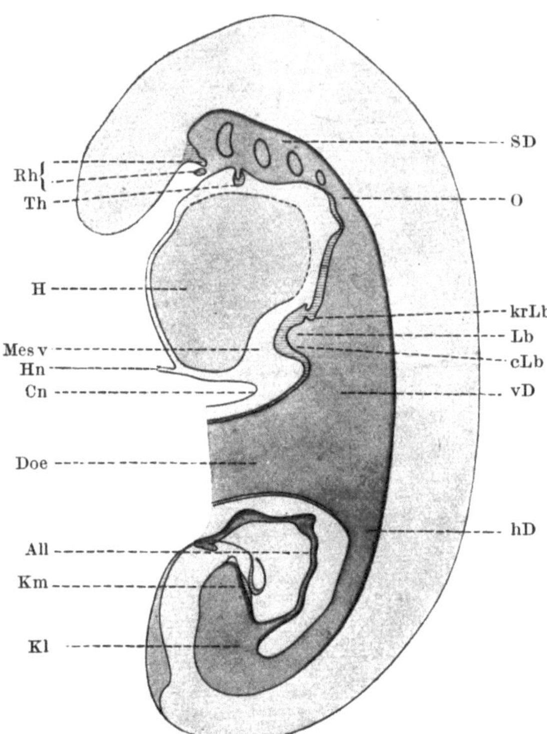

Abb. 54. Graphische Rekonstruktion (medianer Sagittalschnitt) des Darmes eines menschlichen Embryo mit 23 Urwirbelpaaren. All Allantois; Cn Coelomnabel; Doe Ductus omphalo-entericus; hD, vD hintere, vordere Darmpforte; H Herzbeutelhöhle; Hn Hautnabel; Kl Kloake; Km Kloakenmembran; Lb Leberbucht; cLb, krLb caudale, kraniale Leberausbuchtung (Ductus cysticus, Ductus hepaticus); Mes v Mesogastrium ventrale; O Oesophagus; Rh Rachenhaut; SD Schlunddarm mit den eingezeichneten Öffnungen der Schlundtaschen; Th Thyreoidea. 30fache Vergrößerung. Nach THOMPSON.

der Darm als Schwanzdarm in das caudale Rumpfende des Embryo, d. h. in
dessen Schwanz fort. Dieser Darmteil bildet sich jedoch bald zurück (Abb. 55,
64, 66). Die Kloake wird später durch das Septum urorectale (S. 109,
Abb. 55, 66, 97) in einen ventralen (vorderen) und einen dorsalen (hinteren)
Abschnitt geteilt. Aus dem ventralen Abschnitte, aus dem sog. ventralen

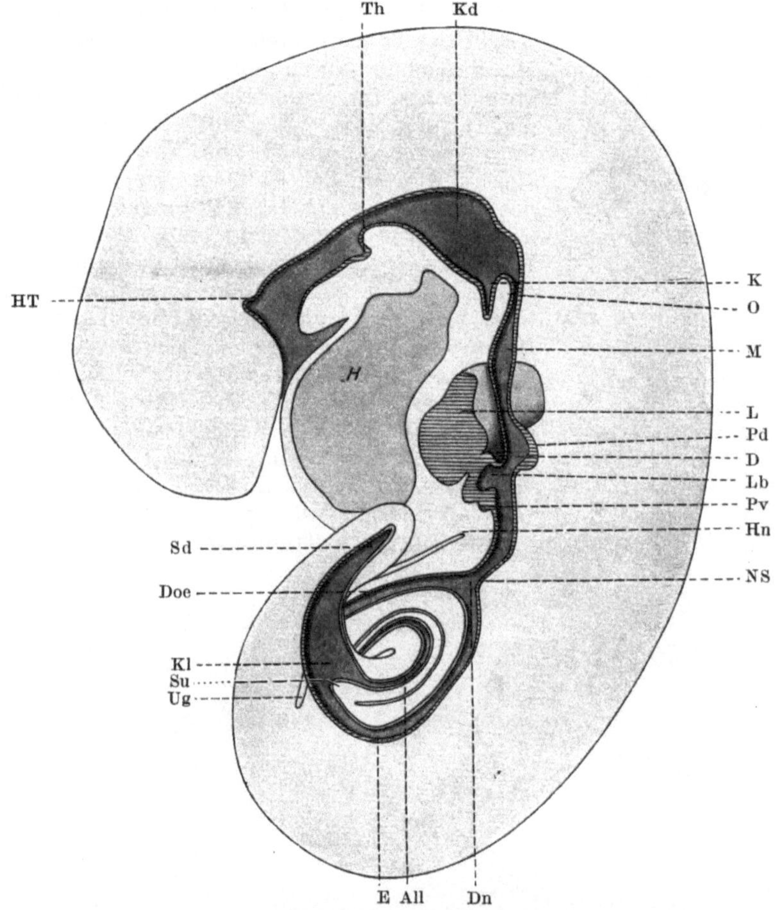

Abb. 55. Rekonstruktion des Darmkanales eines menschlichen Embryo von 4,9 mm größter Länge.
D Duodenum; Dn Darmnabel; E Enddarm; HT Hypophysentasche; K Kehlkopf; Kd Kiemen-
darm; L Leber; M Magen; NS Scheitel der Nabelschleife; Pd, Pv Pankreas dorsale, ventrale;
Sd Schwanzdarm; Su Septum uro-rectale; Ug Urnierengang. Die übrigen Bezeichnungen wie bei
Abb. 54. 20fache Vergrößerung. Nach INGALLS.

Kloakenreste, entsteht die Anlage der Harnblase, der primären Harnröhre und der Sinus urogenitalis (S. 109); aus dem dorsalen Abschnitte
entsteht das Rectum. Der Enddarm liefert demnach das Colon descendens,
das Colon sigmoideum, das Rectum, die Harnblase, die primäre Harnröhre und
den Sinus urogenitalis. Das blinde Ende der Kloake legt sich dem Ektoderm dicht
an (Abb. 51, 53). Die dadurch entstehende, aus einer ekto- und einer entodermalen
Epithellage bestehende Membran ist die Kloakenmembran (Abb. 51, 53, 54, 66).
Nachdem die Teilung der Kloake in das Rectum und in den ventralen Kloakenrest durchgeführt ist, bricht das Rectum zu Ende des 2. Monates (bei Embryonen
von etwa 16 mm größter Länge) durch und öffnet sich so durch den After
nach außen.

Organausbildungen innerhalb der primären Mundhöhle.

Wie aus der Entwicklung der primären Mundhöhle hervorgeht, wird deren epitheliale Bekleidung teils vom Ektoderm, teils vom Entoderm beigestellt. Die Grenze zwischen diesen beiden Keimblattbezirken wird durch den Rand der Rachenhaut gebildet. Im fertigen Schädel entspricht diesem Rande wahrscheinlich eine Ebene, welche derart schief steht, daß ihr unterer Abschnitt am Boden der Mundhöhle unmittelbar hinter dem Unterkiefer, ihr oberer Abschnitt am oberen Rande der Choanen liegt. Das Epithel im Vestibulum und im vorderen Abschnitte des Cavum oris, in der Nasenhöhle, an der Zungenspitze und am Körper der Zunge ist demnach ektodermaler Herkunft. Aus dem Ektoderm entstehen daher die verschiedenen Epithelarten, welche sich in den genannten Höhlen, sowie in den in diese Höhlen einmündenden Drüsen (also besonders in den großen Speicheldrüsen) vorfinden; ferner entstammt diesem ektodermalen Epithel die Adenohypophyse und der Schmelz der Zähne. Dagegen ist das Epithel des hinteren Abschnittes des Cavum oris und des Zungengrundes entodermaler Herkunft. Dies gilt auch von der Schilddrüse, welche von dem Epithel des Zungengrundes aussproßt.

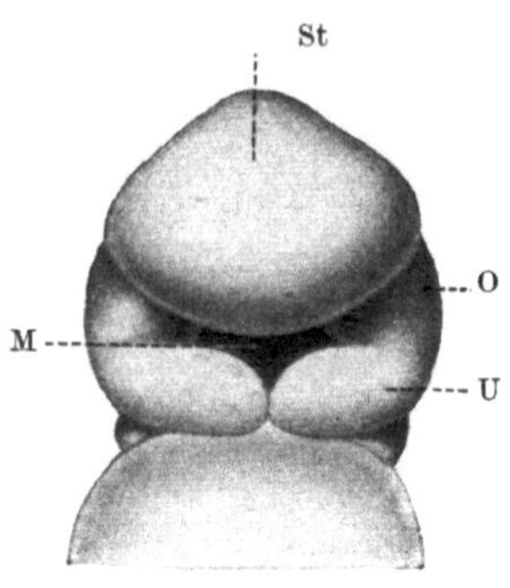

Abb. 56. Vorderansicht des Kopfes eines menschlichen Embryo von etwa 20 Tagen. M Mundspalt; O, U Ober-, Unterkieferfortsatz des 1. Kiemenbogens; St Stirnwulst. 88fache Vergrößerung. Nach C. RABL.

Die die Mundöffnung (den „primären Mundspalt", S. 54) begrenzenden Ränder (Abb. 56) weisen ursprünglich keine Trennung in Lippen und Kiefer

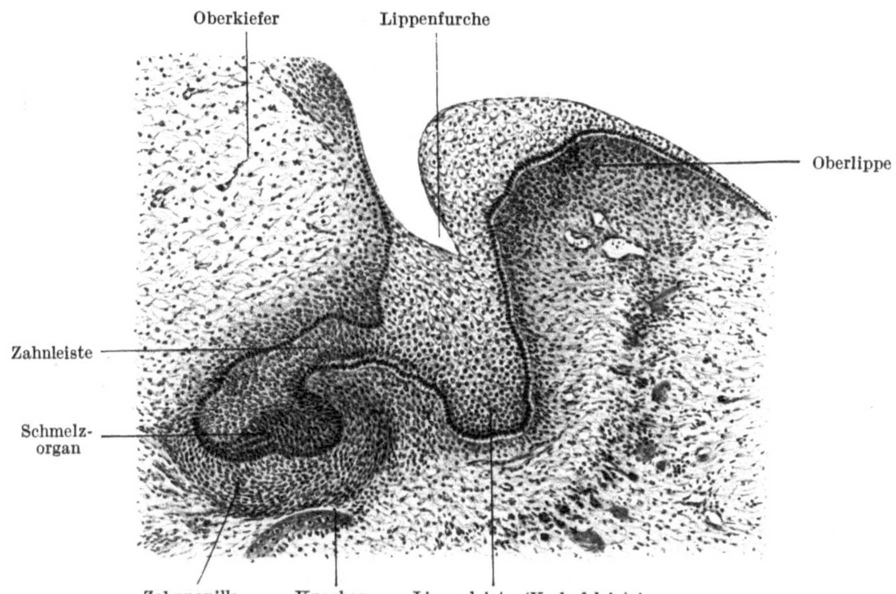

Abb. 57. Längsschnitt durch die Oberkiefer- und Oberlippenanlage eines 5,2 cm langen menschlichen Embryo. Beginn der Bildung der Lippenfurche in der Lippenleiste. 73fache Vergrößerung.

auf, bestehen vielmehr nur aus einer einheitlichen Masse von embryonalem Bindegewebe, welche von ektodermalem Epithel überkleidet ist. Frühestens bei Embryonen von 10 mm größter Länge bildet sich an den einander zugekehrten

Flächen dieser Ränder eine Furche — die Zahnfurche — aus. Am Grunde dieser Furche tritt eine lebhafte Zellvermehrung ein, als deren Ergebnis sich zwei solide Epithelleisten, eine äußere und eine innere, in das Mesoderm einsenken. Im Oberkiefer sprossen die Leisten naturgemäß nach aufwärts, im Unterkiefer nach abwärts in das Mesoderm vor. Die äußere, senkrecht stehende Epithelleiste trennt die Lippen- von der Kieferanlage, weshalb sie als Lippen- oder Vorhofsleiste bezeichnet wird (Abb. 57). Dadurch, daß ihre zentralen Zellen zerfallen, wird sie zu einer immer tiefer werdenden Furche, Lippen- oder Vorhofsfurche (-rinne, Sulcus labialis s. vestibularis) umgewandelt (Abb. 57). Die innere, in einem Winkel von etwa 45° schief mundhöhlenwärts aussprossende Epithelleiste läßt die epithelialen Anteile der Zahnanlagen aus sich hervorgehen, weshalb man sie Zahnleiste nennt (Abb. 57, 83).

Die Entwicklung der Zähne.

Bei der Entwicklung der Zähne treten bekanntlich zwei Zahnarten hintereinander auf: Die Milch- und die bleibenden Zähne. Die einzelnen Zähne dieser

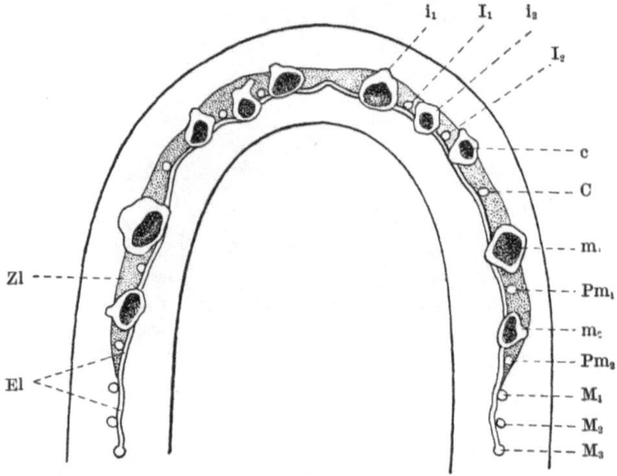

Abb. 58. Schematische Darstellung der Lage der Anlagen der Milch- und der bleibenden Zähne im Kieferbogen. Oberkiefer, von unten gesehen. El Ersatzleiste; Zl Zahnleiste; i_1, i_2, c, m_1, m_2 Schmelzorgane der Milchzähne; I_1, I_2, C, Pm_1, Pm_2, M_1, M_2, M_3 Anlagen der bleibenden Zähne.

beiden Zahnarten entstehen jedoch in der gleichen Weise und auch der Aufbau der Milch- und der bleibenden Zähne ist im wesentlichen der gleiche (vgl. Abb. 60): Der Grundsubstanz des Zahnes, dem Zahnbein (Dentin, Substantia eburnea), lagert im Bereiche der Zahnkrone der Zahnschmelz (Substantia adamantina), im Bereiche der Zahnwurzel das Zahnzement (Substantia ossea) auf; das Zahnzement wird von der Wurzelhaut (Periosteum dentale) umhüllt; in der Zahnhöhle befindet sich das Zahnmark (Pulpa dentis), in welchem die Gefäße und Nerven liegen. Von diesen Bestandteilen der Zähne entsteht der Zahnschmelz aus dem Ektoderm, alle übrigen Bestandteile der Zähne entstehen aus dem Mesoderm.

Die Entwicklung der Zähne geht von der oben erwähnten Zahnleiste aus, die sowohl im Ober- als auch im Unterkiefer gebildet wird. Diese beiden Zahnleisten stellen Epithelbänder dar, welche in das Mesoderm der Kieferanlagen eingebettet sind. Im Anfange des 3. Monates bilden sich an der äußeren (labialen) Fläche der Zahnleisten in der Nähe ihres Randes durch

Zellvermehrung kolbenförmige Anschwellungen aus, welche sich über den Rand der Leisten hinweg auf deren innere (linguale) Fläche ausdehnen (Abb. 57). In jeder Kieferhälfte entstehen fast gleichzeitig fünf solche Anschwellungen, im ganzen also 20. Sie stellen die epithelialen Anteile der Anlagen der Milchzähne dar und werden als Schmelz- oder Zahnknospen bezeichnet. Unter steter Vergrößerung wandeln sie sich in glockenförmige Gebilde um, in die sog. Schmelzorgane (Abb. 57, 58). Die Öffnung der Schmelzorgane ist nach außen gewendet. Das von der Konkavität der Schmelzorgane umfaßte embryonale Bindegewebe vermehrt sich lebhaft, seine Zellen stehen daher dicht beieinander und bilden die sog. Zahnpapille, welche den mesodermalen Anteil der Zahnanlage darstellt (Abb. 57, 59, 60). Die Schmelzorgane nehmen sehr

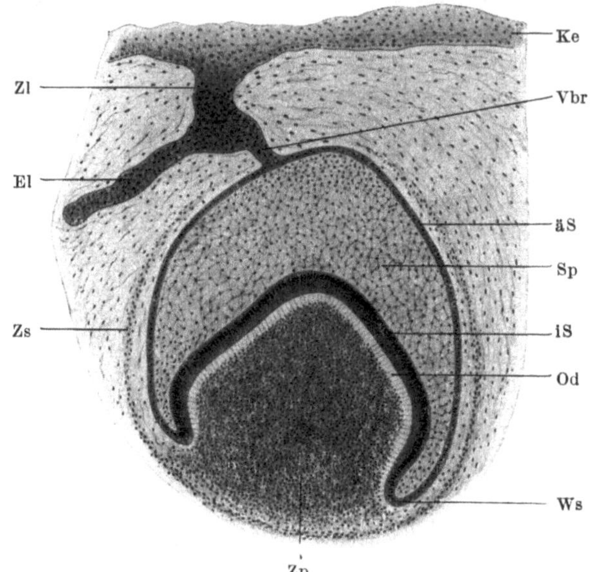

Abb. 59. Schnitt durch die Anlage eines Zahnes von einem 14 cm langen menschlichen Embryo. El Ersatzleiste; Ke Epithel des Kieferrandes; Od Odontoblastenschicht; äS, iS äußeres, inneres Schmelzepithel; Sp Schmelzpulpa; Vbr Verbindungsbrücke zwischen Zahnanlage und Zahnleiste; Ws Wurzelscheide; Zl Zahnleiste; Zp Zahnpapille; Zs Zahnsäckchen.

bald die Gestalt jener Zähne an, welche sie zu bilden bestimmt sind. Die Zahnpapillen werden durch die Schmelzorgane aus dem Mesoderm förmlich herausmodelliert, so daß die Schmelzorgane geradezu die Gußformen der späteren Zähne darstellen. Die die Zahnanlagen umgebenden Mesodermzellen vermehren sich, legen sich infolgedessen dichter aneinander, wodurch ein die Zahnanlage umgebender mesodermaler Zellmantel entsteht, der als Zahnsäckchen bezeichnet wird (Abb. 59, 60). Dieser Mantel ist, solange das Schmelzorgan mit der Zahnleiste zusammenhängt, durch die immer länger und schmäler werdende Verbindungsbrücke zwischen dem Schmelzorgan und der Zahnleiste („Hals" des Schmelzorganes) unterbrochen (Abb. 59). Später — im 4. Monate — trennt sich das Schmelzorgan von der Zahnleiste und die Zahnanlage wird nunmehr vollständig von dem Zahnsäckchen umhüllt. Die äußere Wand der Schmelzorgane (Abb. 59, 60) wird von einer Lage kubischer Epithelzellen gebildet — äußeres Schmelzepithel (äußere Schmelzmembran); die innere Wand besteht aus einer Lage hoher Zellen — inneres Schmelzepithel (innere Schmelzmembran). Da aus diesem inneren Epithel der Zahnschmelz

entsteht, werden seine Zellen als Schmelzbildner, Amelo- oder Adamanto-
blasten bezeichnet. Der Raum zwischen dem äußeren und inneren Schmelzepithel wird von der Schmelzpulpa eingenommen, die aus einer kolloidartigen
Masse besteht, in welcher sternförmige, durch lange Fortsätze miteinander
verbundene Zellen enthalten sind. Bei der Vergrößerung und Verlängerung
der Schmelzorgane wächst ihr den Zahnwurzeln entsprechender Abschnitt in

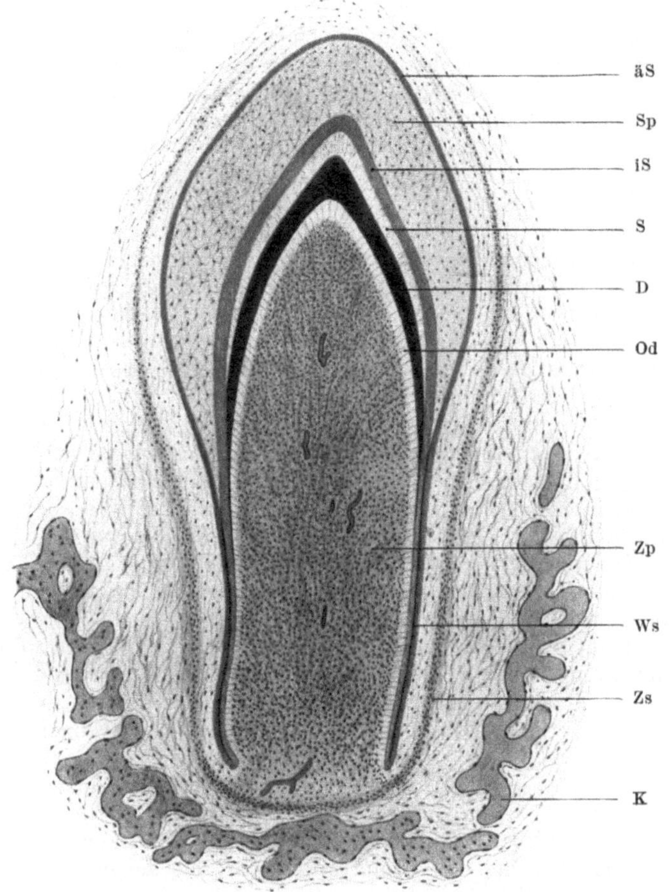

Abb. 60. Schnitt durch eine ältere Anlage eines Milchzahnes. D Dentin; K Knochen der Alveole.
S in Schmelz umgewandelter Abschnitt des inneren Schmelzepithels.
Siehe die übrigen Bezeichnungen wie bei Abb. 59.

das Mesoderm der Kiefer vor. In diesem „Wurzel"- oder „Epithelscheide"
genannten Abschnitte der Schmelzorgane (Abb. 59, 60) liegen äußeres und inneres
Schmelzepithel dicht aufeinander, weshalb in der Wurzelscheide die Schmelzpulpa fehlt.

Die Entwicklung der Hartgebilde der Milchzähne beginnt zu Ende des
5. Monates an der Oberfläche der Zahnpapillen. Vorher wandeln sich die dem
inneren Schmelzepithel anliegenden embryonalen Bindegewebszellen der Zahnpapille in hohe, Zylinderzellen ähnelnde Zellen um, welche an ihrer dem Schmelzepithel zugekehrten Fläche das Zahnbein bilden (Abb. 59, 60). Diese Zellen

werden daher als Zahnbeinbildner, Odontoblasten und die ganze aus ihnen bestehende oberflächliche Zellage der Zahnpapille wird als Membrana eboris bezeichnet. Das von den Odontoblasten gebildete Dentin ruht der Zahnpapille als Dentinkappe oder Dentinscherbe auf (Abb. 60). Diese wächst dadurch in die Dicke, daß die Odontoblasten an ihrer dem Schmelzepithel zugekehrten Oberfläche — aber nur an dieser — immer neues Dentin anbilden. Die unter den Odontoblasten liegenden Zellen der Zahnpapille liefern das Zahnmark, die Pulpa dentis.

Erst nachdem die Dentinbildung eingesetzt hat, beginnt die Ausbildung des Zahnschmelzes. Sie erfolgt durch die Umwandlung der Zellen des inneren Schmelzepithels in die Schmelzprismen. Diese Umwandlung erfolgt jedoch nur im Bereiche des der Zahnkrone entsprechenden Abschnittes der Schmelzorgane, aber nicht im Bereiche der Wurzelscheide (Abb. 59, 60). Die Zellen dieser Scheide sind auch niedriger als die übrigen Zellen des inneren Schmelzepithels. Auch fehlt der Wurzelscheide eine Schmelzpulpa, die für die Bildung des Zahnschmelzes notwendig zu sein scheint. Die aus den Schmelzzellen entstandenen Schmelzprismen hängen fest miteinander zusammen und bilden so eine Schmelzscherbe (Abb. 60). Diese verwächst mit der aufliegenden Dentinscherbe zu einer Zahnscherbe. Die Schmelzpulpa und das äußere Schmelzepithel verschwinden allmählich. Das dem Zahnschmelze eine Zeitlang auflagernde Schmelzoberhäutchen (Cuticula dentis) stellt vielleicht den letzten nicht verhornten Rest der Schmelzzellen dar.

Während sich in dieser Weise die Bildung der Zahnkrone bereits während des Fetallebens vollzieht, beginnt die Bildung der Zahnwurzel erst nach der Geburt. Eingeleitet wird sie dadurch, daß der Umschlagsrand des äußeren in das innere Schmelzepithel in das Mesoderm vorwächst und so die Wurzel- oder Epithelscheide bildet. Das von dieser Wurzelscheide umwachsene Mesoderm verdichtet sich und verlängert die Zahnpapille. Aus den zu Odontoblasten sich umwandelnden oberflächlichen Zellen dieser Zahnpapille entsteht das Dentin der Zahnwurzel.

Entsprechend der Verlängerung der Wurzelscheide schreitet die Bildung des Dentins der Zahnwurzel in der Richtung von der Zahnkrone zur Spitze der Wurzel vor. Bei mehrwurzeligen Zähnen teilt sich die Wurzelscheide in entsprechend viele Wurzelscheiden. Die Wurzelscheiden verengern sich gegen die Wurzelspitzen hin, wo sie mit dem engen Foramen apicis dentis enden. Um dieses Foramen wird dann auf das Dentin auch noch Zement abgelagert, so daß die Wurzelspitze ganz aus Zement besteht.

In demselben Maße als sich die Zahnwurzel verlängert, dringt die Zahnkrone gegen das Epithel des Kieferrandes vor, bis sie es durchbricht. Dieser Durchbruch der Milchzähne beginnt in der Mitte des 1. Lebensjahres mit den mittleren Schneidezähnen des Unterkiefers und endet im 20.—26. Lebensmonate mit den hinteren Milchmahlzähnen.

Das Zahnsäckchen wird von der gegen den Kieferrand vorrückenden Zahnkrone durchbrochen. Sein restlicher, die Zahnwurzel umhüllender Abschnitt liefert mit seiner inneren Zellage das Zahnzement, mit seiner äußeren Zellage die Wurzelhaut des Zahnes (Abb. 60).

Ungefähr im 6. Lebensjahre tritt der Zahnwechsel ein, d. h. es beginnen die bleibenden Zähne durchzubrechen und die Milchzähne auszufallen. Auch die bleibenden Zähne entstehen von der Zahnleiste aus, wobei jedoch zwei Gruppen zu unterscheiden sind. Die eine Gruppe dient zum Ersatze der ausfallenden Milchzähne, weshalb die Zähne dieser Gruppe als Ersatzzähne bezeichnet werden können. Die Anlagen dieser Zähne entstehen von dem zutiefst in das Mesoderm eingedrungenen Randteile der Zahnleiste aus, weshalb man diesen

Randteil der Zahnleiste Ersatzleiste nennt (Abb. 58, 59). Der übrige Teil der Zahnleiste geht — nachdem sich von ihm aus die Schmelzorgane der Milchzähne gebildet haben — zugrunde. Die Zähne der zweiten Gruppe haben als neue Bildungen keine ausfallenden Milchzähne zu ersetzen, weshalb man sie als Zuwachszähne bezeichnen kann. Diese Zähne entstehen von der in den hinteren Abschnitt der Kiefer wachsenden Zahnleiste aus (Abb. 58). Ersatzzähne sind die Schneide-, Eck- und Backenzähne, Zuwachszähne sind die Mahlzähne. Die epithelialen Anlagen der Ersatzzähne entstehen mundhöhlenwärts von den Schmelzorganen der Milchzähne aus der Ersatzleiste (Abb. 58). Diese Anlagen treten jedoch im Gegensatze zu den Milchzähnen nicht gleichzeitig, sondern nacheinander auf, und zwar die der Schneidezähne etwa im 6., die der Eckzähne im 7. Fetalmonate, die der ersten Backenzähne zur Zeit der Geburt, die der zweiten Backenzähne im 10. Lebensmonate. Die epithelialen Anlagen der Zuwachszähne entstehen aus Verdickungen des jeweiligen hinteren Endes der nach hinten wachsenden Zahnleiste, und zwar die Anlage des 1. Mahlzahnes in der 17. Woche, die des 2. im 9.—10. Fetalmonate, die des 3. im 5. Lebensjahre. Die Entwicklung der bleibenden Zähne erfolgt in derselben Weise wie dies für die Milchzähne geschildert wurde. Die Ersatzzähne üben durch ihre Vergrößerung einen Druck auf die vor ihnen liegenden Milchzähne aus, wodurch zuerst die Scheidewände zwischen den Milch- und Ersatzzähnen, hierauf die Wurzeln der Milchzähne zur Rückbildung und schließlich die erhalten gebliebenen Kronen der Milchzähne zum Ausfalle veranlaßt werden. Der Durchbruch der bleibenden Zähne beginnt etwa im 6.—7. Lebensjahre mit dem 1. Mahlzahne (zumeist des Unterkiefers), worauf bis zum 15. Lebensjahre die Ersatz-, im 12.—14. Lebensjahre die 2., und erst — wenn überhaupt — zwischen dem 18.—30. Lebensjahre die 3. Mahlzähne durchbrechen. Wie bei den Milchzähnen wird auch bei den bleibenden Zähnen das Wurzel- und damit das Längenwachstum der Zähne erst nach dem Durchbruche beendet.

Die Entwicklung der Zunge.

Ihrer Lage entsprechend entwickelt sich die Zunge auf dem Boden der primären Mundhöhle. Dieser wird von den Unterkieferfortsätzen der beiden 1. Kiemenbogen (Mandibularbogen) und von den ventralen Abschnitten der übrigen Kiemenbogen gebildet (Abb. 61). Unmittelbar hinter der Vereinigungsstelle der beiden Unterkieferfortsätze entsteht bei etwa 2 mm langen Embryonen in der Mitte des Mundhöhlenbodens durch Zellvermehrung ein Wulst, der als der mittlere Zungenwulst (Tuberculum linguale mediale s. impar, Abb. 61) bezeichnet wird, obzwar es nicht sicher ist, ob und in welchem Ausmaße er sich an der Bildung der Zunge beteiligt. Die Hauptmasse der Zunge entsteht jedenfalls aus den beiden seitlichen Zungenwülsten, welche sich durch Zellvermehrung im Mesoderm und im Epithel an der der Mundhöhle zugekehrten Fläche der beiden Unterkieferfortsätze ausbilden (Abb. 61b). Diese Wülste vergrößern sich sehr stark und verschmelzen, aufeinander zuwachsend, in der Mittellinie der Zunge miteinander. An der fertigen Zunge reicht das Gebiet dieser Wülste bis zu einer Linie, welche unmittelbar vor und parallel mit der Reihe der Papillae vallatae verläuft. Diese Linie ist auch die Grenzlinie zwischen dem ekto- und entodermalen Gebiete der Zungenoberfläche. Die Papillae vallatae mit ihren Geschmacksknospen liegen daher bereits in dem Gebiete des Entoderms. Der hinter dieser Grenzlinie gelegene Abschnitt der Zunge wird von den ventralen Teilen des 2.—4. Kiemenbogens gebildet. Da sich an der Bildung der Zunge 4 Kiemenbogen beteiligen und da jeder Kiemenbogen seinen Nerven hat (Abb. 63), wird daher auch die Zunge von den 4 Nerven dieser

Kiemenbogen (5., 7., 9. und 10. Hirnnerv, S. 84) sensibel und ihre Muskulatur außerdem noch von einem 5. Nerven, von dem N. hypoglossus, motorisch versorgt. — Die Zungenpapillen beginnen zu Ende des 2. Monates aufzutreten. Sie entstehen durch Wucherung des Epithels und des Bindegewebes. — Geschmacksknospen finden sich ursprünglich an vielen anderen Stellen als später vor, und zwar sowohl im Gebiete des Ekto- wie des Entoderms. Den Anreiz zu ihrer Bildung scheinen die Nerven zu bilden, welche zu den betreffenden Stellen des Epithels hin wachsen. — Die Drüsen der Zunge beginnen sich im 2.—3. Monate als

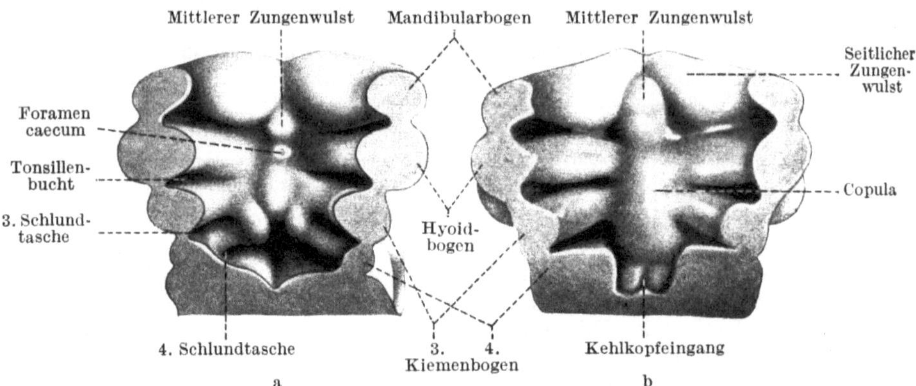

Abb. 61. a, b Rekonstruktion des Bodens der Mundhöhle eines 4,5 und eines 6 mm langen menschlichen Embryo. Nach den Modellen von PETER.

solide Epithelsprosse zu entwickeln. — Ob die Zungenmuskeln aus dem Mesoderm des Mundhöhlenbodens entstehen oder von den occipitalen Myotomen aus mit dem N. hypoglossus in die Zunge einwandern, ist ungewiß.

Die Entwicklung der Schilddrüse.

Die Anlage der Schilddrüse erscheint schon in der 3. Woche als Einsenkung des Epithels hinter dem ein wenig später auftretenden mittleren Zungenwulste. Diese Stelle entspricht dem späteren Foramen caecum der Zunge (Abb. 61 a, 54, 55, 66), sie liegt daher bereits in dem Gebiete des Entoderms. Durch Zellvermehrung entsteht am Grunde dieser Epitheleinsenkung ein Epithelhöcker, das Tuberculum thyreoideum. Er löst sich von dem Zungenepithel ab, senkt sich in das Mesoderm ein (Abb. 66) und legt sich schließlich in den Teilungswinkel des vom Herzen abgehenden Truncus arteriosus (Abb. 64). Da das Herz ursprünglich sehr weit vorne liegt, muß es sich später caudalwärts verschieben. Diese Verschiebung macht auch der Truncus arteriosus und mit ihm die Anlage der Schilddrüse mit. Sie gelangt auf diese Weise bis vor die ersten Trachealringe. Erst dann treibt die bis dahin in der sagittalen Mittellinie des Körpers gelegene Schilddrüsenanlage seitliche Sprosse aus (Abb. 65), welche die beiden Seitenlappen der Schilddrüse bilden, während aus dem Mittelteile der Schilddrüsenanlage der Mittellappen, der Isthmus glandulae thyreoideae, entsteht. Die Ablösung der Schilddrüsenanlage von dem Zungenepithel erfolgt zumeist nicht sofort, sondern die caudalwärts vorrückende Thyreoidea bleibt bei 3—7 mm langen Embryonen mit dem Foramen caecum durch einen epithelialen Strang — durch den Ductus thyreoglossus — verbunden (Abb. 65). Dieser bildet sich dann zurück, kann aber auch zum Teile erhalten bleiben, wodurch der Lobus pyramidalis, bzw. die Glandulae thyreoideae accessoriae superiores entstehen.

Die Entwicklung der Mundhöhlendrüsen.

Die großen Speicheldrüsen (Glandula parotis, submandibularis, Glandulae sublinguales) beginnen sich zu Ende des 2. Monates zu entwickeln, und zwar als solide Epithelsprosse, welche sich von den späteren Einmündungsstellen der Ausführungsgänge dieser Drüsen aus in das Mesoderm einsenken, hierauf zu der bleibenden Lagestätte der Drüsen hinwachsen und sich dort verzweigen (Abb. 83, Parotis). Aus dem soliden Epithelsprosse entsteht der Hauptausführungsgang, aus seinen Endverzweigungen entstehen die kleineren Ausführungsgänge und die Endkammern der Drüsen. Erst nachträglich werden die soliden Epithelgänge ausgehöhlt. In dieser Art entwickeln sich überhaupt alle mit Ausführungsgängen versehenen Drüsen des Körpers. Die kleinen Drüsen der Mundhöhle entwickeln sich vom 4. Monate ab, die an der Innenseite der Lippen und Wangen befindlichen Talgdrüsen entstehen erst zur Zeit der Pubertät.

Die Entwicklung der Hypophyse.

Die Hypophyse besteht bekanntlich aus einem drüsigen und aus einem nervösen Teile, aus der Adeno- und aus der Neurohypophyse (Vorder- und Hinterlappen). Die Adenohypophyse entwickelt sich aus der bereits erwähnten, vom ektodermalen Dache der primären Mundhöhle ausgehenden Hypophysentasche (S. 56, Abb. 53, 55, 64, 66). Entsprechend dem Höhenwachstum des Kopfes wird diese Tasche immer länger, gleichzeitig aber im Bereiche ihres Anfangsabschnittes immer schmäler. Dieser Abschnitt verliert ferner seine Lichtung, während sich der obere, bis an das Zwischenhirn heraufgewachsene Abschnitt zu einem Sacke mit weiter Lichtung gestaltet. Man kann dann an der Anlage der Adenohypophyse drei Abschnitte unterscheiden (Abb. 62): Einen verbreiterten unteren Abschnitt, der mit dem Epithel des Mundhöhlendaches

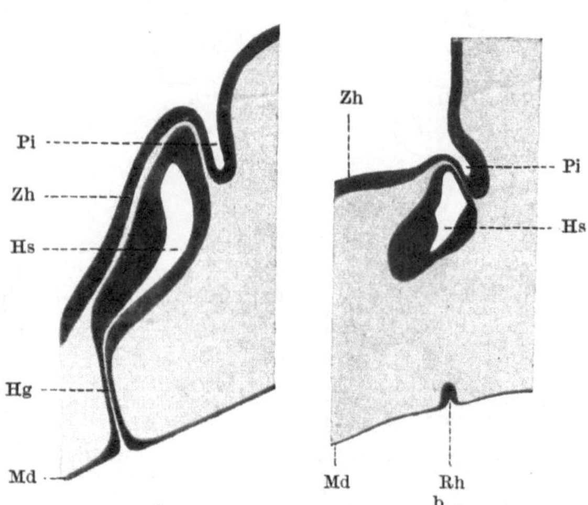

Abb. 62. Schematische Darstellung eines jungen (a) und eines älteren (b) Entwicklungsstadiums der Hypophyse. Hg Hypophysengang; Hs Hypophysensack; Md Epithel des Mundhöhlendaches; Pi Processus infundibuli; Rh Rachendachhypophyse; Zh Boden des Zwischenhirnes.

zusammenhängt — aus ihm entsteht die Rachendachhypophyse; einen langen und engen Gang, den Hypophysengang(-stiel), der seine Lichtung verliert und der bereits zu Ende des 2. Monates verschwindet; den Hypophysensack, der sich zur Adenohypophyse ausbildet. Er liegt in dem zur Bildung des Körpers des Keilbeines bestimmten embryonalen Bindegewebe, unter dem Boden des Zwischenhirnes (Abb. 74, 75). Unmittelbar hinter dem Hypophysensacke faltet sich der Zwischenhirnboden zu dem den Recessus infundibuli (Abb. 75) bergenden Processus infundibuli aus (Abb. 75), der sich der hinteren Wand des Hypophysensackes anlegt und entlang dieser Wand nach abwärts wächst. Aus dem Processus infundibuli entsteht die Neurohypophyse.

Der Kiemendarm und seine Abkömmlinge.

Wie bereits erwähnt wurde (S. 56), bilden sich an den beiden Seiten des Kiemen- oder Schlunddarmes Ausfaltungen gegen das Ektoderm hin aus, welche als Schlund- oder als Kiementaschen (-buchten, innere Kiemenfurchen) bezeichnet werden. Es werden 5 Schlundtaschen ausgebildet (Abb. 63—65, 61), doch ist die 5. Tasche nur ein kleiner Fortsatz der 4. Tasche. Den vier ersten Schlundtaschen entsprechend buchtet sich das Ektoderm zu den vier Kiemenfurchen ein (äußere Kiemenfurchen, Abb. 63, 41). Am Grunde der äußeren Kiemenfurchen berühren sich daher Ektoderm

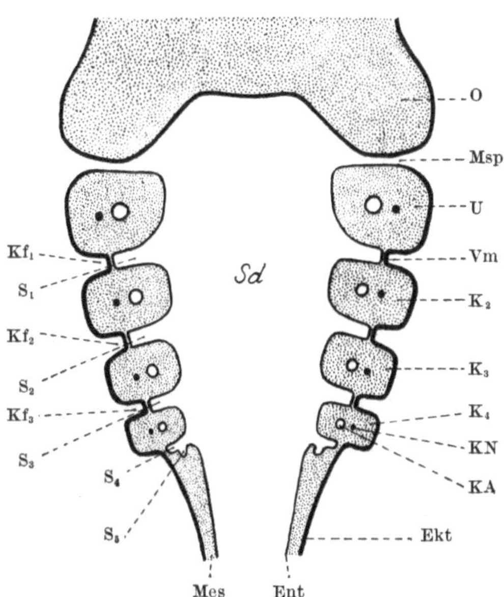

Abb. 63. Schematische Darstellung der Kiemenbogen, der Kiemenfurchen und der Schlundtaschen. Ekt Ektoderm; Ent Entoderm; KA Kiemenbogenarterie; KN Kiemenbogennerv; Kf₁, Kf₂, Kf₃ 1.—3. Kiemenfurche; K₂, K₃, K₄ 2.—4. Kiemenbogen; Mes Mesoderm; Msp Mundspalt; O Oberkieferfortsatz des 1. Kiemenbogens; Sd Schlunddarm; S₁, S₂, S₃, S₄, S₅ 1.—5. Schlundtasche; U Unterkieferfortsatz des 1. Kiemenbogens; Vm Verschlußmembran.

und Entoderm und bilden so eine Verschlußmembran, Membrana obturans s. branchialis (Abb. 63). Nur wenn diese Membran abnormerweise einreißt, bildet sich beim Menschen eine Kiemenspalte aus. — Die Gewebsmassen, welche sich zwischen je zwei Schlundtaschen und je zwei Kiemenfurchen befinden, sowie die unmittelbar vor der ersten und hinter der letzten Schlundtasche und Kiemenfurche gelegenen Gewebsmassen werden als Kiemenbogen (Schlund-, Visceral-, Branchialbogen, S. 42, Abb. 63, 41) bezeichnet. Außen sind nur 4 Kiemenbogen sichtbar. Im Inneren kann man aber noch Spuren zweier weiterer Kiemenbogen nachweisen. Die Kiemenbogen bestehen hauptsächlich aus Mesoderm, das außen von Ektoderm, an den übrigen Seiten von Entoderm überzogen ist. Das Mesoderm des 1. Kiemenbogens setzt sich kranialwärts in das Kopfmesoderm, das des letzten Kiemenbogens caudalwärts in das Rumpfmesoderm fort. Jedem Kiemenbogen kommt ein bestimmter Nerv (Abb. 63) zu, und zwar der Reihenfolge nach der 5., 7., 9. und 10. Hirnnerv (Abb. 76, 117); in jedem Kiemenbogen liegt eine Kiemenbogenarterie, welche die ventral vom Darme verlaufende Aorta ascendens mit der über dem Darme liegenden Aorta descendens verbindet (daher die Namen für diese Arterien: Arterienbogen oder Aortenbogen, Abb. 64, 63). Aus dem Mesoderm jedes Kiemenbogens bilden sich unter anderem Muskeln und Knorpel aus; der im Unterkieferfortsatze des 1. Kiemenbogens entstehende Knorpel ist der MECKELsche Knorpel (Abb. 113, 114, 83, 84), der im 2. Kiemenbogen sich ausbildende Knorpel heißt Zungenbein- oder REICHERTscher Knorpel (Abb. 114).

Wie bereits geschildert wurde (S. 42), bleiben der 3. und der 4. Kiemenbogen im Wachstume gegenüber den vor ihnen gelegenen Kiemenbogen zurück, kommen deshalb in die Halsbucht zu liegen, über welche dann der Opercularfortsatz des

2. Kiemenbogens caudalwärts vorzuwachsen beginnt. Dadurch wird die zunächst weit offene Halsbucht in zunehmendem Maße verdeckt und ist dann von außen her nur noch durch einen immer enger werdenden Gang — Halsgang, Ductus cervicalis (Abb. 65) — zugänglich, dessen äußere Öffnung als Furche — Halsfurche, Sulcus cervicalis — sichtbar ist. Durch das Weiterwachsen des Opercularfortsatzes verschwindet diese Furche und aus der

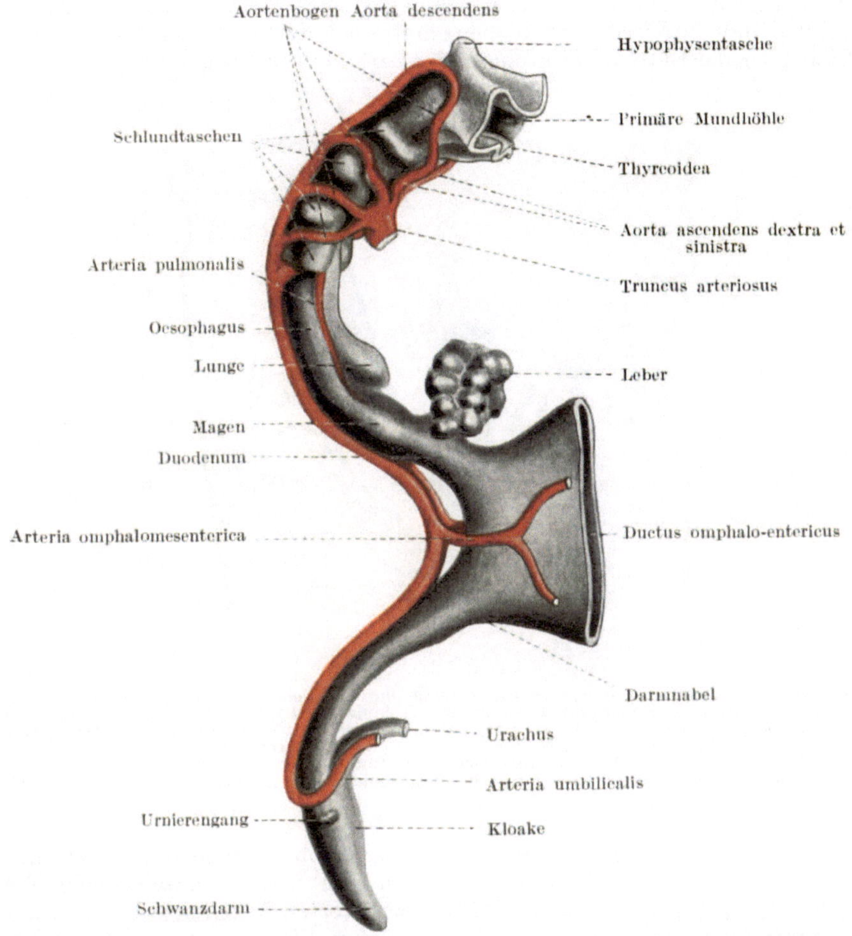

Abb. 64. Schematische Darstellung des Darmrohres und der ihm anliegenden Arterien eines menschlichen Embryo der 3. Woche. Nach His.

Halsbucht entsteht ein mitten im Mesoderm der seitlichen Körperwand liegendes Bläschen, das Halsbläschen, Vesicula cervicalis, welches der 3. Schlundtasche anliegt. Von ihm ziehen zwei enge epitheliale Gänge zu der 2. und 4. Schlundtasche hin, der 2. und 4. Kiemengang, Ductus branchialis secundus und quartus (Abb. 65, links). Entsprechend dem Längenwachstum des Körpers verschiebt sich das Halsbläschen caudalwärts (Abb. 65, rechts), wobei sich der Sulcus cervicalis längs einer Linie bewegt, welche dem vorderen Rande des M. sternocleidomastoideus entspricht. Normalerweise verschwindet das Halsbläschen und der Sulcus cervicalis wird durch das Verwachsen des Opercularfortsatzes mit der seitlichen Körperwand verschlossen. Bleibt jedoch der

Sulcus cervicalis abnormerweise offen, so entstehen die sog. seitlichen Hals-
fisteln, deren Öffnungen sich am vorderen Rande des M. sternocleidomastoideus
befinden. Diese Fisteln können, wenn sich auch das Halsbläschen und die
Kiemengänge erhalten, in lange, bis an die Schlundwand reichende (Abb. 65,
rechts), ja sogar auch im Schlunde mündende Gänge führen.

Während dieser Vorgänge wächst der Embryo nach allen Richtungen, also
auch in die Breite. Hierbei vermehrt sich naturgemäß auch die Masse des zwischen
dem Ekto- und Entoderm befindlichen embryonalen Bindegewebes. Dieses dringt
auch zwischen das Ekto- und Entoderm der Verschlußmembranen ein, trennt daher

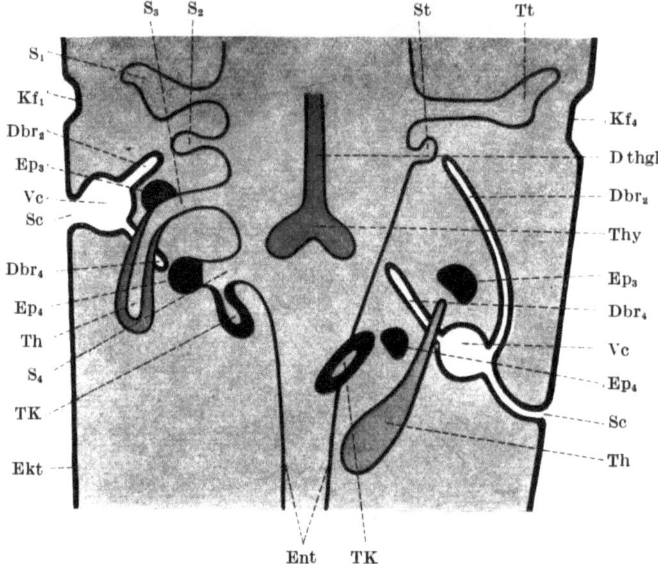

Abb. 65. Schematische Darstellung der Entstehung und der weiteren Entwicklung der Abkömmlinge der Schlundtaschen und des Verhaltens der Vesicula cervicalis und der Ductus branchiales.
Links früheres, rechts späteres Stadium. Dbr₂, ₄ Ductus branchialis secundus, quartus; D thgl Ductus
thyreoglossus; Ekt Ektoderm; Ent Entoderm; Ep₃, ₄ Epithelkörperchen der 3. und 4. Schlundtasche;
Kf₁ 1. Kiemenfurche; S₁, ₂, ₃, ₄ 1.—4. Schlundtasche; Sc Sinus cervicalis; St Sinus tonsillaris; Th Thymus; Thy Thyreoidea; Tt Tubotympanaltasche; TK telobranchialer Körper; Vc Vesicula cervicalis.

den Grund der entodermalen Schlundtaschen vom Grunde der ektodermalen
Kiemenfurchen. Die Schlundtaschen bilden sich nun in verschiedener Weise
aus (Abb. 65, auch 61). Aus dem seitlichen erweiterten Abschnitte der 1. Schlundtasche entsteht das Cavum tympani, aus ihrem medialen verengten Anfangsteile
die Tuba auditiva, ihre Öffnung in der Schlunddarmwand wird zum Ostium
pharyngeum tubae; die 1. Schlundtasche wird daher als Tubotympanaltasche bezeichnet. Die 2. Schlundtasche bleibt im Wachstum zurück und
erhält sich nur als eine kleine Aussackung der seitlichen Schlundwand, als
Tonsillenbucht, Sinus tonsillaris. Vom Grunde dieser Bucht bilden sich
Epitheleinsenkungen aus, um welche sich zahlreiche Leukocyten ansammeln,
welche das Epithel durchwandern. Daraus entsteht die Gaumenmandel,
Tonsilla palatina. Aus den seitlichen erweiterten Abschnitten der 3. und
4. Schlundtasche entstehen zu Ende des 1. Monates je zwei Ausfaltungen, eine
dorsale und eine ventrale. Die dorsale Ausfaltung wandelt sich alsbald in eine
solide Zellmasse um, während sich die ventrale zu einem Epithelschlauche
gestaltet. Die dorsalen soliden Zellmassen sind die Anlagen der Epithel-

körperchen, der ventrale Epithelschlauch der 3. Schlundtasche bildet den Thymus, der Epithelschlauch der 4. Schlundtasche beteiligt sich nur ausnahmsweise an der Bildung von Thymusgewebe. In der Regel wird er rückgebildet. Die 5. Schlundtasche wandelt sich in einen dickwandigen Epithelschlauch um, in den sog. telo- oder ultimobranchialen Körper. Die Schlundtaschen bilden sich nunmehr zurück. Die Epithelkörperchenanlagen wandern medialwärts zur Schilddrüse. Die an der 3. Schlundtasche entstandene Epithelkörperchenanlage wird zum unteren, die an der 4. Schlundtasche entstandene Anlage zum oberen Epithelkörperchen. Auch die beiden Thymusanlagen wandern medial- und caudalwärts (Abb. 65, rechts), wobei sich jedoch die von der 4. Schlundtasche aus entstandene Anlage gewöhnlich rückbildet. Die von der 3. Schlundtasche ausgehende Thymusanlage stellt einen langen Epithelschlauch dar. Dieser schwillt an seinem medio-caudalwärts vorwachsenden Ende stark an und gelangt in den Brustraum, weshalb dieses verdickte caudale Ende der Thymusanlage als Brustteil der Thymus bezeichnet wird. Der kraniale, schmale und lange Abschnitt der Thymusanlage ist der Halsteil der Thymus (cervicale Thymus, Thymushorn). Er verschwindet gewöhnlich. Auch der telobranchiale Körper wandert medio-caudalwärts an die Seitenteile der Glandula thyreoidea, wo er liegen bleibt und drüsenähnliche Epithelschläuche bildet. Wenn sich diese am Aufbaue der Glandula thyreoidea beteiligen, was nicht erwiesen, aber möglich ist, so würden die telobranchialen Körper seitliche Thyreoideaanlagen darstellen, während die von der Zungenoberfläche (S. 64) entstehende Thyreoideaanlage die mittlere Thyreoideaanlage darstellen würde. Aus abnormerweise erhalten bleibenden Teilen der Schlundtaschen, des Halsbläschens und der Kiemengänge können die sog. branchiogenen Cysten und Geschwülste entstehen.

Speiseröhre, Magen, Duodenum, Nabelschleife.

Unmittelbar caudal von dem Schlunddarme verengt sich das Darmrohr zur Speiseröhre (Abb. 54, 55), welche zunächst sehr kurz ist, um sich dann in caudaler Richtung zu verlängern (Abb. 66). Sie geht in die Anlage des Magens über, welche schon bei 4 mm langen Embryonen als eine spindelförmige Erweiterung des Darmrohres ausgebildet ist (Abb. 55, 64). Der Magen liegt, wie das ganze Darmrohr, in der sagittalen Medianebene, er besitzt ein oberes und ein unteres Ende, eine linke und eine rechte Seitenfläche, sowie einen vorderen und einen hinteren Rand. Bei Embryonen von 5 mm Länge beginnt sich der Magen in seine spätere Lage einzustellen: Er dreht sich um seine Längsachse, so daß schließlich seine früher linke Seitenfläche zur vorderen, seine rechte Seitenfläche zur hinteren Magenfläche wird; das untere Magenende rückt ferner nach rechts oben unter die Leber, das obere Magenende verschiebt sich nach links und ein wenig caudalwärts; der frühere vordere Magenrand bildet jetzt die Curvatura minor, der hintere die Curvatura major. Durch Ausbuchtung des linken Magenabschnittes entsteht der Fundus des Magens. Entsprechend der Verlängerung des Oesophagus verschiebt sich der ursprünglich hochstehende Magen caudalwärts.

Das auf den Magen folgende Duodenum ist ursprünglich ein in kraniocaudaler Richtung verlaufendes Rohr (Abb. 55, 66), das aber bald eine nach rechts gewendete Schleife bildet (Abb. 71), welche an ihrem Ende mit einer scharfen, der Flexura duodeno-jejunalis entsprechenden Biegung in die Nabelschleife übergeht (Abb. 66, 71). Im 2. Monate vermehren sich die Epithelzellen des Duodenum so lebhaft, daß sie einen Epithelpfropf bilden, welcher die Lichtung des Duodenum vollkommen ausfüllen kann. Dieser „Epithelverschluß" bildet sich jedoch normalerweise im 3. Monate zurück. Ähnliche Epithelwucherungen können auch in anderen Darmabschnitten, wenn auch nicht in so bedeutendem Grade, erfolgen.

Die beiden Schenkel der Nabelschleife wachsen gleichmäßig in das Nabelstrangcölom (Abb. 66, Nc) vor. Nachdem sich der Dottergang von dem Scheitel der Nabelschleife abgelöst hat (Abb. 66, Doe, Ns), beginnt der in dem Nabelstrangcölom befindliche Abschnitt des absteigenden Schenkels der Nabelschleife (S. 56) in der Mitte des 2. Monates stark in die Länge zu wachsen und Schlingen — die sekundären Darmschleifen — zu bilden. Da sie außerhalb der Bauchhöhle, im Nabelstrange liegen, bilden sie den normalen Nabelschnurbruch (Abb. 44). Im 3. Monate treten jedoch diese sekundären Darmschlingen in die Bauchhöhle ein und das Nabelstrangcölom schwindet. Schon vorher hat sich an dem aufsteigenden Schenkel der Nabelschleife in einiger Entfernung von dem Scheitel der Nabelschleife die Anlage des Caecum als kleine Ausbuchtung entwickelt (Abb. 66 C; 71). Aus dieser Lage der Caecumanlage geht hervor, daß sich auch der aufsteigende Schenkel der Nabelschleife an der Bildung des Ileum beteiligt (S. 56). Nach Ausbildung der Jejunum- und Ileumschlingen verschiebt sich das Caecum nach rechts oben unter die Leber; ein Colon ascendens ist daher noch nicht vorhanden. Das Caecum rückt dann an der unteren Leberfläche nach rechts, biegt dann mit der Flexura coli dextra caudalwärts um und steigt bis zum Darmbeinteller ab, wodurch erst das Colon ascendens gebildet wird. Die ursprünglich in der sagittalen Medianebene eingestellte Umbiegungsstelle des zunächst sehr kurzen Colon transversum in das Colon descendens (primäre Colonflexur, Abb. 66 Cfl; 71) verschiebt sich nach links und wird — bei gleichzeitiger Verlängerung des Colon transversum — zur Flexura coli sinistra. Betreffs des Rectum und des Anus siehe S. 57 und 109.

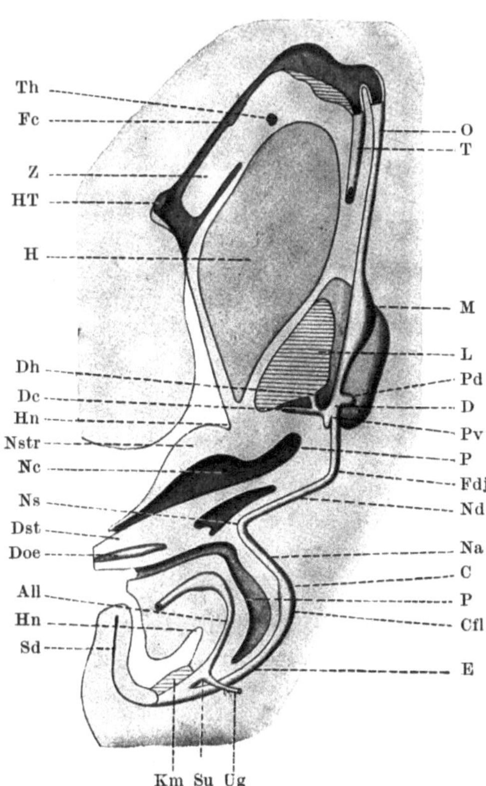

Abb. 66. Rekonstruktion des Darmkanales eines 7,5 mm langen menschlichen Embryo. All Allantois; C Caecumanlage; Cfl primäre Colonflexur; D Duodenum; Dc Ductus cysticus; Dh Ductus hepaticus; Doe Ductus omphalo-entericus; Dst Darmstiel; E Enddarm; Fc Foramen caecum; Fdj Flexura duodenojejunalis; H Herzbeutelhöhle; Hn Hautnabel; HT Hypophysentasche; Km Kloakenmembran; L Leber; M Magen; Na,Nd aufsteigender, absteigender Schenkel der Nabelschleife; Nc Nabelstrangcölom; Ns Scheitel der Nabelschleife; Nstr Nabelstrang; O Oesophagus; P Peritonaealhöhle; Pd,Pv Pankreas dorsale, ventrale; Sd Schwanzdarm; Su Septum uro-rectale; T Trachea; Th Thyreoidea; Ug Urnierengang; Z Zunge. 12,5fache Vergrößerung. Nach Lewis.

Das epitheliale Darmrohr ist überall von einem aus embryonalem Bindegewebe bestehenden Mantel eingehüllt, aus welchem sich alle nichtepithelialen Bestandteile der Darmwand herausbilden.

Der Inhalt des embryonalen Darmes besteht aus verschlucktem Amnionwasser, aus den Sekreten der Leber, der Bauchspeicheldrüse, der Drüsen der Darmschleimhaut und aus abgestoßenen Epithelzellen des Darmepithels. Er staut sich, da er nicht entleert werden kann, im Dickdarme und wird durch die ihm beigemischte Galle hellgrün bzw. weiter abwärts im Darme dunkelbraun gefärbt, weshalb er als Kindspech, Meconium, bezeichnet wird.

Die Entwicklung der Leber.

Die Leber und die Bauchspeicheldrüse entstehen aus dem ursprünglich vor der vorderen Darmpforte gelegenen Abschnitte des Darmes, welcher später zum Duodenum wird. Das Entoderm dieses Darmabschnittes buchtet sich kranialwärts aus und bildet so die Leberbucht oder Leberrinne (Abb. 53, 54). Diese vergrößert sich und dringt in das zwischen dem Herzen und dem Entoderm befindliche embryonale Bindegewebe vor, welches als Vorleber bezeichnet wird und welches kranialwärts in das die Anlage des Zwerchfelles darstellende Bindegewebe, in das sog. Septum transversum übergeht. Im Grunde der Leberbucht bilden sich zwei Ausfaltungen aus, eine kraniale und eine caudale — kraniale und caudale Leberbucht (Abb. 54, kr Lb, cLb; 55). Sie wachsen ventralwärts zu zwei Gängen aus, von welchen der kraniale (Ductus hepaticus) die Pars hepatica, der caudale (Ductus cysticus) die Pars cystica der Leberanlage darstellt (Abb. 66, Dh, Dc). Die beiden Gänge verlängern sich, bleiben aber durch ein gemeinsames Anfangsstück mit der ventralen Wand des Duodenum in Verbindung. Dieses Anfangsstück ist der Ductus choledochus (Abb. 66, 71). Seine Einmündungsstelle in das Duodenum verschiebt sich bald auf die dorsale Wand des Duodenum. — Schon bei 2,7 mm langen Embryonen sprossen von dem kranialen Abschnitte der Leberbucht und später von der Wand der Pars hepatica zahlreiche Zellstränge — Leberzellbalken, Leberzellstränge, Lebertrabekel — gegen das embryonale Bindegewebe der „Vorleber" vor (Abb. 64). Aus ihnen entsteht das Lebergewebe. Die Leberzellstränge bilden miteinander ein Netzwerk, in dessen weiten Maschen sich die beiden seitlich vom Duodenum verlaufenden Venae omphalomesentericae mit ihren Zweigen auflösen. Da sich die allseits von Blut umströmten, also guternährten Leberzellen rasch vermehren, ist die Leber schon bei 5 mm langen Embryonen ein verhältnismäßig großes, bilateralsymmetrisches Organ (vgl. Abb. 55, 64, 71). Die spätere Asymmetrie bildet sich durch Zurückbleiben im Wachstum und durch Rückbildungsvorgänge im linken Lappen der Leber aus. Reste des rückgebildeten Lebergewebes erhalten sich in Gestalt der Vasa aberrantia. Die Gallenblase und der Gallengang entstehen aus der Pars cystica der Leberanlage (Abb. 66, Dc). Aus den innerhalb der Leberzellbalken entstehenden Kanälchen bilden sich die Gallencapillaren aus, während die größeren Gallengefäße von dem Ductus hepaticus aussprossen. Die Sekretion der Galle beginnt im 4. Monate.

Vom 3. bis zum 7. Fetalmonate ist die Leber auch ein blutbildendes Organ.

Die Entwicklung der Bauchspeicheldrüse.

Das Pankreas entsteht aus zwei Ausfaltungen der Wand des Duodenum, einer dorsalen und einer seitlichen — dorsale und seitliche oder ventrale Pankreasanlage. Die dorsale größere Pankreasanlage ist eine gegenüber und etwas kranial von der Leberbucht gelegene Ausbuchtung der dorsalen Darmwand (Abb. 55, 66 Pd). Sie vergrößert sich rasch und wächst im Bindegewebe des Mesenterium dorsale als ein hohler, Seitensprossen treibender Epithelsproß

gegen die Wirbelsäule vor. Aus den Seitensprossen entsteht das Pankreasgewebe,
aus dem zentralen Epithelsproß der Ausführungsgang (Ductus pancreaticus
dorsalis), welcher daher an der dorsalen Wand des Duodenum einmündet. Die
ventrale (seitliche) kleinere Pankreasanlage entsteht als Ausbuchtung der rechten
Seitenwand des Duodenum, welche, wie die dorsale Anlage, als Seitenäste treibender Epithelsproß weiter wächst, jedoch nur einen kleinen Wulst bildet. Der Epithelsproß ist der Ausführungsgang (Ductus pancreaticus ventralis). Da sich die
ganze ventrale Pankreasanlage auf das Endstück des Ductus choledochus verschiebt (Abb. 55, 66 Pv, 67), mündet der Ductus pancreaticus ventralis entweder in dem Ductus choledochus oder gemeinsam mit diesem in dem Duodenum
(Ductus hepato-pancreaticus). Duodenum und Pankreas ändern später ihre
Lage teils deshalb, weil sie die Magendrehung mitmachen müssen, teils deshalb,

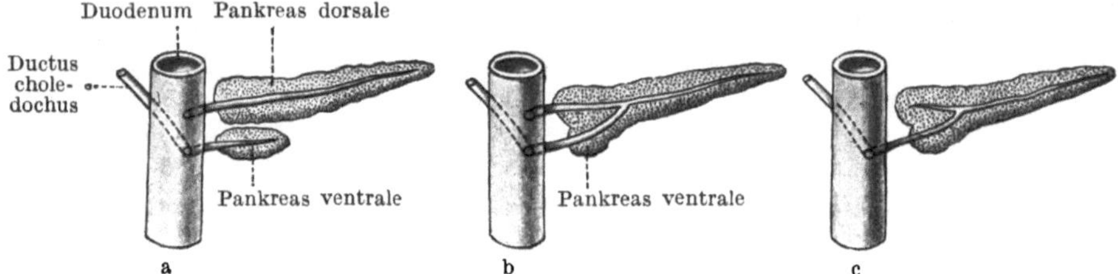

Abb. 67. Schema der Entwicklung des Pankreas.

weil Verschiebungen infolge ungleichen Wachstums der Wandabschnitte des
Duodenum eintreten. Das dorsale Pankreas, das ursprünglich sagittal steht
(Abb. 71), stellt sich infolgedessen quer ein; das ventrale Pankreas verschiebt
sich dorsalwärts, nähert sich infolgedessen dem Anfangsstücke des dorsalen
Pankreas, bis es mit ihm zum Pankreaskopfe verschmilzt (Abb. 67a, b).
Zwischen den Ausführungsgängen der beiden Pankreasanlagen entsteht eine
Anastomose (Abb. 67b); da sich hierauf das duodenale Endstück des dorsalen
Ausführungsganges rückbildet, stellt nunmehr der Ausführungsgang des ventralen Pankreas den alleinigen Abflußweg in das Duodenum dar (Abb. 67c).
Die Hauptmasse des Pankreas — der kraniale Abschnitt des Kopfes, der Körper
und der Schwanz — wird demnach von der dorsalen, der caudale Abschnitt
des Kopfes von der ventralen Pankreasanlage gebildet. Der Ausführungsgang
des Pankreas entstammt im Körper und im Schwanze der dorsalen, im Kopfe
der ventralen Anlage.

Die endokrinen Anteile des Pankreas, die Pankreasinseln, entstehen aus
soliden Knospen der Drüsengänge, welche sich ablösen und im Bindegewebe
einlagern.

Die Entwicklung des Kehlkopfes, der Luftröhre und der Lungen.

Das unmittelbar caudal vom Schlunddarme folgende Gebiet der ventralen
Darmwand stellt die Bildungszone für das Epithel des Kehlkopfes, der Luftröhre, der Bronchien und der Lunge dar (Lungenfeld). Die ventrale Darmwand buchtet sich hier zu einer Rinne aus — Lungen- oder Laryngotracheal-
rinne. Diese verdickte und ausgebuchtete Epithelzone wächst ventro-caudal-
wärts in das Mesoderm vor, buchtet auch dieses aus und stellt eine der ventralen
Darmwand aufsitzende Aussackung dar (Abb. 64). Ihr caudaler Abschnitt
bildet alsbald zwei seitliche Ausbuchtungen, die primären Lungensäckchen

oder Lungenbläschen. Diese Aussackung der ventralen Darmwand verlängert sich caudalwärts (Abb. 55 K, 66 T), wobei ihr caudales Ende stets als Anlage der beiden Lungen gegabelt bleibt. Aus dem kranialen Abschnitte dieser ganzen Anlage entsteht das Epithel des Kehlkopfes, aus den folgenden Abschnitten das Epithel der Luftröhre, der Bronchien und der Lungen. In der Kehlkopfanlage tritt im 2. Monate eine Epithelwucherung auf, wodurch die Kehlkopflichtung verschlossen wird. Im 3. Monate löst sich dieser Epithelpfropf wieder auf. Die nichtepithelialen Bestandteile des Atemapparates entstehen aus dem embryonalen Bindegewebe, in welches die epitheliale Anlage hineinwächst. Durch Anhäufung dieses Bindegewebes entsteht ein die medialen Enden der ventralen Abschnitte des 2. und 3. Kiemenbogens verbindender

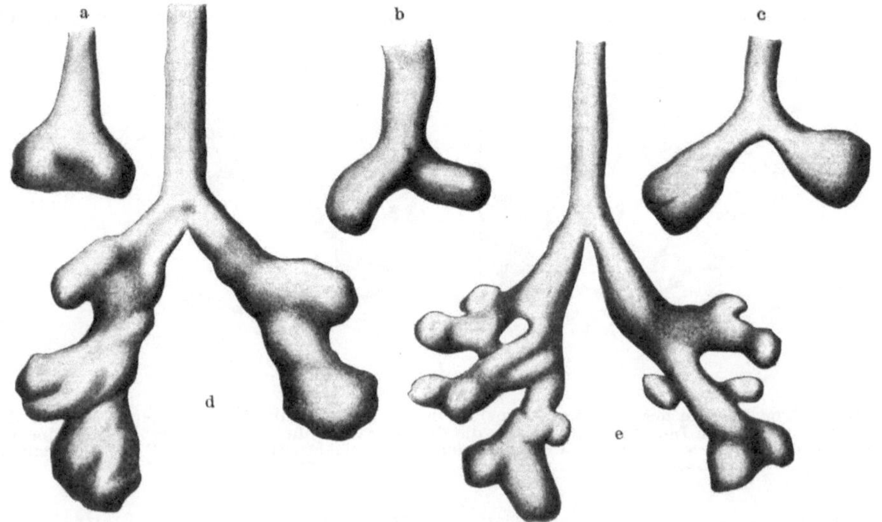

Abb. 68. Äußere Form der epithelialen Lungenanlage von fünf verschieden alten menschlichen Embryonen. Länge der Embryonen: a 4 mm; b 4,6 mm; c 5,9 mm; d 9 mm; e 8,5 mm. Nach R. HEISS.

Längswulst, die Copula (Abb. 61 b). Hinter der Copula liegt ein Querwulst, die Furcula, die sich in einen vorderen, schmäleren und einen hinteren, breiteren Abschnitt teilt. Der vordere Abschnitt wird in die Zunge einbezogen, der hintere bildet mit seinem mittleren Abschnitte die Epiglottis, mit seinen seitlichen Abschnitten die Plicae arytaenoideae mit den in ihnen enthaltenen kleinen Knorpeln. Die Herkunft der Cartilago cricoidea ist unbestimmt, die Cartilago thyreoidea entsteht wahrscheinlich aus dem 4. und 5. Kiemenbogen. Der Grenze zwischen diesen beiden Kiemenbogenknorpeln entspricht das Foramen thyreoideum.

Auch die beiden die epithelialen Anlagen der Lungen darstellenden Lungensäckchen sprossen in das embryonale Bindegewebe vor. Diese embryonalbindegewebige Hülle der epithelialen Lungensäckchen ist die mesodermale Anlage der Lungen (Abb. 69). Formbestimmend ist, wie bei allen Organen, die epitheliale Lungenanlage. Sie weist schon in frühester Zeit eine Asymmetrie zugunsten der rechten Seite auf (Abb. 68a) — entsprechend den späteren Größenverhältnissen der beiden Lungen. Die Weiterentwicklung besteht darin, daß sich die Lungensäckchen nach allen Richtungen, besonders in der Längsrichtung vergrößern, gleichzeitig aber teilen und Sprossen aussenden (Abb. 68, 69).

Das rechte Lungensäckchen wächst in dorso-caudaler, das linke in querer Richtung aus (Abb. 68b) und beide schwellen an ihren Enden zu den sog. Stammknospen an (Abb. 68c). An den sich verlängernden beiden Röhren — den Anlagen der Stammbronchien — bilden sich dann weitere Ausbuchtungen aus — die sekundären Lungensäckchen (Abb. 68d), und zwar rechts drei, links zwei. Auch sie verlängern sich und senden teils seiten-, teils endständige Knospen aus (Abb. 68e). Dieser Vorgang setzt sich lange fort und die hierbei entstehenden Röhren müssen naturgemäß immer enger, die Knospen immer kleiner werden. Die zuletzt gebildeten Knospen sind die Alveolensäckchen (Infundibula) der Lunge, ihre seitlichen Ausbuchtungen sind die Lungenalveolen. Die röhrenförmig gebliebenen Teile bilden den Bronchialbaum der Lunge. Die Oberfläche der mesodermalen Lungenanlage wird durch die gegen sie vordringenden ersten Knospen der epithelialen Lungenanlage vorgetrieben (Abb. 69)

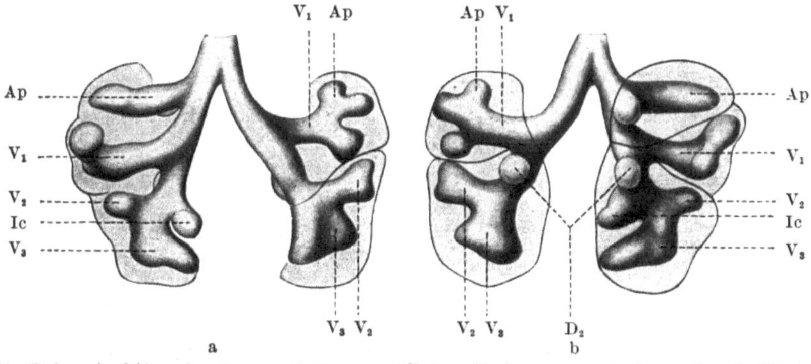

Abb. 69. Rekonstruktion der Lunge eines menschlichen Embryo vom Anfange der 5. Woche. Die Zweige der epithelialen Lungenanlage sind in die durch graue Tönung wiedergegebene mesodermale Anlage eingezeichnet. a ventrale, b dorsale Ansicht. Ap apicaler Bronchus; D, V dorsale, ventrale Bronchien; Ic infrakardialer Bronchus. Nach MERKEL.

und die Lunge erscheint daher in diesem Entwicklungsstadium maulbeerartig. Da die später entstehenden Knospen immer kleiner und kleiner werden, wird auch die Oberfläche der Lunge immer glatter. Von den ursprünglich vielen Furchen erhalten sich nur die zuerst aufgetretenen, besonders tief einschneiden-den, und diese bilden dann die Grenzen zwischen den bleibenden Lungenlappen (Abb. 69). — Da die Atmung erst nach der Geburt einsetzt, ist die fetale Lunge luftleer und enthält wenig Blut. Durch die ersten Atemzüge dehnt sich die Lunge rasch aus, wird durch das reichlich in sie einströmende Blut blaßrot und sinkt in Wasser gebracht infolge ihres Luftgehaltes nicht mehr wie früher unter.

Die Entwicklung der Leibeshöhlen, des Zwerchfelles und der Gekröse.

Die epitheliale (entodermale) Anlage des Darmrohres ist überall von embryonalem Bindegewebe, von dem visceralen Mesoderm (S. 30), eingehüllt. Vor (kranial von) dem Bereiche der Urwirbel ist dieses Bindegewebe ein Teil des in dieser Körpergegend unsegmentierten Mesoderms, im Bereiche der Urwirbel entsteht es aus den visceralen Seitenplatten der beiden Körperseiten. Diese gehen in späteren Entwicklungsstadien von der Mitte der ventralen Fläche der unterdessen entstandenen Wirbelkörperanlagen (bzw. von der vor den Wirbelkörpern liegenden Aorta) ab, verlaufen zunächst dicht nebeneinander (Abb. 70, 34), um das dorsale Gekröse, das dorsale Mesenterium des Darmes zu bilden,

weichen dann auseinander, um das epitheliale Darmrohr, die aus ihm entstehenden Organe (Lungen, Leber, Pankreas) und das Herz als Serosa, viscerale
Lamelle der Pleura, bzw. des Perikards und des Peritonaeum zu umhüllen; an der ventralen Fläche des Darmes, bzw. der genannten Organe, legen
sich die beiderseitigen visceralen Seitenplatten wieder aneinander, um als
ventrales Gekröse (ventrales Mesenterium) zur Mitte der ventralen
Rumpfwand zu ziehen (Abb. 70, 71), wo sie sich in die parietalen Seitenplatten —
in die parietale Lamelle der Pleura, bzw. des Perikards und des Peritonaeum — fortsetzen. Das ventrale Gekröse ist jedoch nur bis zur Mitte
der Duodenalschleife ausgebildet
(Abb. 71). Zu beiden Seiten des
Darmes und seiner Mesenterien
befindet sich die Leibeshöhle
(das Cölom). So weit das ventrale Mesenterium reicht, ist sie
ursprünglich paarig. Im vorderen
Rumpfabschnitte vereinigen sich
jedoch die beiden Leibeshöhlen
miteinander zu der unpaaren
Perikardialhöhle. Da diese mit
den beiden Pleurahöhlen in Verbindung steht und die Pleurahöhlen vor der Bildung des
Zwerchfelles mit der Peritonaealhöhle kommunizieren, ist in diesem Entwicklungsstadium eine
einzige Leibeshöhle, das Cavum

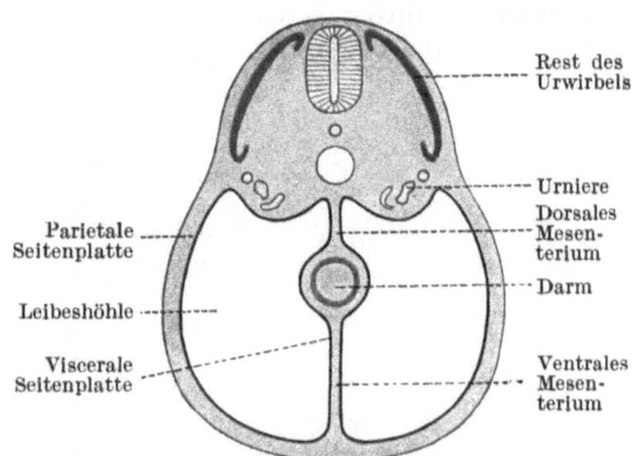

Abb. 70. Schematischer Querschnitt durch den Rumpf
eines Embryo zur Darstellung der Bildung der
Mesenterien durch die Seitenplatten.

pleuro-pericardiaco-peritonaeale vorhanden. Die Abtrennung der Peri-
kardial-, Pleura- und Peritonaealhöhle voneinander erfolgt durch die Ausbildung von Scheidewänden: Indem sich auf den beiden Körperseiten je eine
Scheidewand — das Septum pleuro-pericardiacum — ausbildet, wird die
Perikardialhöhle von den beiden Pleurahöhlen geschieden; durch die Ausbildung
des Zwerchfelles (Abb. 76) wiederum werden außer der Perikardialhöhle auch
die beiden Pleurahöhlen von der Peritonaealhöhle abgesondert.

Das Zwerchfell entwickelt sich aus drei Anlagen, einer vorderen (ventralen)
und zwei hinteren (dorsalen). Die vordere Anlage entsteht aus dem embryonalen
Bindegewebe, welches sich zwischen dem Boden der Perikardialhöhle und dem
Dottergange (Abb. 54) befindet und welches als Septum transversum bezeichnet wird. Aus dem kranialen Abschnitte dieses Septum transversum entsteht das primäre Zwerchfell (etwa perikardialer Teil des Zwerchfelles), in den
caudalen Abschnitt (in die „Vorleber", S. 71) wuchern die Leberzellstränge
ein. Da das primäre Zwerchfell nicht bis an die hintere (dorsale) Rumpfwand
heranreicht, schließt es hier die Pleurahöhle nicht gegen die Peritonaealhöhle
ab, vielmehr befinden sich zu beiden Seiten des Mesenterium dorsale zwei
Lücken, die Ductus pleuroperitonaeales. Diese werden dann dadurch verschlossen, daß von der dorsalen und seitlichen Rumpfwand aus zwei Falten, die
Membranae pleuroperitonaeales oder Zwerchfellpfeiler ventralwärts
vorwachsen. Hierbei vereinigen sie sich medianwärts miteinander und ventralwärts mit „dem Septum transversum. Diesen hinteren Zwerchfellanlagen
entsprechen später ungefähr die beiden pleuralen Abschnitte des Zwerchfelles.
Das auf diese Weise entstandene Zwerchfell schließt die Peritonaealhöhle kranialwärts ab. Es ist zunächst nur bindegewebig. Seine Muskeln sollen dann von
den 3. und 4. Halsurwirbeln in dieses Bindegewebe einwachsen.

Ihrer Entstehungsart entsprechend bestehen die Mesenterien aus je zwei
Blättern, nämlich aus der rechten und linken visceralen Seitenplatte (Abb. 70).
Das Mesenterium dorsale beginnt zwischen den beiden Pleurahöhlen als Meso-
oesophageum und setzt sich dann in das Mesogastrium dorsale, in das
Mesoduodenum dorsale, in das Mesenterium der Nabelschleife (Mesen-
terium im engeren Sinne, späteres Mesenterium des Jejunum, des Ileum, des
Colon ascendens und transversum) und in das Mesenterium des End-
darmes (späteres Mesocolon descendens, Mesosigmoideum, Mesorectum) fort
(Abb. 71). Dieses einheitliche und in der sagittalen Medianebene des embryonalen
Körpers liegende Anheftungsband des embryonalen, noch keine Schlingen
besitzenden Darmrohres wird als Mesenterium commune (primäres Mesenterium) bezeichnet. Im Bereiche des Magens und des Duodenum setzt es sich

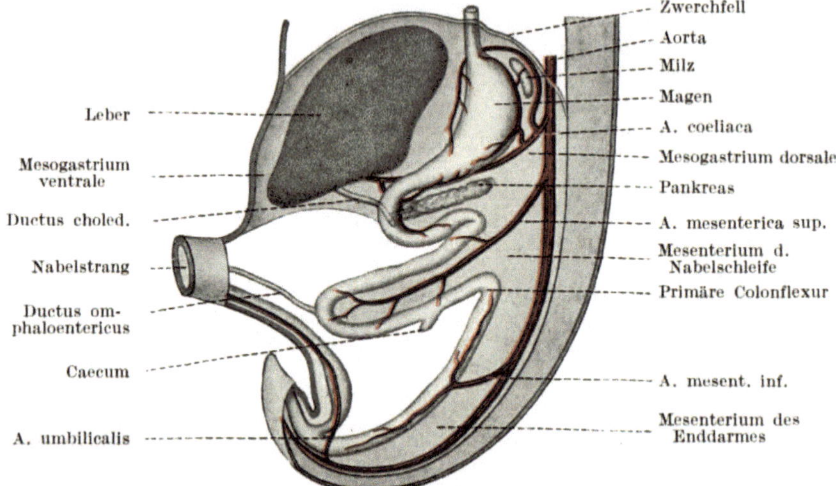

Abb. 71. Schematische Darstellung des frühembryonalen Darmes mit dem Mesenterium commune
und mit den Darmarterien. Mit Benützung einer Abbildung von C. Toldt.

ventralwärts zur vorderen Bauchwand als Mesogastrium ventrale, bzw. als
Mesoduodenum ventrale fort und umschließt hier die Leber (Abb. 71).
Zwischen den beiden Blättern des Mesoduodenum dorsale liegt das — jetzt
noch sagittal eingestellte und deutlich intraperitonaeal gelagerte — Pankreas
(Abb. 71). Durch das zwischen den beiden Lamellen des Mesenterium commune
befindliche embryonale Bindegewebe treten die ursprünglich paarigen und
segmentalen ventralen Äste der noch paarigen Aorten zum Darme heran. Aus
ihnen entstehen die drei unpaaren Darmarterien, von welchen die Arteria coeliaca
in das Mesogastrium dorsale, die Arteria mesenterica superior in das Mesenterium der Nabelschleife, die Arteria mesenterica inferior in das Mesenterium
des Enddarmes eintritt (Abb. 71).

Infolge der geschilderten Stellungsänderung des Magens (S. 69) muß später
auch das Mesogastrium dorsale seine Stellung ändern. Dadurch und durch eine
gleichzeitig erfolgende Ausfaltung des Mesogastrium entsteht eine nach rechts
und kranialwärts offene Bucht — die Anlage der Bursa omentalis. Indem
sich ferner der zur Curvatura major des Magens ziehende Abschnitt des Mesogastrium dorsale zu einer caudalwärts wachsenden Tasche ausfaltet, entsteht
das Omentum majus. Das Mesogastrium und Mesoduodenum ventrale bilden
das Omentum minus.

Mit dem Magen ändert auch das Duodenum seine Stellung, weshalb sich das ursprünglich median-sagittal eingestellte Mesoduodenum dorsale nach rechts wendet. Sein rechtes Blatt legt sich infolgedessen an das Peritonaeum parietale der dorsalen Bauchwand an und verwächst mit ihm. Diese Umstände haben auch eine Stellungsänderung des Pankreas zur Folge: Das ursprünglich median-sagittal eingestellte Pankreas (Abb. 71) stellt sich quer ein, sein Kopf kommt rechts von der Mittellinie zu liegen, seine ursprünglich rechte Seitenfläche wird zur Dorsalfläche, und diese verwächst mittels ihres Peritonaealüberzuges mit dem Peritonaeum der dorsalen Bauchwand.

Aus den Stellungsänderungen der einzelnen Abkömmlinge des ursprünglich einfachen Darmrohres ergeben sich naturgemäß auch Stellungsänderungen der betreffenden Gekröse. Daher verläuft später die Ursprungslinie des Dünndarmgekröses nicht in der sagittalen Medianebene, sondern schief von links oben nach rechts unten; daher liegt ferner das Mesocolon descendens nicht median, sondern links.

Die Organe des äußeren Keimblattes.

Schon am Ende des Blastulastadiums sondert sich das äußere Keimblatt in zwei Anlagebezirke, in die Anlage des cerebrospinalen Nervensystems und in die Anlage der Epidermis und gewisser Sinnesorgane (Geruch-, Gehörsinn, Linse des Auges).

Die Entwicklung des cerebrospinalen Nervensystems.
Die Entwicklung des Gehirnes und des Rückenmarkes.

Wie bereits früher (S. 18, 22, 24) geschildert wurde, tritt die Anlage des zentralen Nervensystems als eine Verdickung des Epithels in der Mitte der dorsalen Blastulawand, bzw. der Keimscheibe auf. Sie wird als Nerven-, Neural- oder Medullarplatte bezeichnet (Abb. 16a, 37a). Indem sich dann ihre seitlichen Abschnitte als Nerven-, Neural- oder Medullarwülste(-falten) erheben, entsteht aus der Nervenplatte die Nerven, Neural- oder Medullarrinne (Abb. 16c, 23, 27, 28, 30, 35a, 37—39, 102a, b). Durch die dorsale Vereinigung der beiden immer höher werdenden Neuralwülste miteinander wird diese Rinne zu einem Rohre abgeschlossen, zu dem Nerven-, Neural- oder Medullarrohre (Abb. 17, 18, 33—35, 102c, d). Da sich das Ektoderm über den sich miteinander vereinigenden beiden Neuralwülsten schließt, liegt dieses Nervenrohr nunmehr unter dem Ektoderm.

Schon an der Nervenplatte kann man einen vorderen breiteren Abschnitt als Hirn-, und einen hinteren schmäleren Abschnitt als Rückenmarkanlage unterscheiden. Die vordere Abteilung des Nervenrohres stellt demgemäß das Hirn-, die hintere das Rückenmarkrohr dar. Das Rückenmarkrohr ist verhältnismäßig kurz, da es nur dem späteren Halsabschnitte des Rückenmarkes entspricht. Die übrigen Abschnitte des Rückenmarkes entstehen später durch das Wachstum der Rückenmarkanlage in caudaler Richtung.

Die Vereinigung der beiden Nervenwülste miteinander beginnt bereits bei Embryonen mit 7 Urwirbeln ungefähr an der Grenze zwischen der Hirn- und Rückenmarkanlage und schreitet von da aus in kranialer und caudaler Richtung fort (Abb. 40a). Die Übergangsstelle des bereits geschlossenen in den noch dorsalwärts offenen Teil der Medullaranlage (bzw. auch der ganze offene Teil dieser Anlage) wird als vorderer und hinterer Neuroporus, Neuroporus anterior und posterior bezeichnet (Abb. 40a, 53). Der Verschluß des Neuroporus anterior erfolgt bei menschlichen Embryonen mit 17—20, jener des Neuroporus posterior bei solchen mit ungefähr 25 Urwirbelpaaren. Nach Verschluß der beiden Neuropori ist der ursprünglich verhältnismäßig weite Hohlraum des Nervenrohres (vgl. Abb. 53) allseits abgeschlossen. Sein kranialer erweiterter Abschnitt entspricht den späteren Hirnkammern, sein caudaler Abschnitt dem Zentralkanale des Rückenmarkes.

Die verhältnismäßig sehr große Hirnanlage gliedert sich zunächst in drei Abschnitte, in die drei primären Gehirnbläschen. Das vordere wird als

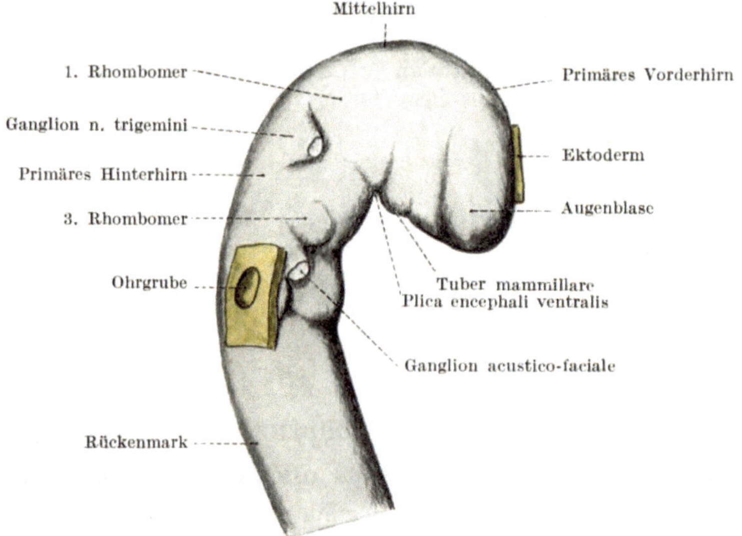

Abb. 72. Seitenansicht des Modelles des Gehirnes und eines Teiles des Rückenmarkes eines menschlichen Embryo mit 18 Urwirbelpaaren. Das Ektoderm im Bereiche des vorderen Neuroporus und der Ohrgrube ist mitdargestellt und durch gelbe Färbung bezeichnet. 80fache Vergrößerung.

Vorderhirnbläschen, als primäres Vorderhirn oder als Prosencephalon, das mittlere als mittleres Gehirnbläschen, Mittelhirn, Mesencephalon, das hintere als primäres Hinterhirn, Rautenhirn oder Rhombencephalon bezeichnet (Abb. 72). Da sich das ganze Vorderende des Embryo in dieser Zeit ventralwärts krümmt, erfolgt auch eine entsprechende Krümmung der Hirnanlage, so daß das Mittelhirn die Mitte und den dorsalwärts höchsten Punkt dieser Krümmung einnimmt (Abb. 72). Dieser Punkt wird als Scheitelbeuge des Gehirnes bezeichnet; ihm entspricht an der Außenfläche des Embryo der Scheitelhöcker (Abb. 41). Die der Scheitelbeuge entsprechende ventralwärts offene Falte der unteren Hirnwand ist die Plica encephali ventralis oder Mittel(hirn)beuge (Abb. 72).

Bei der weiteren Entwicklung bleibt das Mittelhirn ungeteilt, das vordere und das hintere Gehirnbläschen dagegen gliedern sich in je zwei Abschnitte, so daß man nunmehr fünf Abschnitte an der Hirnanlage unterscheiden kann. Das vordere Hirnbläschen gliedert sich in das sekundäre Vorderhirn, Endhirn oder Telencephalon und in das Zwischenhirn oder Diencephalon; das Hinterhirnbläschen teilt sich in das sekundäre Hinterhirn oder Metencephalon (auch Kleinhirnbläschen genannt) und in das Nachhirn oder Myelencephalon (Abb. 73). Diese fünf Hirnabschnitte gehen ohne scharfe Grenze ineinander über. Die Grenze zwischen dem End- und Zwischenhirne

wird erst nach der Ausbildung der Hemisphärenbläschen durch das Auftreten
des Sulcus hemisphaericus (Abb. 74) deutlich; die Grenze zwischen dem sekundären

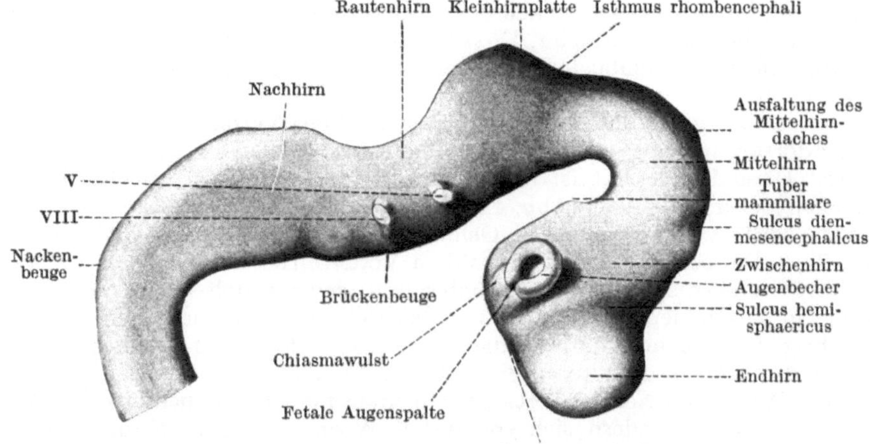

Abb. 73. Seitenansicht des Modelles des Gehirns eines 7,5 mm langen menschlichen Embryo. Die
dorsale Decke der Rautengrube ist nicht dargestellt. 15fache Vergrößerung. Nach HOCHSTETTER.

Hinter- und dem Nachhirne entspricht der Stelle der größten Breite der
Rautengrube, der sog. Rautenhirnbreite; am Übergange des Mittel- in das

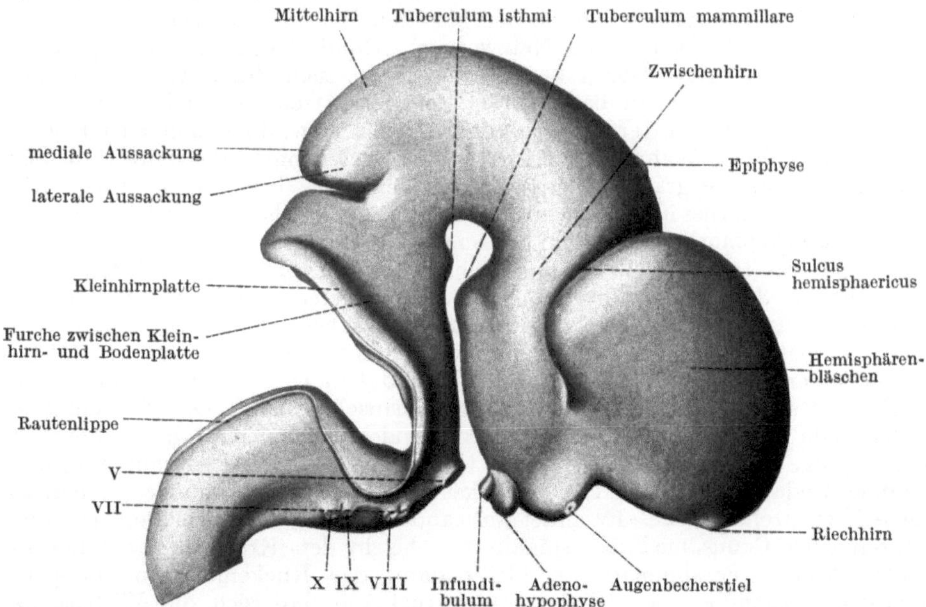

Abb. 74. Seitenansicht des Modelles des Gehirnes eines menschlichen Embryo von 19,4 mm Scheitel-
Steißlänge. Die dorsale Decke der Rautengrube ist nicht dargestellt. 10fache Vergrößerung. Nach
HOCHSTETTER.

Hinterhirn ist das Hirnrohr zum Isthmus rhombencephali verengt. Die
Decke des Metencephalon ist in ihrem vorderen Abschnitte zur Anlage des
Kleinhirnes — zur Kleinhirnplatte — verdickt; der restliche Teil der Decke

des Metencephalon, sowie die ganze Decke des Myelencephalon ist sehr dünn (Abb. 86), so daß diese Decke des Rautenhirnes an den in den Abb. 73 und 74 wiedergegebenen Modellen nicht dargestellt werden konnte. Durch diese dünne Wand und durch das sie deckende Ektoderm schimmert bei jungen Embryonen (Abb. 41) die Rautengrube, Fossa rhomboidea hindurch, deren rhombische Umrißlinie der Rhombusform der dünnen Decke des Rautenhirnes entspricht. Die verdickte ventrale Wand des Rautenhirnes wölbt sich ventralwärts als Brückenbeuge — die Anlage der Brücke, Pons Varoli — vor (Abb. 73). Mit einer dorsalwärts gewendeten Konvexität geht das Nachhirn in das Rückenmark über. Diese Konvexität ist die Nackenbeuge (Abb. 73), welcher außen der Nackenhöcker entspricht (Abb. 41, 42). Die gleichfalls dorsal konvexe Scheitelbeuge wird, wie bei jüngeren Gehirnen, vom Mittelhirne gebildet (Abb. 41, 42, 73). Die bereits frühzeitig aus dem Vorderhirne entstehenden Augenblasen (Abb. 72) stehen später — zu Augenbechern umgewandelt — mit dem Zwischenhirne in Zusammenhang (Abb. 73). Das Gehirn ist bei jungen Embryonen so mächtig ausgebildet, daß es die Hauptmasse des Kopfes bildet und so die Form des Kopfes gestaltet (vgl. Abb. 41, 42 und 76).

Die Wand des Nervenrohres besteht ursprünglich lediglich aus Epithelzellen (Abb. 34). Diese sondern sich von der 5. Woche an in die Neuro- und in die Spongio- oder Glioblasten. Aus den Neuroblasten gehen die verschiedenen Arten der Nervenzellen hervor, aus den Spongioblasten entstehen die Gliazellen und die die Wand des Hohlraumes des Nervenrohres auskleidenden Ependymzellen. Die Nervenzellen bilden später die sog. graue Substanz der Rückenmark- und Hirnwand. Die sog. weiße Substanz enthält dagegen keine Nervenzellen, sie besteht vielmehr aus markhaltigen, von den Nervenzellen aus entstandenen Nervenfasern, welche in den Maschen eines von Fortsätzen der Glia- und Ependymzellen gebildeten Netzwerkes („Randschleier" des embryonalen Rückenmarkes) liegen. Durch Vermehrung, bzw. auch durch Wanderung der Nervenzellen entstehen an bestimmten Stellen des Gehirnes und des Rückenmarkes die sog. grauen Kerne oder Gehirnganglien, bzw. die Säulen oder Hörner des Rückenmarkes. Während sich ferner beim Rückenmarke die weiße Substanz außen, also um die graue Substanz herum ausbildet, liegt sie in großen Abschnitten des Gehirnes innen, die graue Substanz aber — als „Hirnrinde" — außen.

Das **Rückenmark** behält im wesentlichen seine ursprüngliche einfache Rohrform bei. Durch Verwachsung seiner von vornherein dickeren Seitenwände (vgl. Abb. 33, 34) wird der ursprünglich weite Canalis centralis zu einem engen Spalte verengt. Im Bereiche dieser Seitenwände vermehren sich die Nervenzellen an bestimmten Stellen, wodurch die Vorder- und Hintersäule entstehen. Durch Vermehrung dieser Zellen im Hals- und Lendenabschnitte des Rückenmarkes entsteht auch die Hals- und Lendenanschwellung. Der Nervenzellen enthaltende Abschnitt des Rückenmarkes endet caudal mit einer konischen Verjüngung, mit dem Conus medullae spinalis. Der darauf folgende caudale Endabschnitt des Rückenmarkes — das Filum terminale — besitzt keine Nervenzellen mehr. Er endet am caudalen Ende der Wirbelsäulenanlage, während der Conus medullae spinalis nur bis in den Kreuzbeinkanal herabreicht. Vom 3. Fetalmonate ab bleibt dann das Rückenmark im Längenwachstum gegenüber der Wirbelsäule zurück, so daß sich die Wirbelsäule caudalwärts verlängert, während sich der Conus medullae spinalis kranialwärts bis zum 1. Lendenwirbel verschiebt (sog. Ascensus medullae spinalis). Das Filum terminale wird hierbei lang ausgedehnt. — Die vom Rückenmarke abgehenden Nervenstränge verlaufen ursprünglich in querer Richtung zu den Zwischenwirbellöchern, da diese ursprünglich in gleicher Höhe mit den Aus- bzw. Eintrittstellen der Nerven im Rückenmarke liegen. Durch das caudalwärts

gerichtete Längenwachstum der Wirbelsäule werden dann aber auch die Zwischen-
wirbellöcher caudalwärts verschoben, so daß die Rückenmarknerven eine immer
schräger werdende Verlaufsrichtung annehmen müssen. Diese schief verlaufenden Nervenstränge bilden dann die Cauda equina.

Das **Gehirn** entsteht aus den fünf bereits genannten sekundären Hirnbläschen
durch mannigfache aktive Formänderungen und durch die Wanderung, bzw. Anhäufung von Nervenzellen an bestimmten Stellen. Die histologische Differenzierung der Hirnwände erfolgt im wesentlichen in derselben Weise wie in der
Wand des Rückenmarkrohres. Die ursprünglich weiten Lichtungen der fünf

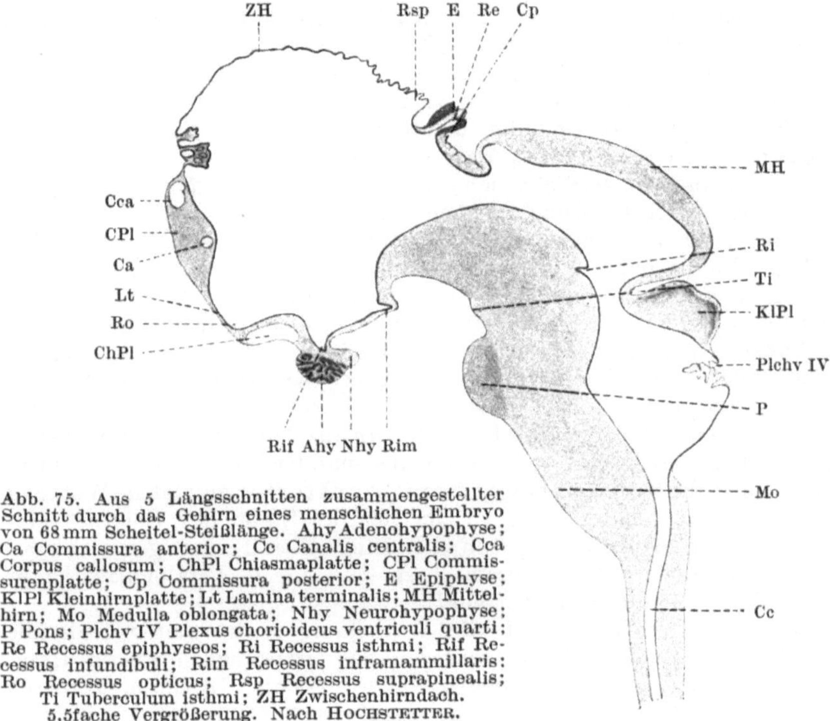

Abb. 75. Aus 5 Längsschnitten zusammengestellter
Schnitt durch das Gehirn eines menschlichen Embryo
von 68 mm Scheitel-Steißlänge. Ahy Adenohypophyse;
Ca Commissura anterior; Cc Canalis centralis; Cca
Corpus callosum; ChPl Chiasmaplatte; CPl Commis-
surenplatte; Cp Commissura posterior; E Epiphyse;
KlPl Kleinhirnplatte; Lt Lamina terminalis; MH Mittel-
hirn; Mo Medulla oblongata; Nhy Neurohypophyse;
P Pons; Plchv IV Plexus chorioideus ventriculi quarti;
Re Recessus epiphyseos; Ri Recessus isthmi; Rif Re-
cessus infundibuli; Rim Recessus inframammillaris;
Ro Recessus opticus; Rsp Recessus suprapinealis;
Ti Tuberculum isthmi; ZH Zwischenhirndach.
5,5fache Vergrößerung. Nach HOCHSTETTER.

Hirnbläschen (vgl. Abb. 75) erhalten sich in den Hirnkammern, werden aber
im Bereiche des Zwischen- und Mittelhirnes durch Dickenzunahme der Wände
dieser Hirnteile stark eingeengt (3. Ventrikel und Aquaeductus cerebri).

Im besonderen entstehen aus den fünf Hirnbläschen folgende Abschnitte des
späteren Gehirnes.

Das **Myel-** und das **Metencephalon** behalten, da sie beide aus dem primären
Hinterhirne entstehen, die Höhlung dieses Hirnteiles, die Fossa rhomboidea,
den späteren 4. Ventrikel, als gemeinsame Höhlung bei. Die Decke dieser
Höhlung wird von der Decke des Myel- und von dem caudalen Abschnitte der
Decke des Metencephalon gebildet (Abb. 76). Diese Decke bleibt dünn (Abb. 75);
ihr einschichtiges Epithel (Lamina chorioidea epithelialis ventriculi quarti) ver-
schmilzt mit dem darüber gelegenen, gefäßhaltigen Bindegewebe der späteren
Pia mater zu der Tela chorioidea ventriculi quarti. Durch Einwucherung dieser
Tela in den 4. Ventrikel entsteht der Plexus chorioideus ventriculi quarti (Abb. 75).
Indem sich die ventralen und die seitlichen Abschnitte der Wand des Myelen-
cephalon verdicken, indem sich ferner in diesen Abschnitten an gewissen Stellen

Nervenzellen zu Nervenkernen anhäufen und außen weiße Substanz anbildet, entsteht aus dem Myelencephalon die Medulla oblongata (Abb. 74, 75). Der Übergang zwischen dem sich verdickenden und dem dünn bleibenden Wandteile des Myelencephalon (Abb. 76) wird als Rautenlippe bezeichnet (Abb. 74).

Das Metencephalon verdickt sich nicht bloß in seinen ventralen und seitlichen, sondern auch zum Teile in seinen dorsalen Wandabschnitten. Aus der Verdickung der dorsalen Wandabschnitte geht die bilateral-symmetrische Kleinhirnplatte hervor (Abb. 73—76). Aus dem Mittelteile dieser Platte entsteht das Velum medullare superius, die Seitenteile verdicken sich zu den Kleinhirnwülsten. Die mittleren Abschnitte der beiden Kleinhirnwülste verschmelzen miteinander zum Wurme, die seitlichen Abschnitte liefern die beiden Hemisphären des Kleinhirnes. Die von und zu den Nervenzellen des Kleinhirnes ziehenden Nervenfasern bilden die Crura cerebelli ad cerebrum, ad medullam oblongatam, ad pontem. An dem sich stark ventralwärts vorbeugenden Boden des Metencephalon entsteht durch Anhäufung von weißer Substanzmasse die Brücke, Pons Varoli (Abb. 74, 75, 117).

Das Mesencephalon verdickt sich in allen seinen Wandabschnitten, bis seine ursprünglich weite Lichtung zu dem Aquaeductus cerebri eingeengt ist. Da diese Dickenzunahme ventral stärker als dorsal erfolgt (Abb. 75), liegt der Aquaeductus näher der Dorsalfläche des Mittelhirnes. Der dorsale Abschnitt des Mesencephalon verdickt sich zu der Lamina quadrigemina, auf welcher sich die Colliculi superiores und inferiores als Ausbuchtungen (vgl. Abb. 74) und Verdickungen entwickeln. Die von und zu den Kernen dieser Hügel ziehenden Nervenfasern bilden die Vierhügelarme, bzw. die Bindearme (Brachia quadrigemina bzw. conjunctiva). Der ventrale Abschnitt des Mesencephalon verdickt sich zu den Großhirnstielen, Pedunculi cerebri, bleibt aber in der Mitte zwischen den beiden nach vorne auseinander weichenden Großhirnstielen dünn, um so die Substantia perforata posterior zu bilden. Während dieser Vorgänge wird das ursprünglich die höchste Stelle des Gehirnes einnehmende Mittelhirn (Abb. 74, 76) von den nach allen Richtungen sich vergrößernden Großhirnhemisphären umwachsen und im 6. Fetalmonate unter diesen Hemisphären in die Tiefe versenkt.

Das Diencephalon läßt durch die Verdickung seiner Seitenwände die beiden Thalami entstehen. Diese verengen den ursprünglich weiten Hohlraum des Zwischenhirnes zu dem engen 3. Ventrikel. In ihrem vorderen unteren Abschnitte bleibt die Seitenwand des Zwischenhirnes dünn und setzt sich hier in den Stiel des Augenbechers fort (Abb. 73, 74, 76). Die Höhlung der Augenanlage ist daher auch eine Fortsetzung der Höhlung des Zwischenhirnes, sie ist also auch eine Hirnkammer (Sehkammer, Ventriculus opticus, Abb. 77). Auch der Boden des Zwischenhirnes verdickt sich, wenn auch weit weniger als die beiden Seitenwände (Abb. 75). Er vertieft sich in seinem vorderen Abschnitte zu dem Recessus opticus, unter und hinter welchem sich die beiden Sehnerven kreuzen und so die Chiasmaplatte, bzw. später den Chiasmawulst bilden. Dahinter senkt sich der Zwischenhirnboden zum Infundibulum oder Processus infundibuli aus, an dessen Vorderfläche sich der Hypophysensack anlegt (Abb. 74, 75, 62). Aus dem Infundibulum entsteht die Neuro-, aus dem Hypophysensacke die Adenohypophyse. Im Gegensatze zu der Bodenlamelle verdickt sich die Decklamelle des Zwischenhirnes nicht. Wie die Decklamelle des Rautenhirnes ist sie eine Lamina chorioidea epithelialis, welche mit dem ihr aufliegenden Bindegewebe der späteren Pia mater zusammen die Tela chorioidea ventriculi tertii bildet. Aus den Wucherungen dieser Tela entstehen die Plexus chorioidei ventriculi tertii. Der hintere mediane Abschnitt der Decklamelle faltet sich dorsalwärts zur Anlage der Epiphyse aus (Abb. 74, 75). Der Hohlraum dieser Falte, der Ventriculus pinealis, wird durch die zunehmende Verdickung der Wände der Falte allmählich verkleinert und erhält sich am fertigen Gehirne nur mit seinem basalen Abschnitte als Recessus pinealis.

Das ursprünglich unpaare Endhirn beginnt bereits bei etwa 6 mm langen Embryonen seine Seitenwände immer stärker auszubuchten (Abb. 73, 74, 76) und so die Anlagen der beiden Großhirnhemisphären zu bilden. Die um diese Ausbuchtungen, um die „Hemisphärenbläschen", entstehende „Hemisphärenfurche" (Sulcus hemisphaericus, Abb. 73, 74) bildet die Grenze zwischen dem End- und dem Zwischenhirne. Zwischen den sich immer mehr ausbuchtenden Hemisphärenbläschen sinkt die dünn bleibende Vorderwand des Endhirnes als Lamina terminalis (Abb. 73, 75) ein. Das Endhirn besteht nunmehr aus einem kleinen unpaaren mittleren Abschnitte, dem Telencephalon medium, und aus den paarigen Hemisphärenbläschen. Indem diese Bläschen kranial-, caudal- und schläfenwärts vorwachsen, bildet sich an ihnen der Lobus frontalis, occipitalis und temporalis aus. Der ursprünglich unpaare Hohlraum des Endhirnes, der Ventriculus primus s. impar, später Cavum Monroi genannt, setzt sich jederseits vermittels des Foramen Monroi in die Höhlungen der beiden Hemisphärenbläschen — in die Seitenkammern, Ventriculi laterales, 1. und 2. Hirnkammer — fort. Die Seitenkammern vergrößern sich entsprechend dem Wachstum der Hemisphärenbläschen, wodurch in dem Lobus frontalis das Cornu anterius, in dem Lobus occipitalis das Cornu posterius und in dem Lobus temporalis das Cornu inferius der Seitenkammer entsteht. Die Hemisphärenbläschen wachsen nach allen Richtungen hin stark aus, so daß sie als „Hirnmantel, Pallium", die übrigen Hirnabschnitte, den „Hirnstamm, Truncus cerebri", umwachsen und sich zu den Großhirnhemisphären ausbilden. An ihrer ursprünglich vollkommen glatten Außenfläche (Abb. 74, 76) entsteht bei 12—14 mm langen Embryonen eine Grube, die Fossa cerebri lateralis (Sylvii) dadurch, daß sich die diese Grube umsäumenden Wandabschnitte des Stirn-, Scheitel- und Schläfelappens der Großhirnhemisphäre verdicken. Diese Grube vertieft sich dadurch zur Fissura cerebri lateralis. Den Boden der Grube bildet die Insula Reili, während die über diese Grube vorwachsenden Wandabschnitte der Hemisphäre das Operculum insulae darstellen. Die übrigen Furchen des Großhirnes entstehen hierauf dadurch, daß die Hirnwand an diesen Stellen weniger in die Dicke wächst als in der Umgebung. Die stärker in die Dicke wachsenden Abschnitte der Hirnwand stellen die Hirnwindungen, die Gyri cerebri dar. Eine besonders starke Zellvermehrung und Verdickung tritt im Bereiche der Insula Reili ein, jedoch nach innen zu. Infolgedessen springt dieser verdickte Wandabschnitt als Hügel — Ganglienhügel — in die Höhlung der Seitenkammer bis an den Thalamus vor. Dieser mit dem Hemisphärenbläschen auch in die Länge stark wachsende aus grauer Masse bestehende Ganglienhügel wird dann durch weiße Substanzmassen (markhaltige Nervenfasern), welche ihn durchwachsen, in mehrere Abteilungen (Stammganglien) geteilt, nämlich in den Nucleus caudatus, in das Putamen des Nucleus lentiformis, in das Claustrum und in die Rinde der Insula Reili. Die weiße Substanzmasse zwischen dem Thalamus und Nucleus caudatus einerseits und dem Nucleus lentiformis andererseits ist die Capsula interna, die zwischen dem Putamen und dem Claustrum befindliche Substanzmasse ist die Capsula externa und die zwischen dem Claustrum und der Rinde der Insel eingelagerte weiße Masse die Capsula extrema. Das Pallidum des Nucleus lentiformis entsteht vom Zwischenhirne aus.

An der medialen Wand der Hemisphärenbläschen entsteht durch Verdickung dieser Wand ein Wulst — Ammonswulst — die Anlage des Gyrus fornicatus.

Der unter dieser Verdickung liegende Wandabschnitt — die Area chorioidea — bleibt dünn und faltet sich in die Seitenkammer ein, wodurch der Plexus chorioideus ventriculi lateralis entsteht.

In der vorderen Wand des Telencephalon medium bildet sich über der Lamina terminalis eine Verdickung aus, welche als Commissurenplatte bezeichnet wird (Abb. 75 CPl). Diese Verdickung breitet sich nämlich in seitlicher Richtung derart aus, daß sie schließlich beide Hemisphären miteinander verbindet, also eine Commissur darstellt. Aus der Commissurenplatte entstehen das Corpus callosum, der Fornix cerebri, die Commissura anterior und das Septum pellucidum. Die Platte wächst in die Länge und in die Breite durch Vermehrung ihres eigenen Zellmateriales und durch — entsprechend der Vergrößerung der Hemisphären erfolgende — Zunahme der die Platte durchsetzenden Nervenfasern. Im vorderen Abschnitte der Commissurenplatte bilden sich später unter der Balkenanlage durch Auseinanderweichen der Gliazellen kleine mit Flüssigkeit gefüllte Räume aus, welche zu dem Cavum septi pellucidi zusammenfließen. Die dieses Cavum seitlich begrenzenden Marklamellen der Commissurenplatte sind die beiden Septa pellucida.

Die **Häute** des Gehirnes und des Rückenmarkes entstehen aus dem embryonalen Bindegewebe, in welchem das Nervenrohr eingebettet ist. Durch die Ausbildung von Hohlräumen in diesem Gewebe entsteht das Cavum subdurale und subarachnoideale.

Hirn- und Rückenmarksnerven.

Die von und zu den Zentralorganen des cerebrospinalen Nervensystems ziehenden Hirn- und Rückenmarksnerven entwickeln sich in verschiedener Weise. Die Fasern des N. olfactorius wachsen von den in dem Epithel des Riechsackes befindlichen Nervenzellen aus zum Riechlappen des Großhirnes. Die Fasern des N. opticus sind Fortsätze der Zellen der Ganglienschichte der Netzhaut; da die Netzhaut selbst einen Teil des Gehirnes darstellt, ist der N. opticus ein Verbindungsstrang zwischen Hirnteilen, eine Vereinigung von Projektions-, Commissuren- und Assoziationsfasern. Der N. acusticus entsteht aus den Fortsätzen der Nervenzellen des Ganglion acusticum (Abb. 76), welche zentralwärts zu den Nuclei vestibulares und cochleares der Hirnwand ziehen. — Der N. oculomotorius, trochlearis, abducens und hypoglossus entstehen von Nervenkernen aus, welche im ventralen Abschnitte des Mittel- (N. oculomotorius, N. trochlearis), bzw. des Rautenhirnes (N. abducens, N. hypoglossus) liegen; ihrer Lage nach entsprechen diese Nervenkerne der Vordersäule des Rückenmarkes, von deren Zellen aus die motorischen Wurzeln der Rückenmarksnerven entstehen. Die genannten Hirnnerven sind denn auch rein motorische Nerven. — Die Fasern der Hirnnerven ziehen zur Basalfläche des Gehirnes, nur jene des N. trochlearis treten an der Dorsalfläche des Gehirnes aus (Abb. 76, 117). — Bei dem N. hypoglossus besteht während einer kurzen embryonalen Periode auch ein sensibler Anteil (Abb. 76, Frorieps Ganglion). Alle übrigen Hirn- und Rückenmarksnerven sind gemischte Nerven, sie besitzen einen motorischen und einen sensiblen Anteil, die beide von verschiedenen Quellen aus entstehen. Die motorischen Wurzeln der Rückenmarksnerven entstehen aus den Zellen der Vordersäule des Rückenmarkes; die motorischen Anteile des N. trigeminus, facialis, glossopharyngeus und vagoaccessorius entstehen von Nervenkernen aus, welche nicht wie jene der rein motorischen Hirnnerven ventral, sondern mehr seitlich in der Wand des Rautenhirnes liegen und welche den Kernen der Seitensäule des Rückenmarkes entsprechen. Diese motorischen Nervenfasern treten daher nicht ventral, sondern mehr seitlich aus dem Gehirne aus (Abb. 74). Die Menge dieser motorischen Fasern ist bei den

genannten Nerven eine verschieden große — während der N. facialis fast nur aus
solchen Fasern entsteht, besitzt der N. glossopharyngeus nur wenige. — Die Bildung
der sensiblen Anteile der Hirn- und Rückenmarksnerven geht von der Nerven-
oder Ganglienleiste, Crista neuralis, aus. Es ist dies ein Zellstrang, welcher
von den Ektodermzellen gebildet wird, welche unmittelbar über den zum Medullarrohre sich vereinigenden dorsalen Enden der beiden Medullarwülste liegen. Man

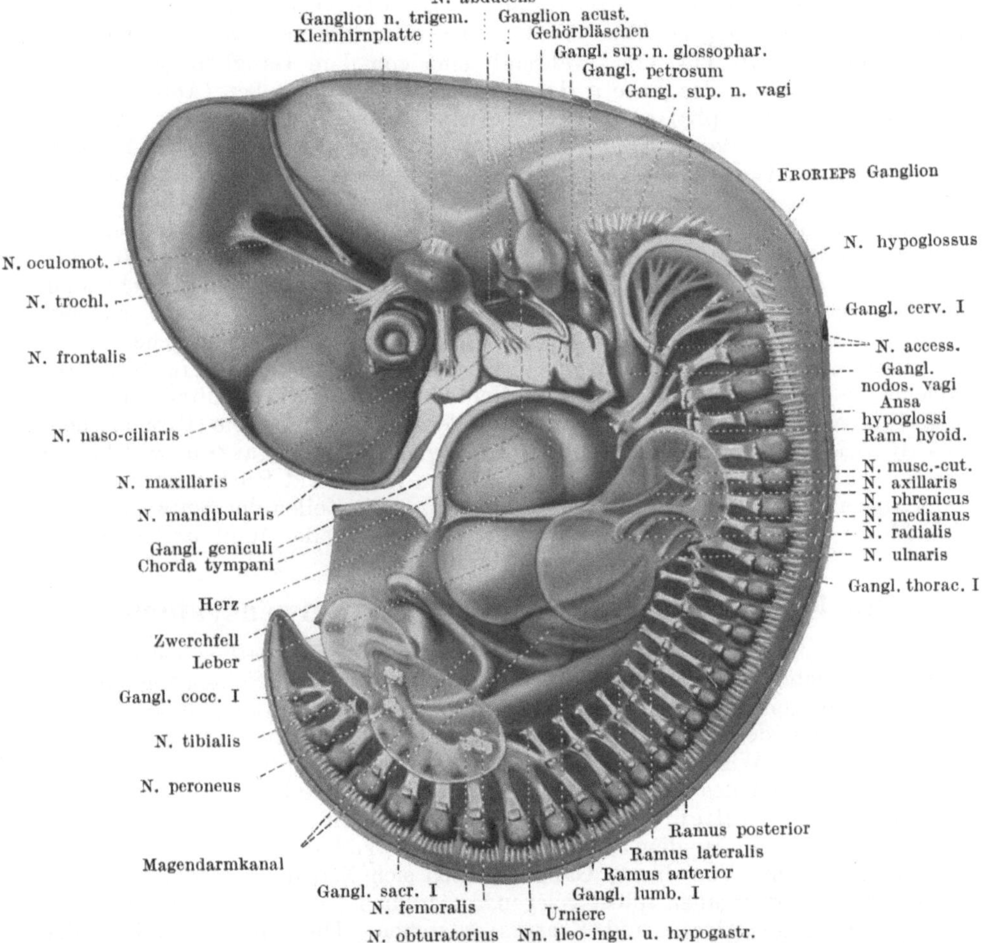

Abb. 76. Rekonstruktion des cerebro-spinalen Nervensystems eines 10 mm langen menschlichen
Embryo. 10fache Vergrößerung. Nach STREETER.

unterscheidet an ihm einen Hirn- und einen Rückenmarksabschnitt (Hirn- oder
Kopfnervenleiste, Rückenmark- oder Rumpfnervenleiste). Die Zellen dieser Leiste
wandern von ihrer ursprünglich dorsal vom Nervenrohre befindlichen Lagestätte
an die beiden Seiten des Nervenrohres herab. Die von der Hirnganglienleiste
stammenden Zellen häufen sich an vier Stellen zu Ganglien — Kopf- oder
Hirnganglien — an, während sich die von der Rückenmarksganglienleiste
abwandernden Zellen segmentweise zu Ganglien — Spinalganglien — grup-
pieren (Abb. 76, 34). — Von den vier Kopfganglien liegen zwei vor dem Gehörbläschen, nämlich das Ganglion semilunare nervi trigemini (Abb. 76, 117) und

das Ganglion acustico-faciale (Abb. 76, 87), aus welchem das Ganglion geniculi n. facialis und das Ganglion n. acustici entstehen Abb. 87); die hinter dem Gehörbläschen liegenden zwei Kopfganglien sind die Ganglien des N. glosso-pharyngeus und des N. vagus (Ganglion superius und petrosum n. glosso-pharyngei, Ganglion superius und nodosum n. vagi, Abb. 76). Von den von dem Ganglion n. trigemini peripheriewärts ausgehenden Ästen des N. trigeminus versorgt der erste die Stirn-, Augen- und Nasengegend, der zweite (Ramus maxillaris) den Ober-, der dritte (Ramus mandibularis) den Unterkieferfortsatz des ersten Kiemenbogens (Abb. 76, 117). Der N. facialis tritt in den 2. Kiemen-bogen ein (Abb. 76, 114, 117), während seine von dem Ganglion geniculi aus zur Hirnwand ziehenden Fasern den N. intermedius darstellen (Abb. 87). Die Fasern des N. glossopharyngeus treten peripherwärts in den 3. (Abb. 76, 117), die des N. vagus in den 4. Kiemenbogen (und in die caudal von diesem Kiemen-bogen gelegenen Gebiete) ein (Abb. 76). — Die segmental angeordneten 31 Spinal-ganglien lassen aus einem Teile ihrer Zellen Nervenfasern hervorgehen, welche zentralwärts als hintere Wurzelfasern zum Rückenmarke ziehen, peripherwärts mit den vorderen Wurzelfasern zusammen die Spinalnerven bilden (Abb. 76, 117).

Die aus der Nervenleiste entstehenden Ganglien bestehen nun nicht bloß aus Nervenzellen, welche die sensiblen Fasern der Nerven liefern, sondern enthalten auch noch andere Zellen, welche aus den Ganglien an jene Stellen wandern, an welchen sie im fertigen Körper liegen: Sympathicoblasten, welche die Zellen des sympathischen Nervensystems liefern; Chromaffino-blasten, aus welchen die chromaffinen Zellen der Nebenorgane (Paraganglien) des Sympathicus entstehen; Scheidenzellen, Lemmoblasten, welche auf die Nervenfasern der motorischen und sensiblen Hirn- und Rückenmarksnerven (mit Ausnahme des N. opticus) wandern, um dort die Zellen der SCHWANNschen Scheide zu bilden; Glioblasten, welche die Kapsel- oder Mantelzellen liefern.

Die Entwicklung des autonomen Nervensystems.

Der Sympathicus wird von den oben erwähnten Sympathicoblasten (oder Sympathoblasten) gebildet. Diese Zellen wandern aus den Spinalganglien ent-lang der hinteren Wurzeln der Spinalnerven und dann entlang dieser Nerven — nach einer anderen Ansicht aus gewissen Zellen der Spinalnerven — an die Vorderfläche der Wirbelsäule, wo sie den Grenzstrang des Sympathicus bilden. Von den Ganglien des Grenzstranges, den primären oder prävertebralen Sympathicusganglien, wandern Sympathicoblasten an die Vorderfläche der Aorta hin, wo sie Ganglien (sekundäre oder präaortale Sympathicus-ganglien) bilden. Von diesen Ganglien lösen sich Zellen ab, aus welchen die in den Eingeweideorganen selbst gelegenen Ganglien (tertiäre oder viscerale Sympathicusganglien) und Plexus entstehen. Die aus den Zellen aller dieser Ganglien vorwachsenden Nervenfasern stellen die sympathischen Nerven dar (Rami internodiales, Rami communicantes, Nn. splanchnici, carotici usw.). Die Sympathicoblasten des Ganglion n. trigemini wandern längs der Trigeminus-äste zu bestimmten Stellen, um das Ganglion ciliare, sphenopalatinum, oticum und submandibulare zu bilden.

Die Nebenorgane oder Paraganglien des Sympathicus entstehen aus An-häufungen von Chromaffinoblasten, welche aus den Spinalganglien auswandern.

Die Entwicklung des Auges.

Die Anlage des Auges tritt noch vor dem Schlusse der Nervenrinne zum Nervenrohre als Grube — Sehgrube, Fovea optica — im vordersten

Abschnitte jedes der beiden Nervenwülste auf. Dieser Grube entspricht an dem geschlossenen Nervenrohre eine Vorwölbung der Seitenfläche des primären Vorderhirnes, die als Augenblase, Vesicula optica, bezeichnet wird (Abb. 72, 77). Ihre mit der Lichtung des Hirnrohres kommunizierende Höhlung ist die Sehkammer, Ventriculus opticus. Die Anlage des Auges ist demnach eine Ausbuchtung der Hirnwand, also ein Teil des Gehirnes selbst, den man als Ophthalmencephalon bezeichnen kann. Die Augenblase wächst in seitlicher Richtung bis an das Ektoderm heran (Abb. 77), das sie sogar ein wenig vorwölbt (Abb. 41), sie bleibt aber durch einen Stiel, den Augenblasenstiel, Pediculus opticus, mit dem Gehirne in Zusammenhang (Abb. 77). Dieser Stiel geht,

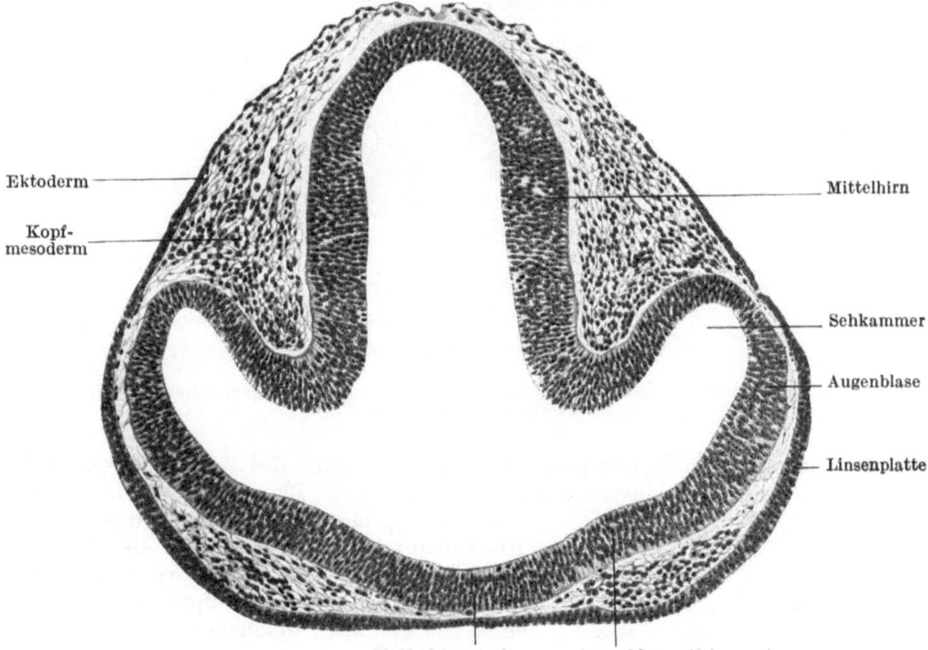

Abb. 77. Querschnitt durch den Vorderkopf eines 4 mm langen menschlichen Embryo. 125fache Vergrößerung.

da sich in dieser Zeit das primäre Vorderhirn in das End- und Zwischenhirn gliedert, von dem Zwischenhirne ab (vgl. Abb. 73, 74). Der Hohlraum des Stieles wird als Canalis opticus (vgl. Abb. 77 und 78) bezeichnet, da der N. opticus aus dem Augenblasenstiele hervorgeht. Die dem Ektoderm zugekehrte Wand der Augenblase verdickt sich hierauf und stülpt sich in den Hohlraum der Augenblase ein. Die Augenblase wandelt sich infolgedessen in einen doppelwandigen Becher — Augenbecher, Cupula optica — um (Abb. 78, 117), dessen Stiel nunmehr als Augenbecherstiel, Pediculus cupulae opticae bezeichnet wird. Der Augenbecher besteht aus einer äußeren dünnen und aus einer inneren dicken Epithelwand: Äußeres und inneres Blatt des Augenbechers (Abb. 78). Da aus dem äußeren Blatte das Stratum pigmenti retinae (Abb. 80), aus dem inneren Blatte die Netzhaut hervorgeht, wird das äußere Blatt als Pigment- oder Tapetumblatt, das innere als Netzhaut- oder Retinablatt bezeichnet. Diese beiden Blätter gehen am Rande der Öffnung des Augenbechers ineinander über. Dieser Umschlagsrand wird, da die Öffnung des Augenbechers der späteren Pupille des Auges entspricht, als Pupillarrand, Labrum pupillare cupulae opticae (Abb. 79, 80) bezeichnet. Entsprechend

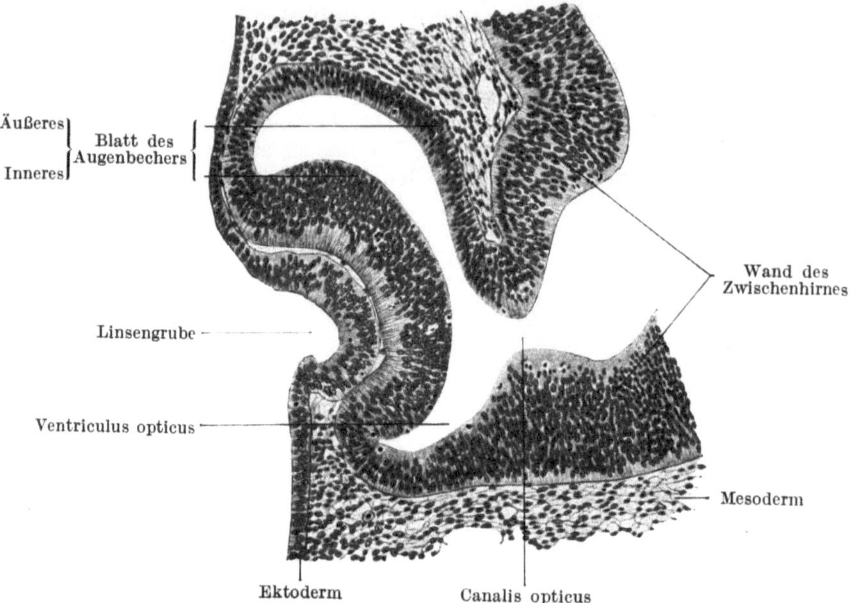

Abb. 78. Querschnitt durch die Augenanlage eines 6,5 mm langen menschlichen Embryo. 153fache Vergrößerung.

der immer stärkeren Einstülpung des inneren Blattes des Augenbechers wird der Zwischenraum zwischen dem äußeren und inneren Blatte immer kleiner (vgl.

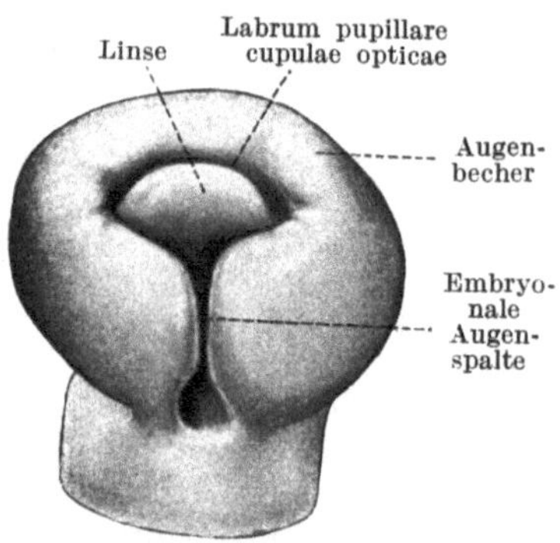

Abb. 79. Modell der Augenanlage eines 12,5 mm langen menschlichen Embryo von lateral und ventral her gesehen. 66fache Vergrößerung. Nach DEDEKIND-HOCHSTETTER.

Abb. 78, 80), bis sich schließlich das innere Blatt dem äußeren Blatte dicht anlegt, wodurch der Ventriculus opticus verschwindet. Dagegen bildet das eingestülpte innere Blatt einen Hohlraum, in welchem zuerst die Linse (Abb. 78, 79), später auch der Glaskörper (Abb. 80) liegt, weshalb dieser Hohlraum Glaskörperraum, Antrum oder Cavum hyaloideum cupulae opticae genannt wird. Da die Zellvermehrung im unteren Abschnitte des Augenbechers und in dem dem Augenbecher näheren Abschnitte des Augenbecherstieles später in geringerem Maße als in den übrigen Abschnitten des Augenbechers und des Augenbecherstieles erfolgt, bildet sich in diesem unteren Abschnitte eine Rinne aus, die embryonale oder fetale Augenspalte (Abb. 79, 73, 76, 117). Im Bereiche dieser Spalte setzt sich das retinale Blatt des Augenbechers unmittelbar in den Augenbecherstiel und dadurch auch in die Wand des Zwischenhirnes fort (Abb. 81, 79), wodurch es den aus der Retina vorwachsenden Nervenfasern möglich wird, auf dem Wege des Augenbecherstieles zum Gehirne zu gelangen. Außerhalb des Bereiches der Augenbecherspalte steht der Augenbecherstiel nur mit dem

äußeren Blatte des Augenbechers in Verbindung (Abb. 79). In die embryonale
Augenspalte dringt embryonales Bindegewebe ein (Abb. 80, 81). In ihm ist
die Arteria centralis retinae eingebettet, deren Endzweig als Arteria hyaloidea
in den Glaskörperraum eintritt (Abb. 80) und bis in das embryonale Bindegewebe an der Hinterfläche der Linse verläuft, wo er sich in der Gefäßkapsel
der Linse (S. 91) verzweigt. Die Augenbecherspalte wird später durch Vorwachsen ihrer Ränder geschlossen. Durch den gleichen Vorgang wird die
ursprünglich weite Öffnung des Augenbechers (Abb. 78, 79) zur Pupille eingeengt. Aus diesem vorgewachsenen Randabschnitte des Augenbechers entstehen

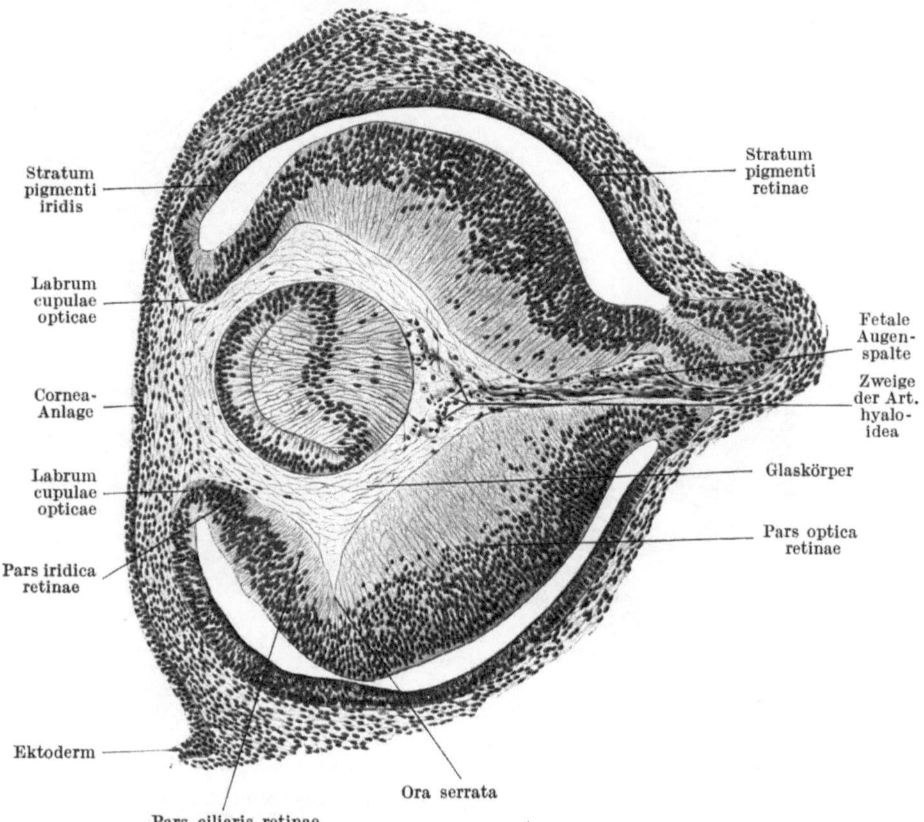

Abb. 80. Schnitt durch die Augenanlage eines 13,5 mm langen menschlichen Embryo.
157 fache Vergrößerung.

die Epithellamellen der Iris, wobei das äußere Blatt des Augenbechers das
Stratum pigmenti iridis, das innere Blatt die Pars iridica und die Pars
ciliaris retinae liefert (Abb. 80). Die Pars iridica und ciliaris retinae stellen
zusammen das Pars caeca retinae dar, welche durch die Ora serrata von dem
restlichen Teile der Retina, von der Pars optica retinae, geschieden wird
(Abb. 80). Die Zellen der Pars optica retinae sind teils Neuro-, teils Spongioblasten. Aus ihnen entstehen die Zellen der verschiedenen Schichten der Retina.

Während dieser Vorgänge erfolgt auch die Entwicklung der Linse. Ihre
Anlage bildet eine Verdickung jenes Abschnittes des Ektoderms, welchem die
Augenblase anliegt. Sie wird als Linsenplatte bezeichnet (Abb. 77). Das

Epithel dieser Linsenplatte verdickt sich und sinkt zu einer Grube ein: Linsengrube (Abb. 78). Indem die Ränder dieser Grube aufeinander zuwachsen, wird die Öffnung der Grube immer enger, bis sie schließlich verschwindet. Die Linsengrube wird dadurch in ein Bläschen, in das Linsenbläschen, verwandelt (Abb. 81). Dieses löst sich bei etwa 8 mm langen Embryonen von dem Ektoderm ab und liegt nunmehr frei in der Höhlung des Augenbechers (Abb. 79).

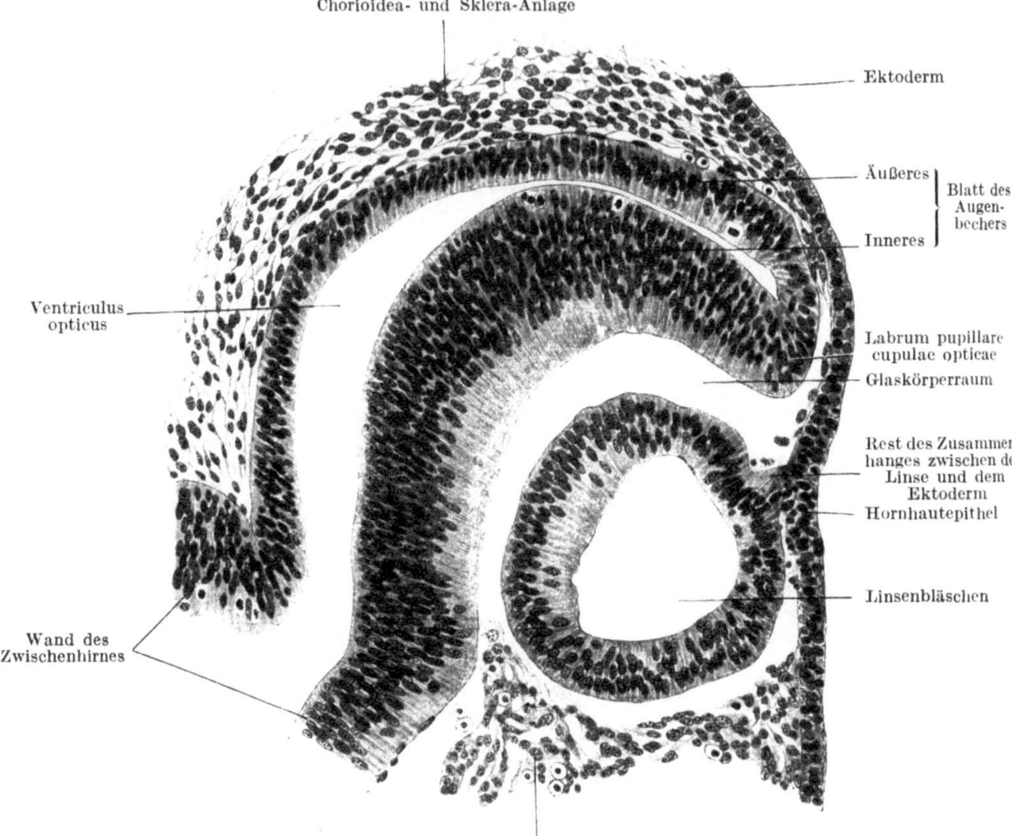

Abb. 81. Längsschnitt durch das Auge eines 9,5 mm langen menschlichen Embryo. Der Schnitt geht durch die embryonale Augenspalte hindurch. 240fache Vergrößerung.

Am Kopfe junger Embryonen schimmern sowohl der Pupillarrand des Augenbechers als auch die in dem Augenbecher liegende Linse durch das Ektoderm hindurch (Abb. 42). An dem Linsenbläschen kann man eine dem Ektoderm zugekehrte „vordere" und eine dem Retinablatte des Augenbechers zugewendete „hintere" Epithelwand unterscheiden. Die Zellen der hinteren Wand wachsen in die Länge und bis an die Zellen der vorderen Wand heran, so daß die Höhle des Linsenbläschens schwindet (Abb. 80). Aus diesen in die Länge wachsenden Zellen der hinteren Wand des Linsenbläschens entstehen die Linsenfasern, während die Zellen der vorderen Wand das Linsenepithel bilden. Die Bildung der Linsenfasern beginnt in der Mitte der hinteren Wand und schreitet von da aus gegen den Äquator der Linse fort, an welchem also — entsprechend dem fortschreitenden Wachstum der Linse — immer neue Linsenfasern angebildet werden. Die embryonale Linse ist von einer embryonal-bindegewebigen Hülle, von der Gefäßkapsel der Linse, Tunica vasculosa lentis, umgeben. In ihr verzweigen sich die Endäste der Arteria hyaloidea und Äste der Arteriae ciliares. Als Pupillarmembran, Membrana pupillaris, bezeichnet man den die vordere Wand der Linse einhüllenden Teil der Tunica vasculosa lentis. Im 9. Fetalmonate bildet sich diese Hülle der Linse zurück.

Der Glaskörper (Abb. 80) entsteht aus Fortsätzen der Spongioblasten des retinalen Blattes des Augenbechers. Die ihn durchziehende, von embryonalem Bindegewebe eingehüllte Arteria hyaloidea (Abb. 80) bildet sich später samt diesem Bindegewebe zurück.

Der Sehnerv entsteht aus den Nervenfasern, welche von den Zellen der Ganglienzellschichte der Retina, zum Teile auch vom Gehirne aus in den Augenbecherstiel einwachsen. Dieser Stiel wird durch die Ausbildung der fetalen Augenbecherspalte in seinem distalen (d. h. dem Augenbecher näheren) Abschnitte in eine doppelwandige Rinne umgestaltet (Abb. 79), in welcher die Arteria centralis retinae verläuft. Nach dem Schlusse der Augenbecherspalte liegt daher diese Arterie im Inneren des Augenbecherstieles. Die innere, eingebuchtete Epithelwand der Rinne verdickt sich und diese Verdickung schreitet auch proximalwärts, gegen das Gehirn zu fort. Infolgedessen legt sich diese verdickte Epithelwand der äußeren dünn bleibenden Epithelwand des Augenbecherstieles allmählich an, so daß der Hohlraum des Stieles, der Canalis opticus, verschwindet und der Augenbecherstiel in einen soliden Strang umgewandelt wird. Die Zellen der äußeren Epithelwand des Augenbecherstieles gehen zugrunde, jene der inneren Epithelwand bilden sich in Gliazellen um. In das von den Fortsätzen dieser Zellen gebildete Netzwerk wachsen die Sehnervenfasern von der Retina aus gehirnwärts vor.

Die bisher besprochenen Gebilde — Augenblase und Linse — sind epithelialer Natur. Die bindegewebigen Anteile des Auges entstammen dem embryonalen Bindegewebe, in welchem der Augenbecher eingebettet ist (Abb. 80, 81). Die dem Augenbecher unmittelbar anliegende Schichte dieses Bindegewebes (Abb. 80, 81) bildet sich über dem Stratum pigmenti retinae zur Chorioidea, über dem Stratum pigmenti iridis zum Stroma iridis aus. Zusammen mit den an der Pars ciliaris retinae entstehenden Ausfaltungen, den Processus ciliares, bildet das über der Pars ciliaris retinae besonders stark wuchernde Bindegewebe das Corpus ciliare; aus seinen Zellen entsteht unter anderen auch der Musculus ciliaris. Die von den Zellen der Processus ciliares zur Linse wachsenden Fortsätze bilden die Zonula ciliaris. — Im Gegensatze zu allen übrigen, aus dem Mesoderm entstehenden Muskeln entwickeln sich der Musculus sphincter pupillae und der M. dilatator pupillae aus ektodermalen Elementen, nämlich aus Epithelzellen, welche sich von dem Stratum pigmenti iridis ablösen und im Stroma iridis in Muskelzellen umwandeln. — Das embryonale Bindegewebe des Augenbechers liefert ferner die mesodermalen Elemente (die Substantia propria, die Membrana Descemeti und deren Epithel) der Hornhaut, Cornea, während das Epithel der Hornhaut aus dem die Augenanlage deckenden Ektoderm entsteht. — Durch Schwund des embryonalen Bindegewebes an bestimmten Stellen entstehen die Augenkammern.

Die Sklera entsteht aus dem embryonalen Bindegewebe, welches die Chorioideaanlage umhüllt.

Die Augenanlage ist ursprünglich lidlos, liegt daher frei zutage (Abb. 42). Erst zu Beginn des 2. Fetalmonates beginnen sich die Augenlider als Falten der Hautanlage über und unter dem Augenbecher zu entwickeln. Indem diese beiden Falten aufeinanderzuwachsen (Abb. 43, 44), verengert sich der zwischen ihnen befindliche Lidspalt immer mehr. Schließlich verwachsen die beiden

Lider im 3. Fetalmonate mit ihren freien Rändern, so daß die Augenanlage
vollkommen von den Lidern verdeckt wird. Diese Lidnaht löst sich im 7. bis
8. Fetalmonate. Die inneren Schichten der Lider stellen die Conjunctiva
palpebrarum dar, welche am Fornix in den Überzug der Sklera, in die
Conjunctiva bulbi, übergeht.

Die Tränendrüsen entstehen aus zapfenförmigen Wucherungen des
Epithels des Fornix conjunctivae. Betreffs der ableitenden Tränenwege s. S. 95.

Die Entwicklung der Nase und des Gesichtes.

Die Umgrenzung der in die primäre Mundhöhle führenden Mundspalte wird
(Abb. 56) von fünf Wülsten gebildet: Oben von dem unpaaren, das Endhirn

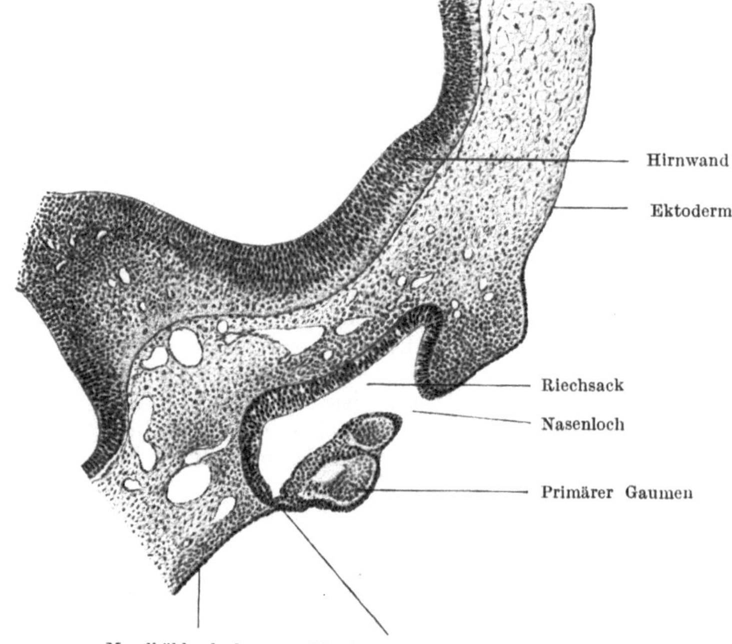

Abb. 82. Längsschnitt durch den Riechsack eines 13 mm langen menschlichen Embryo.
90fache Vergrößerung.

enthaltenden Stirnwulste oder Stirnfortsatze, seitlich und unten von den
paarigen Ober- und Unterkieferfortsätzen der beiden 1. Kiemenbogen.
Diese fünf Wülste kann man als Gesichtsfortsätze bezeichnen, da aus ihrer
Vereinigung das Gesicht entsteht.

An den beiden Seiten des Stirnfortsatzes verdickt sich das Ektoderm bei
etwa 4 mm langen Embryonen zu der sog. Nasen- oder Riechplatte. Diese
Platte beginnt sich bei 6 mm langen Embryonen in das Mesoderm einzusenken,
wodurch die Riech- oder Nasengrube entsteht (Abb. 41). Durch Vertiefung
dieser Grube entsteht ein Blindsack, der Riech- oder Nasensack, der sich
außen mit dem Nasenloche öffnet (Abb. 82, 85). Der Riechsack tritt hierauf
in Beziehung zum Dache der primären Mundhöhle (S. 55, Abb. 55, 64, 66).
Die aus dieser Beziehung des Epithels des Riechsackes zum Epithel des Mundhöhlendaches entstandene Epithelmembran ist die Membrana bucco-nasalis

oder palato-nasalis (Abb. 82). Sie reißt bei 15 mm langen Embryonen durch, so daß sich der Riechsack in die primäre Mundhöhle öffnet. Diese Öffnung wird als primäre Choane bezeichnet. Die in dem Gebiete zwischen den beiden Nasenlöchern und den beiden Choanen befindliche Substanzmasse bildet den primären Gaumen. Jeder der beiden Riechsäcke stellt nach der Bildung der primären Choanen die primäre Nasenhöhle dar. Aus ihr entsteht die bleibende oder sekundäre Nasenhöhle dadurch, daß sich die primäre Nasenhöhle mit einem Teile der primären Mundhöhle zu einem einheitlichen Hohlraume vereinigt. Der Rest der primären Mundhöhle bildet die bleibende oder

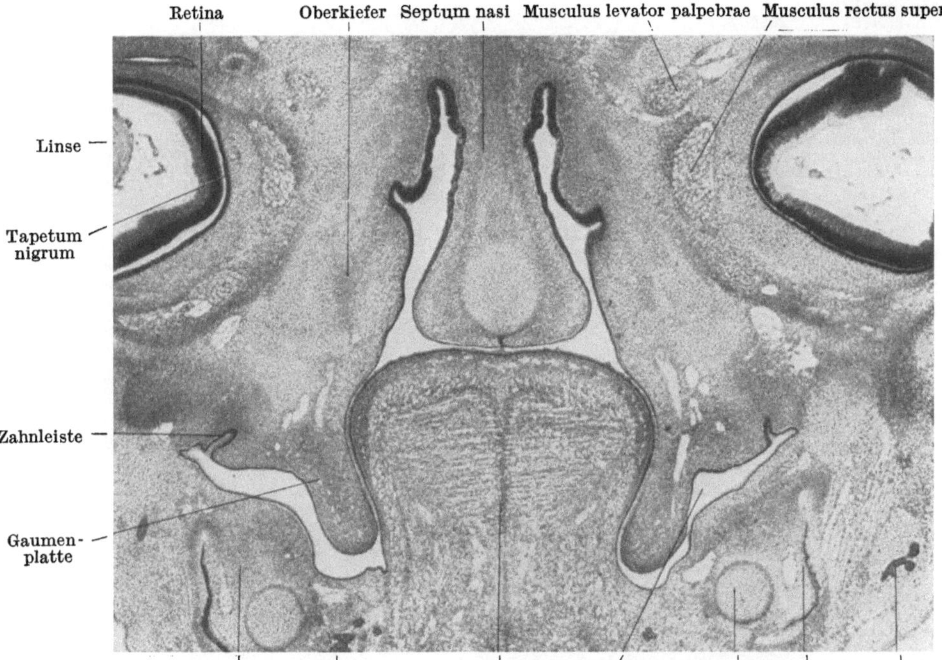

Abb. 83. Frontalschnitt durch die primäre Mund- und Nasenhöhle eines etwa 20 mm langen menschlichen Embryo. 25fache Vergrößerung.

sekundäre Mundhöhle. Die Scheidung der primären Mundhöhle in einen Nasen- und in einen Mundabschnitt erfolgt durch die Gaumenleisten, -platten oder -fortsätze, Processus palatini, welche ventralwärts aus den von den Oberkieferfortsätzen der 1. Kiemenbogen gebildeten Seitenwänden der primären Mundhöhle auswachsen (Abb. 83). Sie liegen zunächst — sagittal eingestellt — neben den Seitenflächen der Zunge. Die Zunge senkt sich hierauf mit dem Mundhöhlenboden und die beiden Gaumenleisten stellen sich dann horizontal über der Zunge ein (Abb. 84). Der zwischen den medianen Rändern der beiden Gaumenleisten befindliche Spaltraum wird als embryonale Gaumenspalte bezeichnet. Indem nun die beiden Gaumenleisten aufeinander zuwachsen, bis sie miteinander verwachsen, wird die Gaumenspalte verschlossen und eine Substanzmasse, der sekundäre Gaumen, gebildet, durch welche die primäre Mundhöhle in eine obere und eine untere Abteilung gesondert wird. Die untere Abteilung ist die sekundäre Mundhöhle. Die obere Abteilung bildet mit den in sie vermittels der primären Choanen mündenden primären Nasenhöhlen die sekundären Nasenhöhlen. Diese werden durch das von dem Dache der primären Mundhöhle aus nach abwärts wachsende (Abb. 83, 84) und sich mit dem sekundären Gaumen vereinigende Septum nasi in zwei Hälften geschieden, in die beiden Nasenhöhlen. Über dem sekundären Gaumen öffnen sich die beiden Nasenhöhlen hinten in den Schlunddarm mit den sekundären Choanen.

Die Nasenmuscheln entstehen dadurch, daß das Epithel der Wand der primären Nasenhöhle an gewissen Stellen in die Tiefe wuchert. Die zwischen je zwei solchen Einwucherungen befindlichen wulstartigen Gewebsmassen sind die

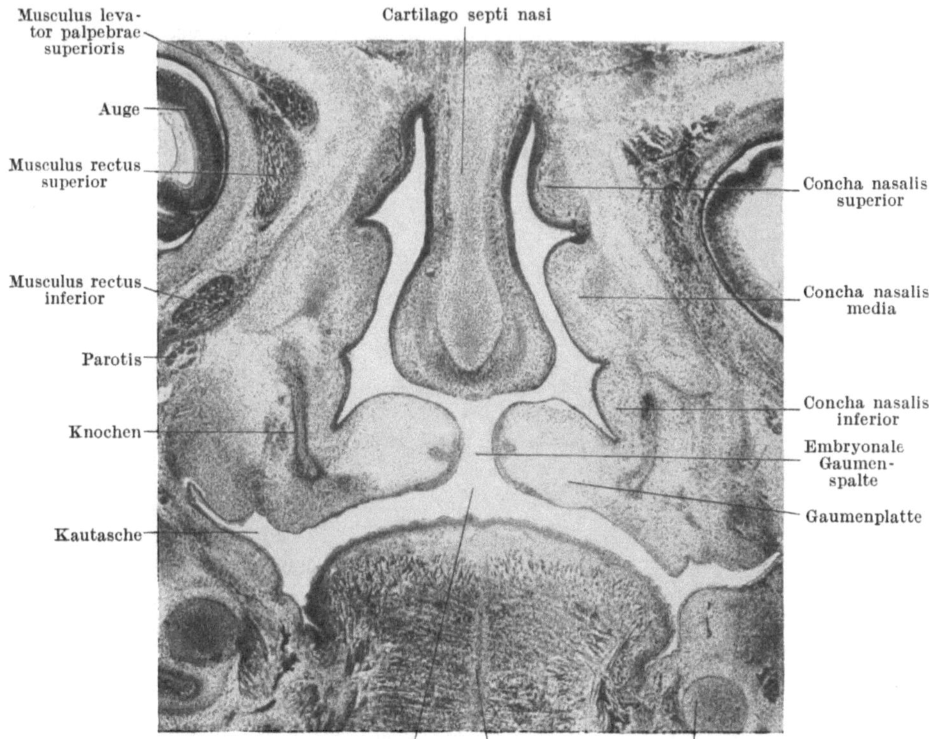

Abb. 84. Frontalschnitt durch die Mund- und Nasenhöhle eines 64 mm langen menschlichen Embryo. 18fache Vergrößerung.

Anlagen der Muscheln (Abb. 84). Die Epitheleinsenkungen selbst gestalten sich zu Furchen, welche die Nasengänge darstellen. — Die Nebenhöhlen der Nase entwickeln sich aus kleinen Epitheleinsenkungen in das die Nasenhöhle umgebende, später verknöchernde Mesoderm. Ihre Vergrößerung und Ausbildung erfolgt jedoch erst im postfetalen Leben. — Das Organon vomero-nasale oder JACOBSONsche Organ tritt bereits an der Riechgrube als eine rinnenartige Vertiefung der medialen Wand der Riechgrube auf. Aus dieser Rinne entsteht ein in dem Bindegewebe des Septum nasi vorwachsender Epithelschlauch, der hinten blind endet.

Die äußere Nase bildet sich aus den das Nasenloch umgrenzenden Teilen des Stirnfortsatzes. Man kann an dem Stirnfortsatze einen mittleren und zwei seitliche Abschnitte unterscheiden, den mittleren und die beiden seitlichen Stirnfortsätze (Abb. 85). Die das Nasenloch umgebenden Teile dieser Fortsätze

werden als mittlerer und seitlicher Nasenfortsatz (Nasenwall) bezeichnet. Der mittlere Nasenfortsatz läuft unter dem Nasenloche mit dem
Processus globularis aus. An dem zwischen und über den beiden Nasenlöchern befindlichen Abschnitte des mittleren Stirnfortsatzes kann man eine
obere und eine untere Abteilung unterscheiden, die Area triangularis und
die Area infranasalis; zwischen diesen beiden Abteilungen springt eine
zunächst stumpfe, später schärfere Kante vor, die Nasenkante (Abb. 85).
Sie wird zur Nasenspitze. Aus der Area triangularis, die sich verschmälert und
über die Ebene des Gesichtes emporhebt, entsteht der Nasenrücken. Aus der

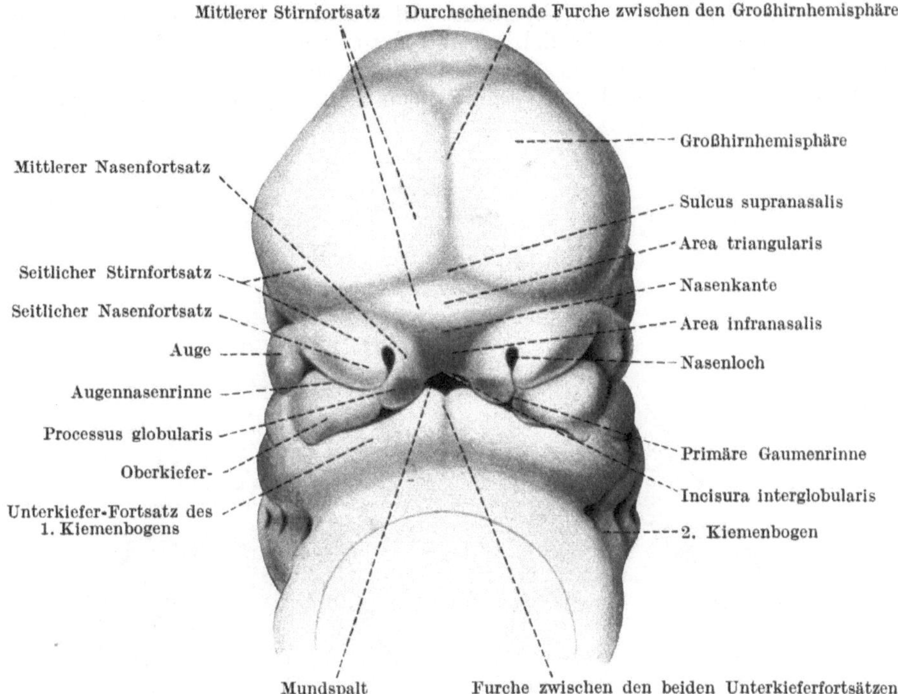

Abb. 85. Gesicht eines 11,3 mm langen menschlichen Embryo. 11fache Vergrößerung.
Nach C. RABL.

Area infranasalis und aus dem mittleren Nasenfortsatze entwickelt sich der
vorderste Abschnitt des Septum nasi und der mittlere Abschnitt der Oberlippe,
das Philtrum. Aus dem seitlichen Nasenfortsatze entsteht die Seitenwand der
äußeren Nase. Die Nasenlöcher werden in der Mitte des 2. Monates durch
Epithelwucherung verschlossen. Dieser Epithelpfropf löst sich im 6. Monate auf.

Der Oberkieferfortsatz des 1. Kiemenbogens (Abb. 85) liefert die Wange
und den seitlichen Teil der Oberlippe. Aus den sich miteinander vereinigenden
Unterkieferfortsätzen entsteht die Unterlippe.

Vom Auge zum Nasenloche herab verläuft in dem seitlichen Teile der Nasenanlage (S. 43) eine Furche, die Augennasenfurche (Tränennasenrinne
(-furche), Sulcus nasolacrimalis, Abb. 85, 42). Bei etwa 15 mm langen
Embryonen löst sich das Epithel des Bodens dieser Furche als solider Strang
ab und senkt sich in das Mesoderm ein. Dem Höhenwachstum des Kopfes
entsprechend verlängert sich dieser Epithelstrang. Er geht mit seinem unteren
Ende in das Epithel der seitlichen Nasenwand über. Später erhält er eine

Lichtung und wird so zum Tränennasengange, Ductus nasolacrimalis. Sein oberes Ende teilt sich in zwei Epithelstränge, welche zu den medialen Randteilen des oberen und des unteren Augenlides hinwachsen und so die beiden Tränenröhrchen bilden. Der Tränensack entsteht aus einer Erweiterung jener Stelle des Tränennasenganges, von welcher die beiden Tränenröhrchen abgehen.

Die Entwicklung des Gehör- und des Gleichgewichtsorganes.

Die Anlage des häutigen Labyrinthes tritt schon bei Embryonen mit 2 bis 3 Urwirbelpaaren als eine Verdickung des Ektoderms seitlich von der Hinterhirnanlage auf: Ohr- oder Gehörplatte. Sie senkt sich später zur Ohr- oder Gehörgrube ein und diese schnürt sich dann — wie die Linsengrube —

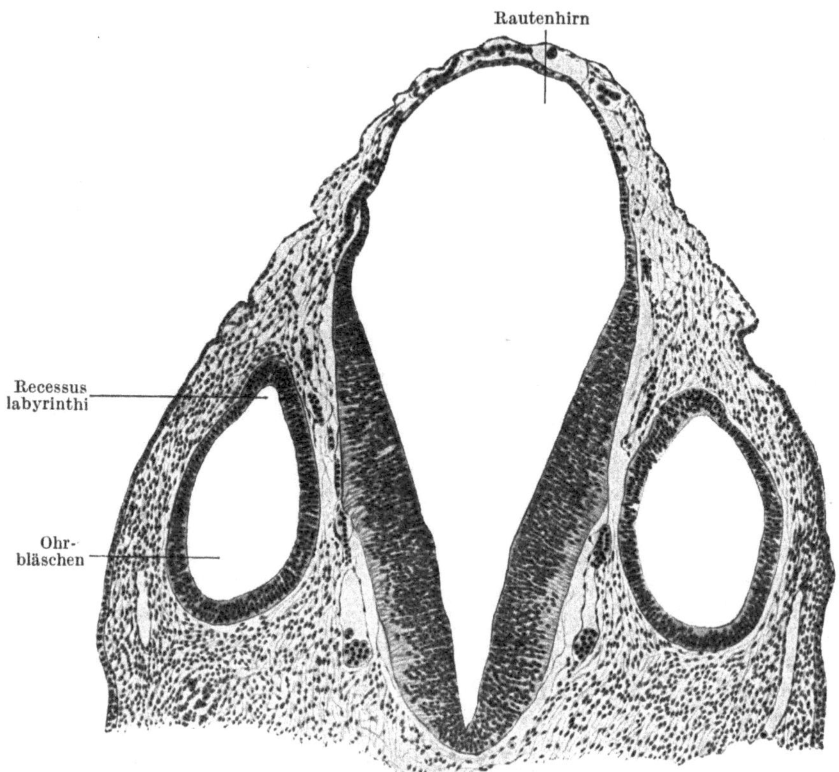

Abb. 86. Querschnitt durch das Rautenhirn und durch die Ohrbläschen eines 5 mm langen menschlichen Embryo. 86fache Vergrößerung.

als Bläschen von dem Ektoderm ab: Ohr-, Gehör- oder Labyrinthbläschen. Aus diesem mit Flüssigkeit — Endolymphe, entotische Flüssigkeit — gefüllten Bläschen entstehen die epithelialen Elemente des Labyrinthes, während sich alle übrigen Gewebsbestandteile des Labyrinthes aus dem das Gehörbläschen umhüllenden Mesoderm entwickeln.

Das Gehörbläschen liegt an der Seite des Rautenhirnes im Mesoderm (Abb. 86). Noch während oder unmittelbar nach seiner Ablösung vom Ektoderm wächst von seiner dorsalen Wand ein Gang aus, der Labyrinthanhang, Recessus labyrinthi (Abb. 86, 88, 89). Er verlängert sich in dorsaler Richtung zu dem langen Ductus endolymphaticus (Abb. 87). Dieser erweitert sich später an seinem blinden Ende zu dem Saccus endolymphaticus (Abb. 90), der später in den knöchernen Aquaeductus vestibuli zu liegen kommt. Das Gehörbläschen selbst gliedert sich in eine obere und eine untere Abteilung, in die Pars superior s. vestibularis oder Utriculus und in die Pars inferior s. cochlearis oder Sacculus (Abb. 87). An der medialen Wand des Gehörbläschens liegen

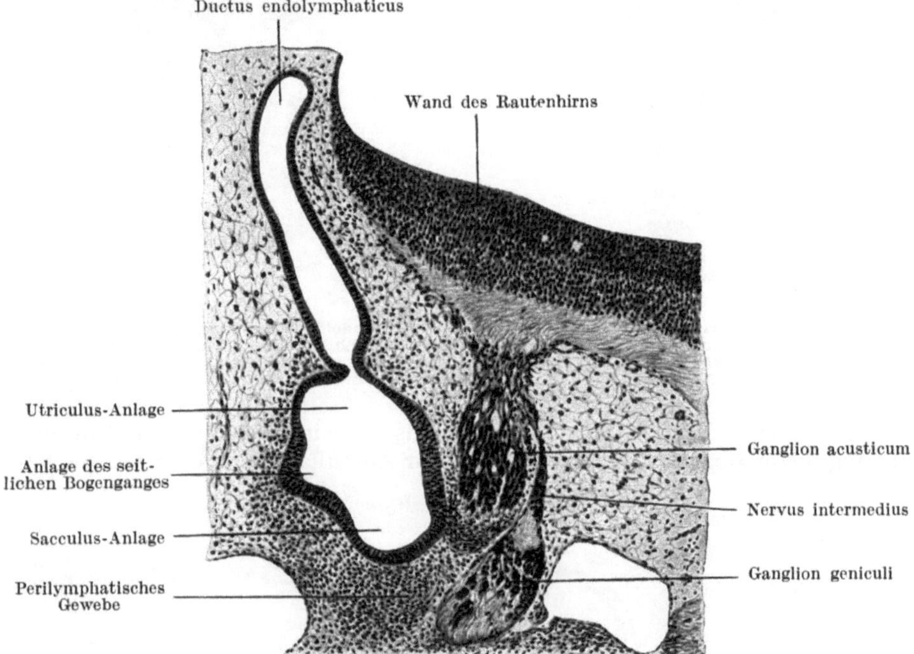

Abb. 87. Teil eines Querschnittes durch das Rautenhirn und durch die Labyrinthanlage eines 9 mm langen menschlichen Embryo. 74fache Vergrößerung.

das Ganglion acusticum und das Ganglion geniculi n. facialis (Abb. 87). Entsprechend der Gliederung des Gehörbläschens teilt sich auch das Ganglion acusticum in einen oberen und einen unteren Abschnitt, in das Ganglion vestibulare und cochleare (Abb. 89). Die von diesen Ganglien zentralwärts zum Gehirne vorwachsenden Nervenfasern bilden den Nervus vestibularis und cochlearis, die peripheren Fasern versorgen den Utriculus und Sacculus sowie die aus diesen beiden entstehenden Gebilde.

Die Bogengänge, Ductus semicirculares, entstehen aus zwei Ausfaltungen der Wand des Utriculus (Abb. 88). Die eine, sagittal gerichtete Ausfaltung ist die gemeinsame Anlage des oberen und hinteren, die andere, lateralwärts gewendete (Abb. 88, 87) die Anlage des seitlichen (horizontalen) Bogenganges. Die Randteile dieser Ausfaltungen erweitern sich, während sich die von diesen Randteilen umschlossenen zentralen Abschnitte der Falten dadurch verengern, daß sich die beiden Faltenwände einander nähern. Schließlich legen sich hier die beiden Wände aneinander und reißen durch. In der sagittalen Ausfaltung erfolgt dies an zwei Stellen, so daß in dieser Ausfaltung zwei Lücken entstehen (Abb. 89). Die um diese beiden Lücken erhalten bleibenden Randteile

stellen nunmehr den Ductus semicircularis superior und posterior dar (Abb. 90).
Der zwischen den beiden Lücken befindliche Abschnitt der Falte ist das Crus
commune. In der lateralen Ausfaltung entsteht nur eine zentrale Lücke, der

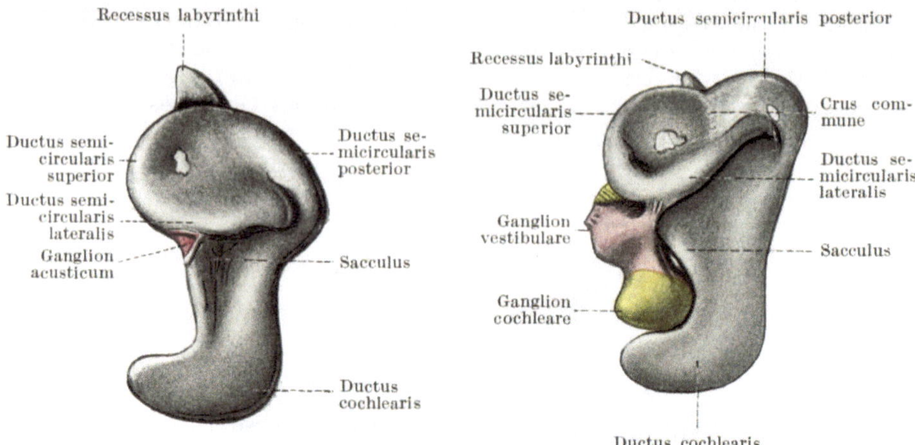

Abb. 88. Modell der Labyrinthanlage eines 11 mm
langen menschlichen Embryo, von der lateralen
Seite gesehen. 25fache Vergrößerung.
Nach STREETER.

Abb. 89. Modell der Labyrinthanlage eines 13 mm
langen menschlichen Embryo. Nervus vestibularis
rot, Nervus cochlearis gelb. Von der lateralen Seite
gesehen. 25fache Vergrößerung. Nach STREETER.

erhalten bleibende Randteil bildet den Ductus semicircularis lateralis. Je eine
Mündung dieser Bogengänge erweitert sich zur Ampulla membranacea (Abb. 89).

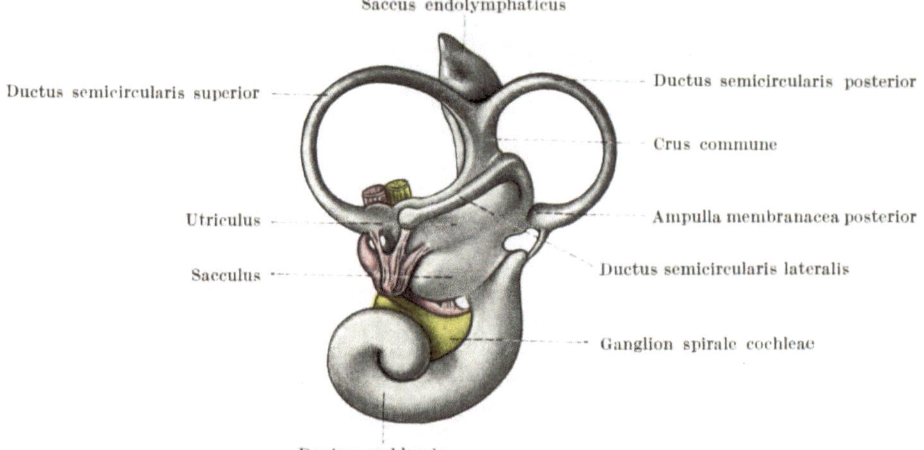

Abb. 90. Modell der Labyrinthanlage eines 20 mm langen menschlichen Embryo. Von der lateralen
Seite gesehen. Nervus vestibularis rot, Nervus cochlearis gelb. 20fache Vergr. Nach STREETER.

Der Schneckengang, Ductus cochlearis, also das Epithel der häutigen
Schnecke, entsteht dadurch, daß sich das ventrale Ende des Sacculus zu einem
Epithelschlauche verlängert (Abb. 88, 89), der spiralig weiterwächst (Abb. 90),
bis er $2^{1}/_{2}$ Windungen aufweist. Seine Abgangsstelle vom Sacculus verengert
sich später zum Ductus reuniens. Das Ganglion cochleare wächst mit dem
Ductus cochlearis weiter und wird so zum Ganglion spirale cochleae (Abb. 90).

Das Epithel des häutigen Labyrinthes bildet sich an den verschiedenen Stellen verschieden aus, wodurch die Macula utriculi und sacculi, die Cristae ampullares und das Organon spirale Cortii entstehen.

Das embryonale Bindegewebe, welches alle aus dem Ohrbläschen entstandenen Gebilde umhüllt, verdichtet sich durch Zellvermehrung und seine Zellen gleichen jenen des Vorknorpels. Diese Hüllzone des Labyrinthes wird als perilymphatisches Gewebe bezeichnet (Abb. 87). Durch Auftreten von mit Flüssigkeit — Perilymphe — gefüllten Lücken (Abb. 91) wird es in perilymphatisches Gallert- oder Schleimgewebe verwandelt. Indem diese

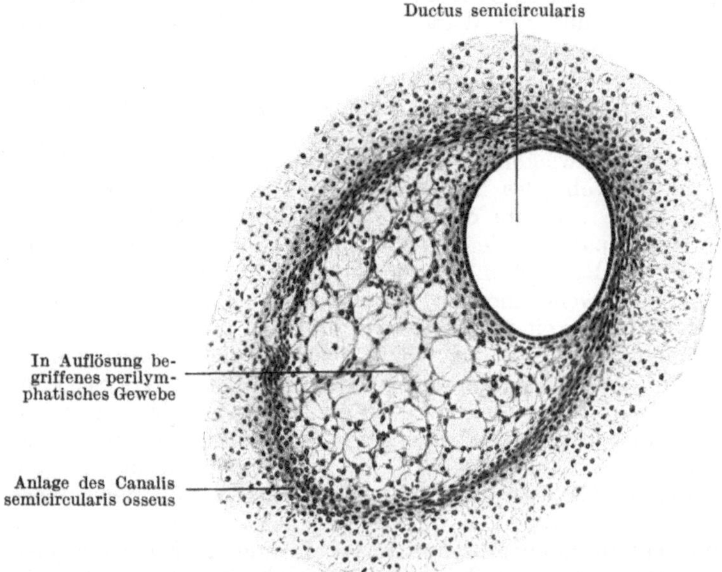

Abb. 91. Querschnitt durch die Anlage eines Bogenganges und des ihn umgebenden Gewebes bei einem 9 cm langen menschlichen Embryo. 80fache Vergrößerung.

Lücken zusammenfließen, entstehen die perilymphatischen Spalträume, Spatia perilymphatica. Um den Utriculus und Sacculus bildet sich ein gemeinsamer Hohlraum, das Spatium perilymphaticum vestibulare, um jeden der Bogengänge entsteht an der konkaven Seite des Bogenganges ein Spatium perilymphaticum canalis semicircularis (Abb. 91), während sich um den Ductus cochlearis je ein perilymphatischer Spaltraum über und unter dem Ductus ausbildet: Scala vestibuli und Scala tympani. Von dem perilymphatischen Gewebe erhält sich der dem epithelialen Labyrinthe anliegende und der den perilymphatischen Spaltraum nach außen begrenzende Abschnitt. Der ersterwähnte Abschnitt wird zur Membrana propria des häutigen Labyrinthes, der andere liefert das Perichondrium der knorpeligen Labyrinthkapsel, welche um das perilymphatische Gewebe entsteht (Abb. 91). Durch ihre Verknöcherung entsteht das knöcherne Labyrinth. Da die perilymphatischen Räume im allgemeinen der Form des häutigen Labyrinthes entsprechen, stimmt auch die Form des knöchernen Labyrinthes mit jener des häutigen im wesentlichen überein: Da sich um den Utriculus und Sacculus ein gemeinsames Spatium perilymphaticum ausbildet, werden beide auch von einer gemeinsamen Knochenhülle, dem Vestibulum, umschlossen. Um die Ductus circulares bilden sich die Canales semicirculares ossei (Abb. 91), um den Ductus cochlearis bildet sich die knöcherne Schnecke, die Cochlea aus. Um dieses knöcherne Labyrinth entwickelt sich die spongiöse Knochensubstanz der Pars petrosa des Schläfebeines.

Das Mittelohr entsteht aus der 1. Schlundtasche (Abb. 65), die daher auch als tubotympanale Tasche bezeichnet wird. Das gegen die 1. Kiemenfurche hin wachsende erweiterte blinde Ende dieser Tasche wird zur Paukenhöhle, Cavum tympani, der Rest der Tasche zur Ohrtrompete , Tuba auditiva, und die Öffnung der Tasche im Schlunddarme zum Ostium pharyngeum tubae. In dem die Paukenhöhle umgebenden embryonalen Bindegewebe — in dem peritympanalen Gewebe — treten vom 4. Fetalmonate an mit Flüssigkeit gefüllte Höhlen auf, wodurch das peritympanale Gallertgewebe entsteht. Dieses Gewebe schwindet später allmählich und die Wände der Paukenhöhle dringen in die dadurch entstandenen Lücken vor, so daß sich die Paukenhöhle vergrößert. Das den Zwischenraum zwischen der 1. Kiemenfurche und der seitlichen Wand der Paukenhöhle (vgl. Abb. 65) ausfüllende Bindegewebe stammt kranial von dem 1., caudal von dem 2. Kiemenbogen ab. In dem vom 1. Kiemenbogen stammenden Bindegewebe entwickelt sich die Anlage des Hammers und des Ambosses, in dem Bindegewebe des 2. Kiemenbogens die Anlage des Steigbügels (näheres s. S. 133). Das um diese Anlagen befindliche Bindegewebe wird zunächst in peritympanales Gallertgewebe umgewandelt und dann resorbiert. Entsprechend dieser Resorption dringt die seitliche Wand des Cavum tympani vor, so daß dann die Gehörknöchelchen scheinbar in das Cavum tympani zu liegen kommen. In Wirklichkeit werden sie jedoch nicht in die Lichtung der Paukenhöhle aufgenommen, sondern nur von der nach außen vordringenden zarten Schleimhaut der Paukenhöhle umhüllt und durch gekrösartige Schleimhautfalten an der Wand der Paukenhöhle befestigt. Durch Vergrößerung der Paukenhöhle entstehen auch der Aditus ad antrum, dann das Antrum mastoideum und von diesem aus — im postfetalen Leben — die Cellulae mastoideae.

Von den Bestandteilen des äußeren Ohres entwickelt sich der äußere Gehörgang von der 1. Kiemenfurche aus, die Ohrmuschel aus dem Gewebe der die 1. Kiemenfurche begrenzenden Abschnitte des 1. und 2. Kiemenbogens. Die 1. Kiemenfurche erhält sich nur in ihrem mittleren Abschnitte (vgl. Abb. 41 und 42). Dieser vertieft sich zu einem kurzen, engen Rohre, zum primären Gehörgange, der dem späteren knorpeligen Gehörgange entspricht. Im 3. Monate beginnen sich die Epithelzellen am Grunde des primären Gehörganges stark zu vermehren. Dadurch entsteht ein solider, bis an die seitliche Wand des Cavum tympani vorwachsender Epithelstrang, die Gehörgangsplatte, Lamina epithelialis meatus acustici externi. Im 7. Fetalmonate entsteht in diesem Strange eine zentrale Lichtung. Zusammen mit dem primären Gehörgange stellt die nunmehr hohle Gehörgangsplatte den bleibenden oder sekundären äußeren Gehörgang dar. Der aus der Gehörgangsplatte entstandene Abschnitt entspricht dem knöchernen Teile des äußeren Gehörganges. — Das Trommelfell wird von dem Epithel des Gehörganges und der Paukenhöhle, sowie von dem zwischen diesen beiden Epithellamellen befindlichen Bindegewebe gebildet. — Die Ohrmuschel entsteht aus sechs Höckern, welche sich am Rande der 1. Kiemenfurche ausbilden: Ohr-, Auricularhöcker (-hügel, Abb. 42). Drei von ihnen befinden sich am hinteren Rande des 1., die drei anderen am vorderen Rande des 2. Kiemenbogens. Die vordere Höckerreihe liefert etwa ein Drittel, die hintere etwa zwei Drittel der Ohrmuschel. Die unteren Höcker der beiden Reihen sind am Aufbaue des Tragus, bzw. des Antitragus wesentlich beteiligt. Die Höcker verschmelzen zu einer die äußere Ohröffnung umgebenden Falte, zur Ohrfalte (Abb. 43), in deren tieferen Lagen der Ohrmuschelknorpel entsteht, von dem ein Teil den Knorpel des äußeren Gehörganges liefert.

Das Geschmacksorgan.

Die Geschmacksknospen entstehen durch eine besondere, wahrscheinlich unter dem Einflusse der Nerven erfolgende Differenzierung der betreffenden Epithelzellen. Da sich Geschmacksknospen nicht bloß in vom Ektoderm (z. B. Papillae fungiformes), sondern auch in vom Entoderm (z. B. Papillae vallatae) stammenden Epithelgebieten vorfinden, beteiligen sich diese beiden Keimblätter an der Ausbildung der Geschmacksorgane.

Die Entwicklung der Haut und ihrer Anhangsorgane.

Der epitheliale Bestandteil der Haut, die Epidermis, ist ektodermaler, der bindegewebige Bestandteil, die Cutis, mesodermaler Herkunft.

Die Epidermis besteht zuerst aus einer einfachen Lage von niedrigen Zellen, sondert sich dann aber in zwei Lagen. Die untere Lage besteht aus höheren Zellen und stellt die Keimschichte, das Stratum germinativum dar; die obere Lage, das Periderm, wird von niedrigen Zellen gebildet. Das Periderm wird später, nachdem es verhornt ist, abgestoßen. Aus der Keimschichte entwickeln sich die verschiedenen Schichten der Epidermis. Beim Fetus ist die Epidermis von der Vernix caseosa bedeckt (S. 45). Die Cutis geht aus dem „dermalen" embryonalen Bindegewebe hervor, welches am Rücken aus der Cutislamelle der Urwirbel, seitlich und ventral aus der parietalen Seitenplatte entsteht (S. 30, Abb. 34). In ihren tieferen Lagen — Subcutis — bildet sich Fettgewebe aus.

Die Hautanlage weist im dorsalen Abschnitte des Rumpfes junger Embryonen eine Segmentierung auf. Hier entsteht nämlich die Cutis aus den Cutislamellen der Urwirbel, also aus segmental angeordneten Gebilden. Aus jeder dieser Lamellen entsteht eine Masse embryonalen Bindegewebes, die von der kranial und caudal von ihr befindlichen gleichartigen Masse durch einen Spalt getrennt ist. Auch das Ektoderm senkt sich an diesen Spalten ein wenig ein, wodurch die kranialen, bzw. caudalen Ränder der Urwirbel außen erkennbar werden (Abb. 39—42). Die zwischen je zwei solchen Spalten bzw. Ektodermfurchen befindliche aus Ektoderm und embryonalem Bindegewebe bestehende Gewebsmasse bildet ein Dermatom oder Dermomer (Dermatomer, Abb. 116). Diese Metamerie der Haut des Rückens schwindet jedoch bald, da die Spalten zwischen den Bindegewebsmassen durch einwucherndes Bindegewebe ausgefüllt und die Furchen des Ektoderms dadurch ausgeglichen werden. Dort, wo die Cutis aus der parietalen Seitenplatte entsteht, also an der Seiten- und an der Ventralfläche des Rumpfes, bildet sich keine derartige Metamerie der Haut aus, da ja die Seitenplatte selbst nicht metamer gebaut ist.

Die Entwicklung der Haare, der Hautdrüsen und der Nägel kann hier nicht näher geschildert werden, da dies ohne näheres Eingehen auf die Histologie dieser Gebilde nicht möglich ist. Betreffs der Haare sei nur darauf hingewiesen, daß ihre Anlage aus einem Epidermissproß — Haarkeim — und aus einer Verdichtung des unter diesem Keime befindlichen Bindegewebes — Haarpapille — besteht. Es bilden sich während des fetalen und postfetalen Lebens mehrere Haararten — jedoch nach derselben Entwicklungsart — aus. Zuerst (im 3. Fetalmonate) erscheinen die Woll- oder Flaumhaare (Lanugines), die im 7. Fetalmonate als „Wollhaarkleid" (Lanugo) den ganzen Körper bedecken. Im 9. Fetalmonate fallen sie an bestimmten Körperstellen aus und werden durch neue stärkere Haare — Ersatzhaare — ersetzt. Zusammen mit den erhalten gebliebenen Wollhaaren bilden diese Haare das Kinderhaarkleid. Zur Zeit der

Pubertät entwickeln sich an bestimmten Körperstellen neue stärkere Haare, wodurch das mittlere oder Zwischenhaarkleid entsteht. Später, beim Manne in der Regel erst in den 40er Jahren, treten an gewissen Körperstellen die Terminalhaare auf.

Die Entwicklung der Hautdrüsen geht, wie jene der Haare, von Epidermissprossen aus, die in das embryonale Bindegewebe eindringen und sich dort verzweigen. Diese Zweige bilden den Drüsenkörper, die Epithelsprosse dagegen die Ausführungsgänge der Drüsen. Die meisten Talgdrüsen entstehen jedoch nicht unmittelbar von der Epidermis, sondern von den Haaranlagen aus. — Die Anlage der Milchdrüse stellt eine durch Zellvermehrung des Stratum germinativum gebildete Verdickung einer bestimmten Stelle der Milchleiste dar (S. 43, Abb. 41, Ml). Vom Grunde dieser als „Drüsenfeld" bezeichneten Verdickung wachsen die Anlagen der Milchgänge als solide Epithelsprosse in das embryonale Bindegewebe ein. Aus der Verzweigung der unteren Enden dieser Gänge entstehen die Läppchen der Milchdrüse. Durch Wucherung des umgebenden Bindegewebes sinkt das Drüsenfeld zu einer Grube ein, erhebt sich jedoch zur Zeit der Geburt wieder, um die Brustwarze zu bilden.

Die Anlage der Nägel tritt im 3. Monate als eine nur mikroskopisch wahrnehmbare Veränderung der Epidermis an der Rückenfläche der Fingerenden auf. Auf diesem „Nagelfelde" entsteht dann durch Verhornung von Epidermiszellen der Nagel (Abb. 112). Diese Verhornung erfolgt im hinteren Abschnitte des Nagelfeldes, so daß also der Nagel stetig nach vorne wächst. Die Verhornung findet ferner innerhalb des Epithels des Nagelfeldes statt, weshalb sich über und unter dem vorwachsenden Nagel nicht verhornte Epidermis — Eponychium bzw. Hyponychium — befindet. Im 7. Fetalmonate durchbricht der vordere Rand des Nagels das Eponychium und ragt dann über die Fingerbeere vor.

Die Organe des mittleren Keimblattes.

Die Entwicklung der Harn- und Geschlechtsorgane.

Trotz verschiedener Funktion gehören die Harn- und Geschlechtsorgane anatomisch zusammen, was sich daraus erklärt, daß sie aus demselben Keimblatte und in unmittelbarer Nachbarschaft voneinander entstehen und daß Teile der ursprünglichen Harnorgane zum Aufbaue des Geschlechtsapparates verwendet werden.

Die Entwicklung der Nieren und des Harnleiters.

Bei der Entwicklung der Harnorgane des Menschen und der Amnioten (Säugetiere, Vögel, Reptilien) treten zeitlich nacheinander und örtlich hintereinander drei Nierenarten auf: die Vorniere, Pronephros; die Urniere, WOLFFscher Körper, Mesonephros; die Nachniere oder bleibende Niere, Metanephros. Hierbei wird die Vorniere zuerst, jedoch nur im vorderen Rumpfabschnitte und nur rudimentär entwickelt, frühzeitig aber rückgebildet. Etwas später als die Vorniere beginnt sich die Urniere zu entwickeln, und zwar in dem caudal von der Vorniere befindlichen Rumpfabschnitte; auch sie bildet sich jedoch — bis auf Teile ihres caudalen Abschnittes — zurück. Während dieser Rückbildung tritt caudal von der Urniere die Nachniere auf. Zwischen dieser ontogenetischen Ausbildungsart der Niere bei den Amnioten und der Ausbildung der Niere bei den verschiedenen Klassen der

Wirbeltiere besteht ein — wenn auch nicht vollständiger — Parallelismus: Bei
den im zoologischen System tiefstehenden Wirbeltieren (Cyclostomen) dient als
Harnorgan nur eine Vorniere; bei den höher stehenden Wirbeltierklassen (Fische,
Amphibien) ist die Urniere das bleibende Harnorgan, die Vorniere ist es nur
während des Larvenlebens; bei den höchststehenden Wirbeltierklassen (Amnioten) werden Vor- und Urniere zwar — in verschiedenem Grade — angelegt,
bald aber rückgebildet und als bleibendes Harnorgan dient die Nachniere.

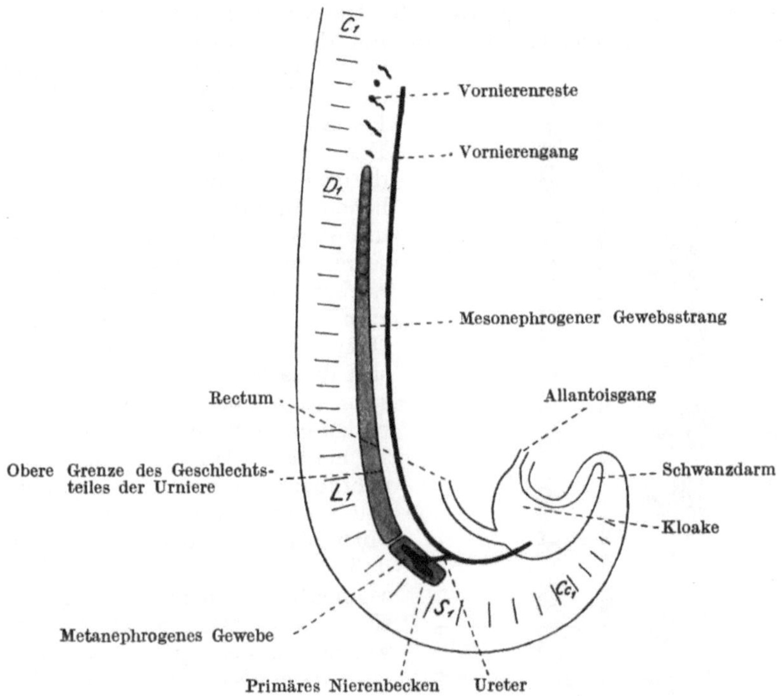

Abb. 92. Schematische Darstellung der Anlagebezirke der menschlichen Vor-, Ur- und Nachniere.
C₁, D₁, L₁, S₁, Cc₁ 1. Hals-, Brust-, Lenden-, Kreuz-, Steißsegment.

Jedes dieser drei Harnorgane besteht aus einem Drüsenkörper und aus
einem Ausführungsgange. Der Drüsenkörper ist die Vor-, Ur- und Nachniere im engeren Sinne; der Ausführungsgang der Vor- und Urniere ist der
primäre Harnleiter, Vor-, bzw. Urnierengang oder WOLFFscher Gang,
der Ausführungsgang der Nachniere ist der sekundäre Harnleiter, der
Ureter. Der Drüsenkörper besteht aus den Nierenkörperchen (MALPIGHIschen
Körperchen) — Vor-, Ur-, Nachnierenkörperchen — und aus den von diesen
Körperchen zum Ausführungsgange verlaufenden und in ihn mündenden Nieren-
oder Harnkanälchen. Ein Nierenkörperchen setzt sich zusammen aus einer
Nierenkammer (Vor-, Ur-, Nachnierenkammer) und aus dem in dieser Kammer
befindlichen Gefäßknäuel, Glomerulus (Vor-, Ur-, Nachnierenknäuel).
Eine Nierenkammer und das ihr zugehörige Nierenkanälchen zusammen stellt
ein Nephron dar. Bei der Ur- und Nachniere werden die Kammern als
Glomerulus- oder BOWMANsche Kapseln bezeichnet; sie liegen im Drüsenkörper selbst, während es bei der Vorniere sowohl innerhalb als auch außerhalb des Drüsenkörpers liegende Kammern und Knäuel (innere und äußere
Glomeruli) gibt. Die Funktion vollzieht sich derart, daß aus dem die Glomeruli

durchströmenden Blute Stoffe in die Nierenkanälchen und aus diesen in den (primären bzw. sekundären) Harnleiter gelangen.

Die Vor- und Urniere sowie der Harn bereitende Teil der Nachniere entstehen, wenn auch in kranio-caudal verschiedenen Körpergegenden, so doch aus demselben Mutterboden, nämlich aus den Mittelplatten (Ursegmentstielen) der Ursegmente (S. 26, 28, 30, Abb. 33, 34, 93). Man nennt daher die Mittelplatten auch Nephrotome, oder da sie auch in Beziehung zur Bildung der inneren Geschlechtsorgane stehen, Gononephrotome. Die Mittelplatten lösen sich sowohl von den Urwirbeln als auch von den Seitenplatten ab. Die von den Mittelplatten entstehenden Gebilde — Nieren, Keimdrüsen und deren Ausführungsgänge —

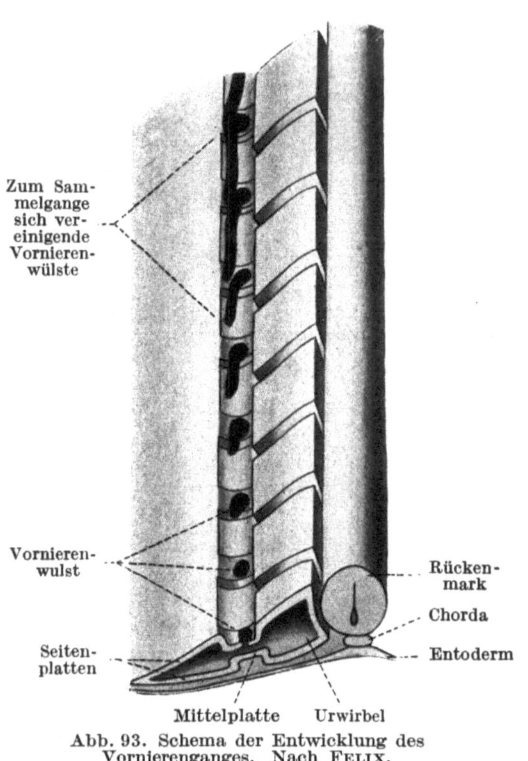

Abb. 93. Schema der Entwicklung des Vornierenganges. Nach Felix.

liegen daher außerhalb der von den Seitenplatten umwandeten Leibeshöhle, d. h. retroperitonaeal. Das Gebiet, innerhalb dessen sich die drei Nierenarten beim menschlichen Embryo ausbilden, kann kranialwärts bis zum 1. Halssegmente, also bis zur Kopfgegend, reichen; caudalwärts reicht es bis zum 5. Lendensegmente herab. Obzwar das Material, aus welchem sich diese Nieren bilden, den Ursegmenten, also segmentalen Gebilden entstammt, ist an ihm ein segmentaler Aufbau nicht wahrnehmbar. Vom 6. Halssegmente caudalwärts liegen nämlich die Mittelplatten so dicht beisammen, daß sie eine bis zum 5. Lendensegmente reichende unsegmentierte Gewebsmasse darstellen, welche man als nephrogenes Gewebe oder als nephrogenen Gewebsstrang bezeichnet (Abb. 92). Kranialwärts vom 6. Halssegmente wäre eine segmentale Gliederung erkennbar, wenn jedes dieser Segmente Vornierenabschnitte liefern würde, was aber nicht der Fall

ist. Aus dem nephrogenen Gewebe entstehen die Nephrone der Ur- und der Nachniere, und zwar jene der Urniere aus dem vom 6. Hals- bis zum 3. Lendensegmente, jene der Nachniere aus dem von dem 3. bis zum 5. Lendensegmente reichenden Abschnitte des nephrogenen Gewebes. Man bezeichnet daher diese beiden Abschnitte als meso-, bzw. als metanephrogenes Gewebe.

Die Vorniere wird beim Menschen wahrscheinlich nicht bei jedem Embryo, jedenfalls aber nur derart unvollkommen angelegt, daß sie keine Funktion auszuüben vermag. Diese rudimentären Anlagen finden sich — jedoch nur an einzelnen Segmenten — zumeist in dem Gebiete zwischen dem 6. Halsbis zum 2. Brustsegmente vor, können jedoch auch bis zum 1. Hals- bzw. bis zum 3. Brustsegmente reichen. Sie stellen teils kleine äußere Vornierenkörperchen (Ausfaltungen der dorsalen Leibeshöhlenwand mit einem Gefäßknäuel), teils rudimentäre Vornierenkanälchen, manchmal mit inneren Vornierenkörperchen, dar. Die Kanälchen entstehen aus leistenartigen Verdickungen des seitlichen Blattes der Mittelplatten. Diese Verdickungen bilden sich an den Mittelplatten der unteren Hals- und der ihnen caudalwärts folgenden Segmente stärker aus und stellen hier Wülste dar, welche als Vornierenwülste bezeichnet werden (Abb. 93, untere Hälfte). Hat ein solcher Wulst eine bestimmte Größe erreicht, so biegt er caudalwärts um und verschmilzt infolgedessen mit dem caudal von ihm gelegenen Wulste (Abb. 93, obere Hälfte). So entsteht allmählich durch die Vereinigung der umgebogenen Abschnitte der Vornierenwülste ein Epithelstrang, der caudalwärts in die Länge wächst. Er erhält dann eine Lichtung, wird also zu einem Epithelrohre gestaltet. Dieses Rohr ist der Vornierengang. Da dieser Gang caudalwärts weiterwächst, gelangt er in das Gebiet der Urniere und die Urnierenkanälchen münden in ihn ein. Der Vornierengang ist also auch der Ausführungsgang der Urniere, der Urnierengang oder WOLFFsche Gang. In der Höhe des 5. Lendensegmentes biegt er ventralwärts um, gelangt dadurch an die Seitenwand der Kloake, dringt bei etwa 6 mm langen Embryonen in diese Wand ein und mündet infolgedessen in die Kloake (Abb. 92, 55, 64, 66).

Die an sich schon rudimentären Vornierenkörperchen und Vornierenkanälchen beginnen sich bei 5 mm langen Embryonen rückzubilden und bleiben — wenn überhaupt — nur in Resten erhalten. Der Vornierengang dagegen tritt in den Dienst der Urniere.

Die Urniere (Mesonephros, WOLFFscher Körper) beginnt sich bereits bei 2,5 mm langen Embryonen zu entwickeln, und zwar mit ihrem kranialen Abschnitte. Die Entwicklung schreitet dann caudalwärts fort. Sie besteht darin, daß der mesonephrogene Gewebsstrang in eine große Zahl von soliden, kugeligen Zellhaufen — Urnierenkugeln (Abb. 94a) — zerfällt, welche alsbald eine Lichtung erhalten und daher als Urnierenbläschen bezeichnet werden. Von jedem dieser Bläschen wächst dann ein Epithelsproß auf den dorso-lateral gelegenen Urnierengang zu (Abb. 94b). Dieser

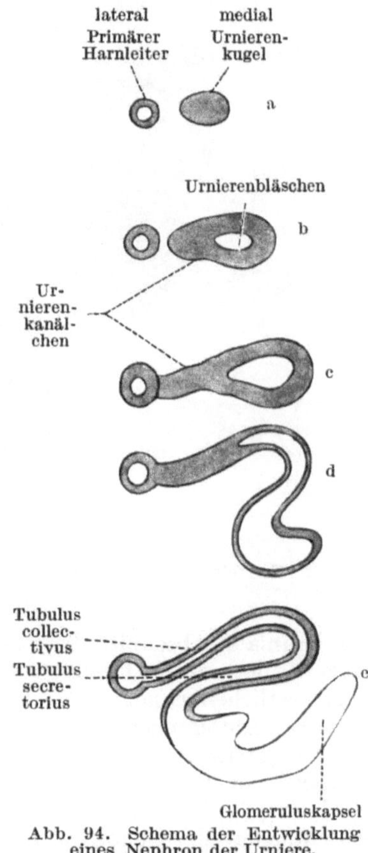

Abb. 94. Schema der Entwicklung eines Nephron der Urniere. Nach FELIX.

Sproß wächst in die Länge und schlängelt sich; gleichzeitig erhält er eine Lichtung, wird also ein Kanälchen, das in den Urnierengang einmündet (Abb. 94 c—e): Urnierenkanälchen. Man kann an ihm zwei Abschnitte unterscheiden, den Tubulus secretorius und den Tubulus collectivus (Abb. 94e). Das Urnierenbläschen selbst vergrößert sich und nimmt die Form eines doppelwandigen Löffels an (Abb. 94e). In die Höhlung des Löffels dringt ein Zweig der Aorta ein, um dort einen Gefäßknäuel zu bilden. Das Urnierenbläschen bildet also eine Kapsel um diesen Knäuel, die Glomeruluskapsel (BOWMANsche Kapsel). Sie und der Gefäßknäuel stellen ein Urnierenkörperchen, dieses und das Urnierenkanälchen ein Nephron der Urniere dar. Die Nephrone setzen den Drüsenkörper der Urniere zusammen. Dieser Drüsenkörper wird durch die Zunahme und durch das Wachstum der Nephrone immer größer, so daß er die dorsale Wand der Leibeshöhle stark vorwölbt (Abb. 95). Diese Vorwölbung wird als Urnierenfalte,

Plica mesonephridica bezeichnet. In ihr liegen medial die Urnierenkörperchen, lateral die Windungen der Urnierenkanälchen, welche in den lateral an der Urniere vorbeiziehenden Urnierengang einmünden; dorsal, bzw. lateral von diesem Gange liegt die Vena cardinalis posterior s. caudalis (Abb. 95).

Während der caudale Abschnitt des Drüsenkörpers der Urniere noch in seiner Ausbildung begriffen ist, beginnt sich (bei 5 mm langen Embryonen)

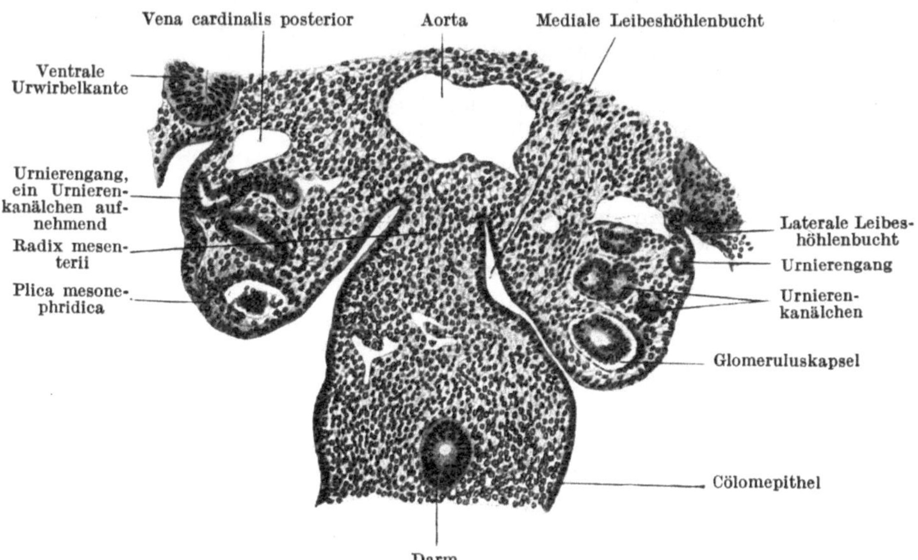

Abb. 95. Teil eines Querschnittes durch den Rumpf eines 6 mm langen menschlichen Embryo. 86fache Vergrößerung.

der kraniale Abschnitt bereits rückzubilden. Diese Rückbildung umfaßt etwa $^5/_6$ der ganzen Urniere und reicht bis zum 1. Lendensegmente herab. An dem restlichen caudalen Endabschnitte des Drüsenkörpers der Urniere kann man zwei Abteilungen unterscheiden, eine kraniale und eine caudale. Die kraniale Abteilung tritt zu den Keimdrüsen in Beziehung, die caudale bildet sich bei jenen Wirbeltieren, bei welchen die Urniere zeitlebens erhalten bleibt, welche also keine Nachniere besitzen, zur bleibenden Urniere aus. Man kann daher diese beiden Abteilungen als Geschlechts- und als Drüsenabschnitt der Urniere bezeichnen. Bei den Amnioten und beim Menschen liefert der Drüsenabschnitt nur rudimentäre Gebilde, das Paroophoron beim Weibe und die Paradidymis beim Manne. In dem in der Abb. 96a und c dargestellten Schema wird daher dieser Abschnitt als Paragenitalis bezeichnet. Der Geschlechtsabschnitt liefert beim Weibe die Querkanälchen des Epoophoron, beim Manne die Ductuli efferentes des Caput epididymidis, er ist daher in der Abb. 96a und c als Epigenitalis bezeichnet. Der Urnierengang wird bei beiden Geschlechtern in seinem kranialen, bis zur Epigenitalis reichenden Abschnitte rückgebildet. Das Schicksal des caudal folgenden Abschnittes ist bei den beiden Geschlechtern ein verschiedenes. Beim Weibe erhält sich nur das der Epigenitalis entsprechende Stück des Ganges, um den Längskanal des Epoophoron zu bilden. Abnormerweise können sich ferner Reste des Ganges im Bindegewebe an der Seite des Uterus und der Vagina erhalten. Sie werden als GARTNERsche Gänge bezeichnet. Beim Manne erhält sich von der Epigenitalis ab der ganze caudale Abschnitt des Ganges und wird zum Ductus epididymidis, Ductus deferens und Ductus ejaculatorius; vom Ductus deferens aus entsteht die Samenblase. Das kraniale Ende des Epigenitalisabschnittes des Ganges kann eine Appendix epididymidis bilden. — Bei beiden Geschlechtern entsteht vom caudalen Endabschnitte des Urnierenganges die Nierenknospe, d. h. die Anlage der Nachniere.

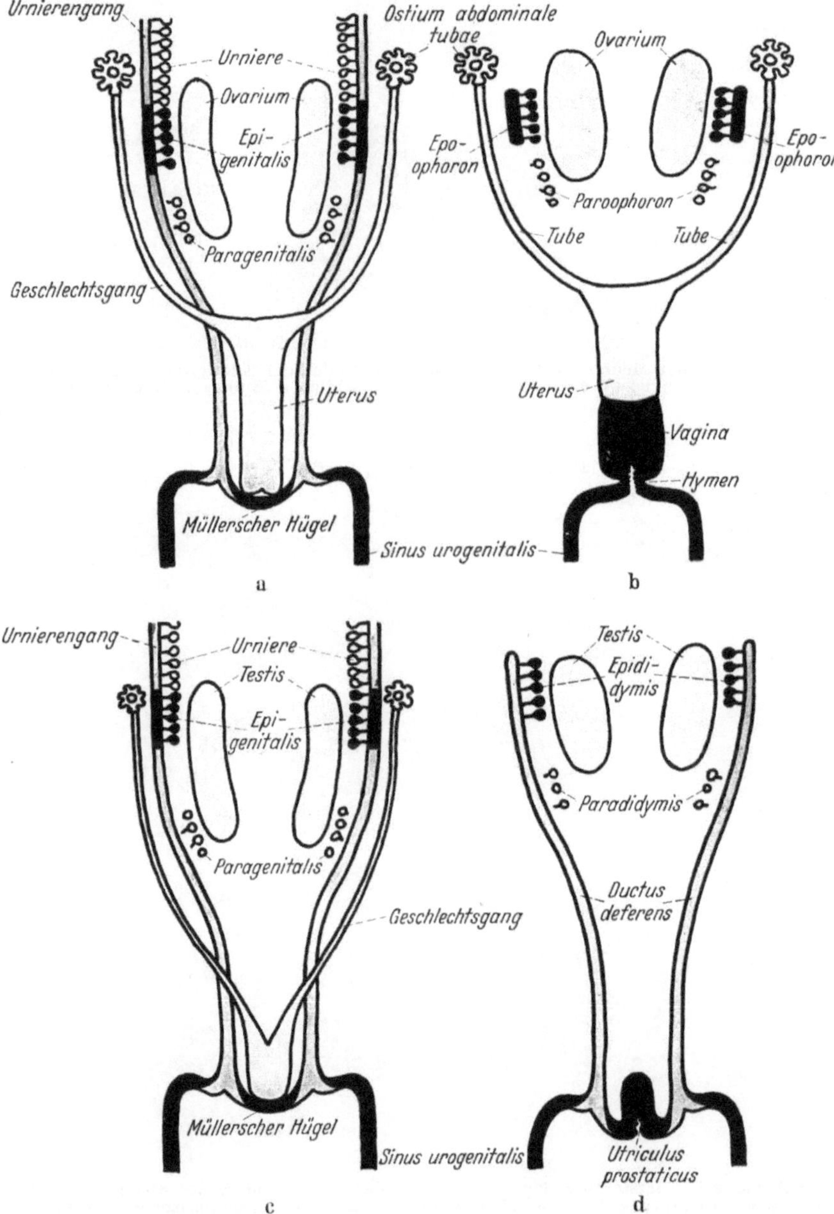

Abb. 96. Schematische Darstellung der Entwicklung der inneren Geschlechtsorgane beim Weibe (a, b) und beim Manne (c, d). Frühe Stadien: a und c; späte Stadien: b und d. Der kraniale Teil der Urniere (in a und c) ist nicht mit dargestellt.

Die Nachniere (Metanephros) entsteht aus dem metanephrogenen Gewebe und aus einer Ausstülpung des Urnierenganges, aus der sog. Nierenknospe. Das metanephrogene Gewebe liefert die Nephrone, also die harnbereitenden

Teile der Nachniere; von der Nierenknospe entstehen die ableitenden Kanälchen, also die Sammelröhren und die Ductus papillares; ferner das Nierenbecken und der Ureter.

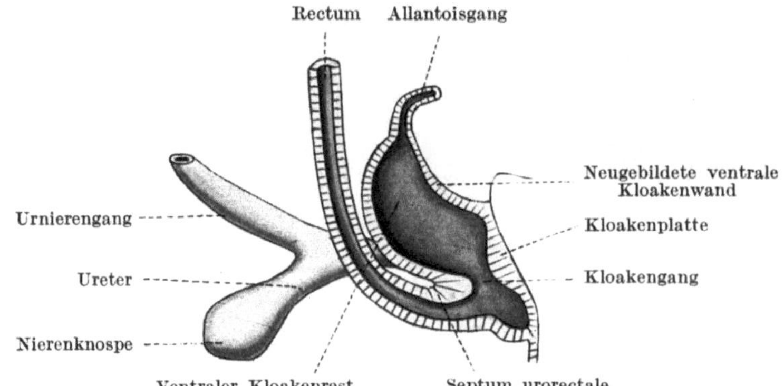

Abb. 97. In der sagittalen Medianebene durchschnittenes Modell des Enddarmes, des Urnierenganges und der Nierenknospe eines 7 mm langen menschlichen Embryo. Nach FELIX.

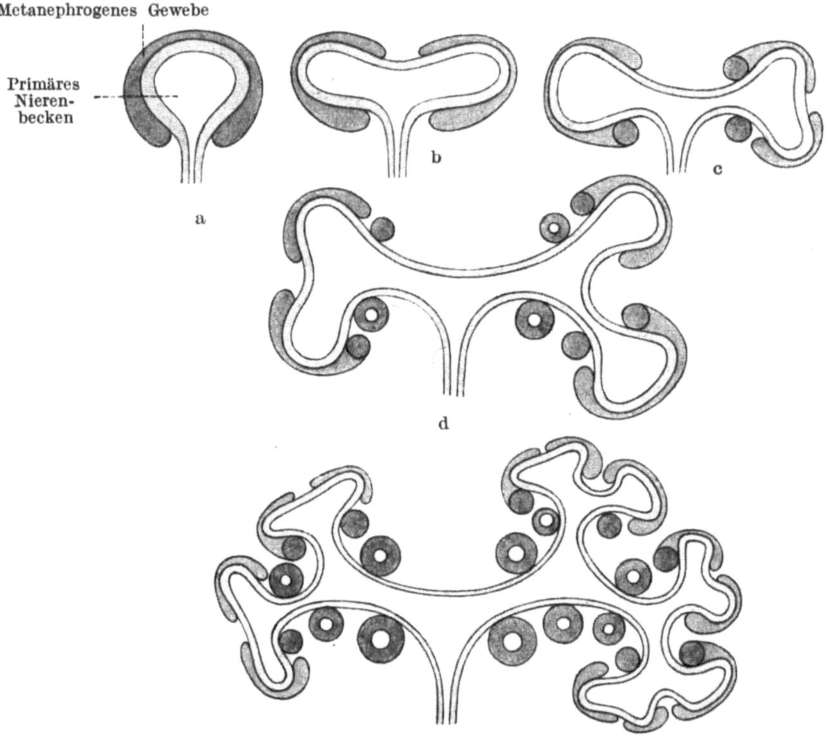

Abb. 98. Schematische Darstellung der Entwicklung der Nierenkelche, der ersten Sammelröhren und der Abschnürung der Nachnierenbläschen aus dem metanephrogenen Gewebe. Nach SCHREINER.

Die Nierenknospe (Ureter-, Nierengangknospe) entsteht bei 4,5 mm langen Embryonen als eine Ausstülpung der dorsalen Wand des Urnierenganges in der Höhe der unteren Lendensegmente, dort, wo der Urnierengang ventralwärts umbiegt (Abb. 92, 97). Sie wächst zuerst in dorsaler Richtung, biegt dann kranialwärts um und erweitert sich an ihrem kranialen Ende (Abb. 97). Dieses erweiterte Ende stellt das primäre Nierenbecken dar, der Rest bildet den sekundären Harnleiter, den Ureter. Bei ihrem dorso-kranialen Vorwachsen muß die Nierenknospe auf das metanephrogene Gewebe stoßen (Abb. 92, 98a), das dann eine Kappe um die Nierenknospe bildet. Das primäre Nierenbecken gliedert sich bei seinem Wachstum zunächst in mehrere Abteilungen (Abb. 98b, c, d), nämlich in eine kraniale, eine caudale Polröhre (Abb. 92, 98) und 1—4 von der Mitte des Beckens in dorsaler und ventraler Richtung ausgehende Zentralröhren. Aus diesen Röhren entstehen die großen Nierenkelche des bleibenden Nierenbeckens. Durch Längenwachstum und gleichzeitig durch fortschreitende Gliederung (vgl. Abb. 98d, e) entstehen dann aus diesen Röhren die kleinen Nierenkelche, die Ductus papillares und die Sammelröhren der Niere. Die das primäre Nierenbecken ursprünglich einheitlich überziehende metanephrogene Gewebskappe (Abb. 98a) wird diesen Teilungen entsprechend in immer kleinere Kappen zerlegt, welche den blinden Enden der Nierenkelche, bzw. der Sammelröhren aufsitzen (Abb. 98b—e). Diese Kappen zerfallen selbst wieder in eine Anzahl von zunächst soliden, kugeligen Zellhaufen — Nachnierenkugeln, welche dann eine Lichtung erhalten und als Nachnierenbläschen bezeichnet werden (Abb. 98c—e). Aus ihnen entwickeln sich die Nephrone der Nachniere (Glomeruluskapseln, HENLEsche Schleifen und Schaltstücke) im wesentlichen in der gleichen Weise wie sich die Nephrone der Urniere aus den Urnierenbläschen entwickeln (Abb. 94). Die Schaltstücke der Nephrone brechen in die vom Nierenbecken aus entstandenen Sammelröhren durch, so daß nunmehr die in den harnbereitenden Kanälchen vorhandene Flüssigkeit durch die Sammelröhren in das Nierenbecken und von dort in die Harnblase abfließen kann.

Die Entwicklung der Harnblase, der primären Harnröhre und des Sinus urogenitalis.

Bald nach der Anlage der Nierenknospe tritt in der kranialen Wand der Kloake eine Einschnürung auf, welche in caudaler Richtung, also gegen die in ihrem ventralen Abschnitte zur „Kloakenplatte" verdickte Kloakenmembran fortschreitet. Dadurch wird die Kloake allmählich in eine dorsale und in eine ventrale Abteilung zerteilt (Abb. 97, 100, 55, 66). Diese beiden Abteilungen kommunizieren miteinander durch den allmählich immer enger werdenden Kloakengang (Abb. 97). Die dorsale, engere Abteilung ist das Rectum, die ventrale Abteilung, der ventrale Kloakenrest, in welche der Urnierengang einmündet (Abb. 92, 97, 66, 55), wird zur Bildung des Urogenitalapparates herangezogen. Die Scheidewand, durch welche die Kloake in diese beiden Abteilungen geteilt wird, wird als Septum urorectale bezeichnet. Aus dem kranialen Abschnitte des ventralen Kloakenrestes entsteht das Epithel der Harnblase und der primären Harnröhre, d. h. jenes Teiles der Harnröhre, welches bis zur Einmündungsstelle der Urnierengänge (S. 113) reicht — beim Weibe die ganze Harnröhre, beim Manne die Pars prostatica urethrae bis zur Einmündungsstelle der Ductus ejaculatorii; der caudale Abschnitt des ventralen Kloakenrestes wird als Sinus urogenitalis (Abb. 99) bezeichnet. Aus ihm entsteht beim Weibe das Epithel am Grunde des Vestibulum vaginae und das Epithel der Vagina, beim Manne das Epithel des unterhalb der Einmündungsstelle der Ductus ejaculatorii befindlichen Abschnittes der Pars prostatica, des Utriculus prostaticus und der Pars membranacea urethrae.

Der Urnierengang und der sekundäre Harnleiter münden ursprünglich mittels eines gemeinsamen Abflußrohres (Abb. 97) — des caudalen Endstückes des

Urnierenganges — in den Sinus urogenitalis. Durch eine caudalwärts fortschreitende Einschnürung werden dann Ureter und Urnierengang voneinander getrennt, so daß sie mit gesonderten, aber dicht nebeneinander befindlichen Öffnungen im Sinus urogenitalis einmünden. Infolge ungleichen Wachstums der einzelnen Wandabschnitte des Sinus vergrößert sich später der zwischen den Einmündungstellen der Ureteren und der Urnierengänge befindliche Wandabschnitt derart, daß die Ureterenmündungen kranial und lateral von den Mündungen der Urnierengänge zu liegen kommen (Abb. 100), daß ferner die beiden Uretermündungen viel weiter voneinander entfernt sind als die dicht beieinander liegenden Mündungsstellen der beiden Urnierengänge. So bildet sich zwischen diesen vier Mündungsstellen ein Dreieck aus, aus welchem der Harnblasengrund mit dem Harnblasendreieck (Trigonum vesicae) entsteht. — Vom Scheitel der Harnblasenanlage geht der Allantoisgang aus (Abb. 97, 54, 55, 66). Am Anfange des 2. Fetalmonates beginnt seine Lichtung zu schwinden und der Gang wird schließlich in einen soliden Epithelstrang, in den Allantoisstrang, Harnstrang oder Urachus, umgewandelt. Dieser bildet sich stellenweise, dann vollständig zurück. Das den Strang umhüllende Bindegewebe erhält sich als Ligamentum umbilicale medium.

Die Entwicklung der Geschlechtsorgane.

Die Anlage der inneren und der äußeren Geschlechtsorgane ist bei beiden Geschlechtern ihrem Aussehen nach die gleiche. Erst später treten die Geschlechtsunterschiede auf. Nur der Chromosomenbestand der Kerne der Geschlechtszellen ist von vornherein ein verschiedener. Diese Geschlechtszellen sind bereits in frühen Entwicklungsstadien — als „Urgeschlechts"-, „Urkeim"- oder „Keimzellen" (S. 2) — von den übrigen Zellen des Körpers — den „Körperzellen" — verschieden. Sie geraten in die dorsale Wand des Hinterdarmes, aus welcher sie an jene Stelle der Leibeshöhlenwand auswandern, an welcher sich die Keimdrüse anlegt. Sie bestimmen dann wesentlich die Ausbildung der geschlechtlichen Unterschiede in der ursprünglich beiden Geschlechtern gemeinsamen, „indifferenten" Anlage der Geschlechtsorgane.

Die Anlage der Keimdrüse tritt als eine Verdickung des Epithels der Leibeshöhlenwand (des Cölomepithels, des späteren Peritonaealendothels) medial von der Urnierenfalte auf. Die Zellen des unter diesem Epithel befindlichen embryonalen Bindegewebes vermehren sich lebhaft, so daß diese Stelle der Leibeshöhlenwand als Falte oder Leiste in die Leibeshöhle vortritt: Keimdrüsenfalte, -leiste, Plica genitalis. Zusammen mit der unmittelbar lateral von ihr befindlichen Urnierenfalte bildet sie die Urnierengeschlechtsfalte, Plica urogenitalis. Im Bindegewebe der Plica genitalis treten aus epithelzellenähnlichen Elementen bestehende Stränge auf, die Keimstränge. Das die Oberfläche der Keimdrüsenanlage bekleidende Epithel der Leibeshöhle ist das Keimdrüsenepithel oder Oberflächenepithel der Keimdrüse. In die Keimstränge und zum Teil auch in das Keimdrüsenepithel wandern die Urgeschlechtszellen ein. Aus dieser „indifferenten" Anlage entwickelt sich vom Anfange des 2. Fetalmonates an der Hode derart, daß sich die Keimstränge in Hodenkanälchen, die in ihnen vorhandenen Urgeschlechtszellen in Spermiogonien, die übrigen Zellen in die SERTOLIschen Zellen umwandeln. Der Eierstock dagegen entsteht dadurch, daß die Keimstränge in eine große Zahl von kugeligen Zellhaufen zerfallen. Diese Zellhaufen bestehen aus einer (manchmal auch mehr als einer) zentral gelegenen Urgeschlechtszelle, die von einer aus Keimstrangzellen gebildeten Hülle umgeben ist. Diese Zellhaufen sind die Primärfollikel des Eierstockes (S. 6). Aus dem zwischen den Keimsträngen befindlichen embryonalen Bindegewebe entstehen beim Hoden die Septula testis und die Zwischenzellen, beim Eierstocke das Stroma ovarii. — Die Anlage der Keimdrüse erstreckt sich in kranio-caudaler Richtung über ein großes Gebiet, doch verschiebt sie sich später in caudaler Richtung.

Zwischen der Keimdrüsenanlage und der lateral von ihr liegenden Urniere bildet sich bei beiden Geschlechtern eine Verbindung aus, die sog. Urogenitalverbindung. Beim Manne verbinden sich die erhalten bleibenden Kanälchen des epigenitalen Abschnittes der Urniere (Abb. 96, Epigenitalis) mit den Hodenkanälchen und vermitteln so als Ductuli efferentes den Übertritt des Samens aus den Hodenkanälchen in den Ductus epididymidis. Beim Weibe besteht die Urogenitalverbindung lediglich in einer innigen Lagebeziehung zwischen der

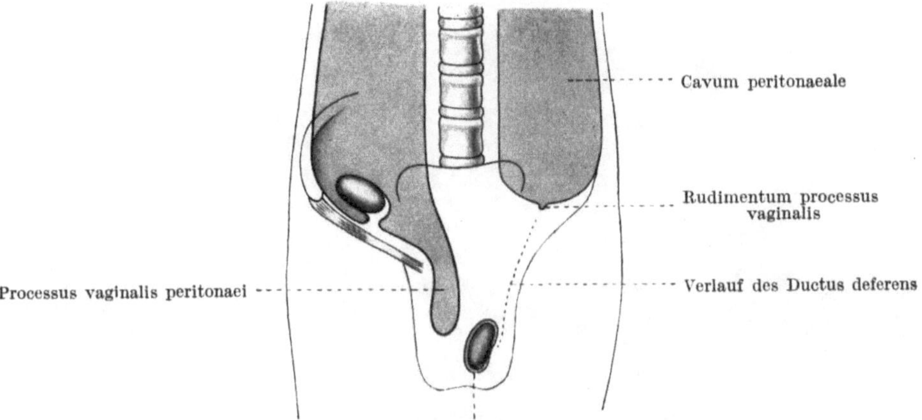

Abb. 99. Schematische Darstellung der Entstehung der Tunica vaginalis propria testis und des Rudimentum processus vaginalis peritonaei. Links der Hoden noch an der ventralen Bauchwand liegend, rechts in den Hodensack herabgestiegen.

Keimdrüse und dem epigenitalen Abschnitt der Urniere. Aus diesem Abschnitte und aus dem ihm entsprechenden Teile des Urnierenganges entsteht das Epoophoron.

Bei beiden Geschlechtern liegen die Keimdrüsen ursprünglich an der dorsalen Wand der Leibeshöhle und zwar so, daß ihre Längsachse parallel mit der Achse der Wirbelsäule verläuft (Abb. 96). Diese Lage ändert sich später. Zu Ende des 2. Fetalmonates rückt der Hode caudalwärts, bis er im 3. Monate an die der inneren Öffnung des Leistenkanales entsprechende Stelle der ventralen Bauchwand gelangt (Abb. 99, im Bilde links). Hier bleibt er bis zum 7. Monate liegen, dringt dann in den Leistenkanal ein und gelangt noch vor der Geburt in den Hodensack (Abb. 99, rechte Bildhälfte). Als Leitgebilde für diese Bewegung scheint ein vom caudalen Pole des Hodens in den Hodensack absteigender Bindegewebsstrang — Gubernaculum testis — zu dienen. Er quillt bei männlichen Embryonen stark auf und verwandelt sich in eine weiche schleimige Masse, in welche der Hode hinabgleitet. Bei diesem Abstiege (Descensus testis) befindet sich der Hode stets retroperitonaeal. Er ist von einer Aussackung des Peritonaeum umhüllt (Abb. 99). Das Peritonaeum setzt sich ursprünglich mittels des Processus vaginalis peritonaei durch den Leistenkanal in den Hodensack fort (Abb. 99, linke Bildhälfte). Nach dem Abstiege des Hodens in den Hodensack bildet sich der im Leistenkanale befindliche Abschnitt des Processus vaginalis zurück. Der im Hodensacke verbleibende

Abschnitt ist daher gegen die Peritonaealhöhle zu abgeschlossen und bildet jetzt die Tunica vaginalis propria testis (Abb. 99, rechte Bildhälfte). Als Rest des Processus vaginalis peritonaei kann sich ein kleiner, in den Leistenkanal eindringender Fortsatz erhalten (Rudimentum processus vaginalis). Beim Weibe wird nur dieser Fortsatz ausgebildet — Diverticulum Nucki. Entsprechend dieser Stellungsänderung des Hodens ändert sich auch die Verlaufsrichtung des Ductus deferens, der nunmehr aus dem Hodensacke durch den Leistenkanal in die Bauchhöhle eintritt, während er früher nur in der Bauchhöhle gelegen war. — Im Gegensatze zum Hoden gibt es beim Eierstocke keinen Abstieg, wohl aber eine Drehung um 90° in dem Sinne, daß der ursprünglich kraniale Pol des

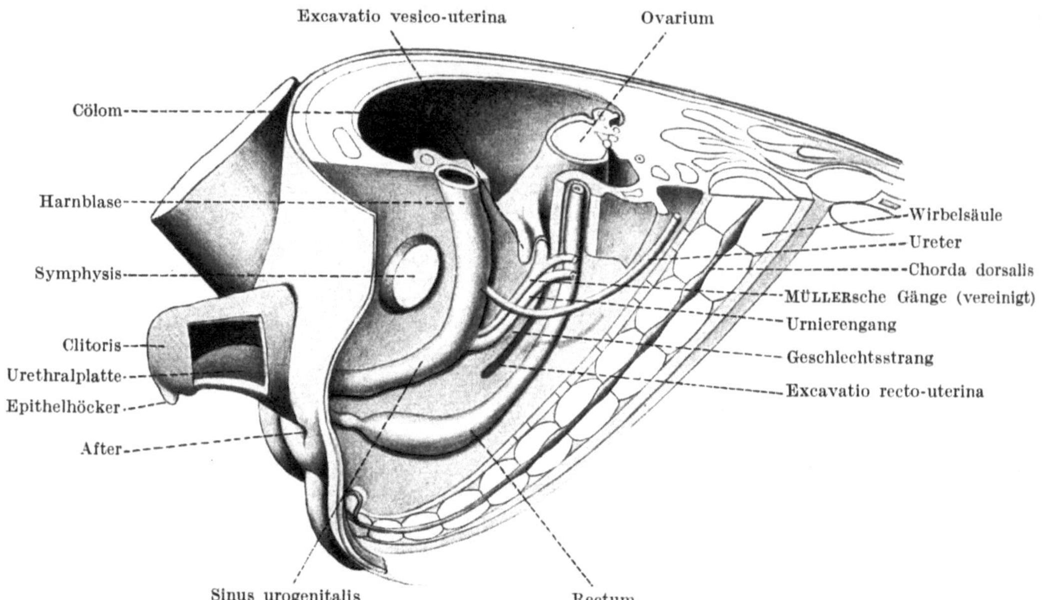

Abb. 100. Modell der Beckenorgane eines weiblichen Embryo von 25 mm Nacken-Steißlänge. 36fache Vergrößerung. Nach KEIBEL.

Eierstockes lateral- und caudalwärts rückt, während der caudale Pol an Ort und Stelle verbleibt, daher jetzt medial von dem früheren kranialen, jetzt lateralen Pole liegt. Der Eierstock stellt sich also quer ein. Der Ableitungsweg des Eierstockes, der MÜLLERsche Gang, d. h. der spätere Eileiter, muß diese Bewegung mitmachen, so daß auch er sich quer einstellt.

Als Ableitungsweg für die Keimdrüse entwickelt sich bei beiden Geschlechtern ein epitheliales Rohr, der Geschlechtsgang oder MÜLLERsche Gang. Er bleibt jedoch nur beim weiblichen Geschlechte erhalten. Der Geschlechtsgang wird am Anfange des 2. Monates in der Höhe des 3. Brustsegmentes als eine lateral vom Urnierengange auftretende Verdickung des Cölomepithels angelegt. Aus dieser Verdickung entsteht ein Trichter, der sich in einen lateral vom Urnierengange caudalwärts weiter wachsenden Epithelgang fortsetzt. Der MÜLLERsche Gang tritt dann in der Höhe des Beckeneinganges von der lateralen auf die mediale Seite des Urnierenganges (Abb. 96 a und c). Beide Geschlechtsgänge verlaufen von da ab dicht nebeneinander zwischen den jetzt lateral von ihnen gelegenen Urnierengängen. Der Bindegewebsstrang, in welchem diese vier Gänge eingeschlossen sind, wird als Geschlechtsstrang, Tractus genitalis, bezeichnet. Er liegt zwischen der Anlage der Harnblase und dem Rectum. Beim Manne verwächst er mit der Hinterwand der Harnblase, so daß sich beim Manne nur eine Excavatio vesicorectalis im Becken vorfindet. Beim Weibe bleibt der Geschlechtsstrang erhalten, die Bucht vor ihm ist die Excavatio vesicouterina, die Bucht hinter ihm die Excavatio rectouterina (Abb. 100). — Die beiden in der Mitte des Geschlechtsstranges dicht nebeneinander liegenden Geschlechtsgänge vereinigen sich hierauf beim Manne mit ihren caudalen Abschnitten, beim Weibe zur Gänze miteinander zu einem Epithelrohre (Abb. 100). Das caudale Ende dieses Epithelrohres liegt in einer Bindegewebsmasse, die als MÜLLERscher Hügel die Wand des Sinus urogenitalis vorstülpt. Auf der Kuppe dieses Hügels münden zu beiden Seiten die Urnierengänge in den Sinus urogenitalis ein. Diese Endabschnitte der Urnierengänge stellen beim Manne die Ductus ejaculatorii dar, beim Weibe bilden sich die Urnierengänge und der MÜLLERsche Hügel zurück (Abb. 96).

Die Schicksale der Geschlechtsgänge sind bei den beiden Geschlechtern verschiedene. Beim Weibe (vgl. Abb. 96a und b, 100) entwickeln sich aus den kranialen, quer verlaufenden Abschnitten der beiden Geschlechtsgänge die Eileiter, während aus ihren caudalen miteinander im Geschlechtsstrange vereinigten Abschnitten der Uterus entsteht. Beim Manne (Abb. 96c und d) bilden sich die Geschlechtsgänge fast ganz zurück. Nur das kraniale Endstück des Geschlechtsganges kann sich als Appendix testis erhalten. Der MÜLLERsche Hügel wird zum Colliculus seminalis.

Zwischen dem caudalen Ende der zu einem Epithelrohre vereinigten MÜLLERschen Gänge und dem Sinus urogenitalis bildet sich durch Zurückweichen dieses Epithelrohres ein Zwischenraum aus. In diesen Raum wuchert das Epithel des Sinus urogenitalis ein und bildet hier eine solide Epithelplatte. Diese „Sinusepithelplatte" ist beim Weibe viel größer als beim Manne (Abb. 96b). Sie liefert das Epithel der Vagina und kann daher auch als „Vaginalplatte" bezeichnet werden. Die Lichtung der Vagina entsteht in ihr dadurch, daß die zentralen Zellen der Platte zugrunde gehen (Abb. 96b). Das caudale Ende der Vaginalplatte schwillt in der 2. Hälfte der Schwangerschaft kolbig an, und es entsteht zwischen diesem Ende und dem Sinus urogenitalis ein Spaltraum, der durch einwucherndes Bindegewebe ausgefüllt wird. Dieses Bindegewebe samt seinen beiden der Vaginalplatte bzw. dem Sinus urogenitalis zugekehrten von Epithel bekleideten Flächen stellt das Hymen dar (Abb. 96b).

Auch beim Manne entsteht eine der Vaginalplatte homologe Wucherung des Epithels des Sinus urogenitalis. Sie ist aber viel kleiner als beim Weibe und erhält eine zentrale Lichtung. Aus ihr entsteht der Utriculus prostaticus, der also der Vagina entspricht (Abb. 96c, d).

Wie die inneren, so entwickeln sich auch die äußeren Geschlechtsorgane aus einer beiden Geschlechtern gemeinsamen, „indifferenten" Anlage (Abb. 101). Die Sonderung in die beiden Geschlechter erfolgt erst zu Anfang des 3. Fetalmonates. Die Bildung der „indifferenten" Anlage beginnt im Anfange des 2. Monates mit einer Wucherung des embryonalen Bindegewebes in der Mitte des caudalen Abschnittes der vorderen Bauchwand, wodurch hier ein Höcker, der Geschlechtshöcker, Phallus, entsteht. Frühzeitig kann man an ihm eine Glans und ein Corpus phalli unterscheiden; an seiner Spitze befindet sich eine später zerfallende Epithelwucherung, der „Epithelhöcker" (Abb. 100, 101). An seiner Basis wird der Geschlechtshöcker von zwei Wülsten umgeben, den Geschlechtswülsten, Tori genitales. An seiner unteren (caudalen) Fläche bilden sich zwei Falten aus, die Geschlechtsfalten, Plicae genitales. Die zwischen ihnen befindliche Rinne ist die Urogenitalrinne, Sulcus urogenitalis. Im Inneren des Geschlechtshöckers befindet sich der Endabschnitt des Sinus urogenitalis, die Pars phallica sinus urogenitalis. Ihre untere, den

Boden des Sulcus urogenitalis bildende Wand ist eine dicke Epithelplatte, die
Urethralplatte (Abb. 100). Sie reißt bei etwa 16 mm langen Embryonen
durch, so daß die Urogenitalrinne in die Urogenitalspalte, Fissura urogenitalis, in das Ostium urogenitale primitivum umgewandelt wird.

Beim Weibe entsteht aus dem Geschlechtshöcker die Clitoris; die Geschlechtsfalten wachsen zu den kleinen, die Geschlechtswülste zu den großen
Schamlippen aus; der Sulcus urogenitalis wird zum Vestibulum vaginae. Beim
Manne wächst der Geschlechtshöcker stärker als beim Weibe und liefert —
zusammen mit dem Corpus cavernosum urethrae — den Penis. Die beiden
Geschlechtswülste rücken unter dem Penis zusammen und bilden den Hodensack.

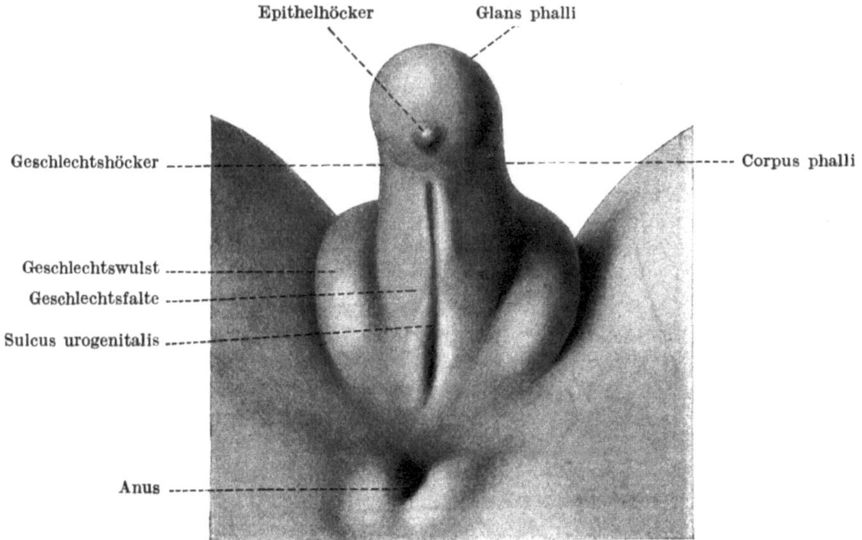

Abb. 101. Modell der äußeren Geschlechtsorgane eines menschlichen Embryo von 45 mm Scheitel-
Steißlänge. 75fache Vergrößerung.

Die Geschlechtsfalten verwachsen mit ihren freien Rändern in der Richtung
von der Wurzel zur Spitze des Geschlechtshöckers. Dadurch wird das Ostium
urogenitale primitivum abgeschlossen und in einen Kanal — in die Pars cavernosa urethrae — umgewandelt. Nur die vordersten Abschnitte der Geschlechtsfalten vereinigen sich nicht miteinander, so daß hier ein Rest des Ostium
urogenitale primitivum erhalten bleibt, der das Orificium urethrae externum
darstellt. Aus dem Bindegewebe der miteinander vereinigten Geschlechtsfalten entsteht das Corpus cavernosum urethrae, aus dem Bindegewebe des
Geschlechtshöckers das Corpus cavernosum penis.

Die Prostatadrüsen des Mannes, die Urethraldrüsen des Weibes und
die Drüsen des Sinus urogenitalis (Glandulae bulbourethrales und urethrales
des Mannes, Glandulae vestibulares majores und minores des Weibes) entstehen
aus Epithelausstülpungen an den betreffenden Stellen der primären Harnröhre,
bzw. des Sinus urogenitalis.

Die Entwicklung der Nebenniere.

Die beiden histologisch und physiologisch voneinander verschiedenen Bestandteile der Nebenniere — Rinde und Mark — besitzen auch eine verschiedene
Herkunft. Bei niederen Wirbeltieren (Rundmäulern und Fischen) bleiben sie

zeitlebens als Interrenal- und Suprarenalorgan voneinander getrennt. Die Anlage der Rinde bilden Epithelwucherungen, welche bei etwa 7—8 mm langen Embryonen in der Lendengegend an der dorsalen Wand der Leibeshöhle zu beiden Seiten des dorsalen Mesenterium auftreten. Aus ihnen entstehen später die einzelnen Schichten der Nebennierenrinde. Das Mark entstammt dem Sympathicus. Aus den der Rindenanlage der Nebenniere benachbarten Ganglien des Grenzstranges des Sympathicus wandern Sympathico- und Chromaffinoblasten (s. S. 86) zur medialen Seite der Rindenanlage, treten hierauf in diese selbst ein, um schließlich in der Mitte der Rindenanlage liegen zu bleiben und dort die sympathischen und chromaffinen Zellen des Markes zu bilden.

Die Entwicklung der Milz.

Zu Ende des 1. Fetalmonates beginnen sich die Mesodermzellen im lateralen Abschnitte der Curvatura major des Magens (in der dorsalen Wand der Bursa omentalis) zu vermehren. Zahlreiche Blutgefäße treten in diese verdichtete Zellmasse ein, welche sich in Milzgewebe differenziert. Die Milzkörper entstehen in ihr in der zweiten Hälfte des Fetallebens durch Anhäufungen von Leukocyten in der Adventitia der Arterien. In der zweiten Hälfte des Fetallebens ist die Milz ein blutkörperbildendes Organ.

Die Entwicklung der Zellen und Organe des Gefäßsystems.

Die Zellen und Organe des gesamten Gefäßsystems sind Abkömmlinge der embryonalen Bindegewebszellen. Die ersten Blut- und Gefäßendothelzellen treten als Anhäufungen von Mesodermzellen auf, die man als Blutinseln bezeichnet. Aus den mittelständigen Zellen dieser Blutinseln entstehen die ersten Blutzellen, aus den randständigen Zellen die ersten Gefäßendothelzellen. Von diesen Endothelzellen aus entstehen durch Zellsprossung neue Blutgefäße. Bei den meroblastischen Eiern der Reptilien und Vögel treten die Blutinseln zuerst außerhalb des Embryo am hinteren Rande des späteren Gefäßhofes auf und verbreiten sich dann allmählich nach vorne (S. 26, Abb. 28). Währenddessen treten auch in dem embryonalen Körper Blutinseln und Blutgefäße auf, welch letztere sich mit den Blutgefäßen des Gefäßhofes verbinden. Beim Menschen treten die ersten Blutinseln und Blutgefäße in der 2. Fetalwoche in der Wand der Nabelblase auf (S. 39, Abb. 38). Bald darauf erscheinen sie im Mesoderm des Bauchstieles in der Nachbarschaft der Allantois, im caudalen Abschnitte des Amnion und vereinzelt im Chorion. Diese primären Blutbildungsorgane(-herde) treten in der 3. Woche mit den unterdessen innerhalb des embryonalen Körpers entstandenen Blutgefäßen und Blutinseln in Verbindung. Im 2. Fetalmonate hört die Bildung von Blutinseln auf und die Blutzellen entstehen nunmehr in den sekundären Blutbildungsorganen. Für die roten Blutzellen ist dies die Leber bis zum 7. Fetalmonate, die Milz in der zweiten Hälfte des Fetallebens und später das Knochenmark; für die weißen Blutzellen sind es die Lymphknoten, die Milz, der Thymus, das rote Knochenmark und das lockere Bindegewebe, z. B. jenes des Omentum majus.

Die Entwicklung des Herzens.

Die Anlage des Herzens tritt bei etwa 1,5 mm langen Embryonen auf. Sie ist paarig und wird von Zellen (Gefäßzellen, Angioblasten) gebildet, welche sich vor dem vorderen Körperende auf jeder der beiden Körperseiten von der visceralen Seitenplatte ablösen und zwischen dieser und dem Entoderm liegen bleiben. Sie vereinigen sich zur Bildung je eines Hohlschlauches, des sog. Endokardsäckchens. Die die beiden Endokardsäckchen umhüllenden Abschnitte der visceralen Seitenplatten verdicken sich (Abb. 102a). Jeder dieser beiden verdickten Abschnitte wird als Herzplatte (kardiogene Platte) oder, da aus ihm das Myo- und Epikard entstehen, als Myoepikard, als myoepikardialer Mantel bezeichnet. Der Abschnitt der Leibeshöhle, in welchem diese Herzanlagen enthalten sind, weitet sich zur paarigen primären Herzbeutelhöhle aus, die aber nur einen Teil des in dieser Zeit noch vorhandenen Cavum pleuro-pericardiaco-peritonaeale (S. 75) bildet.

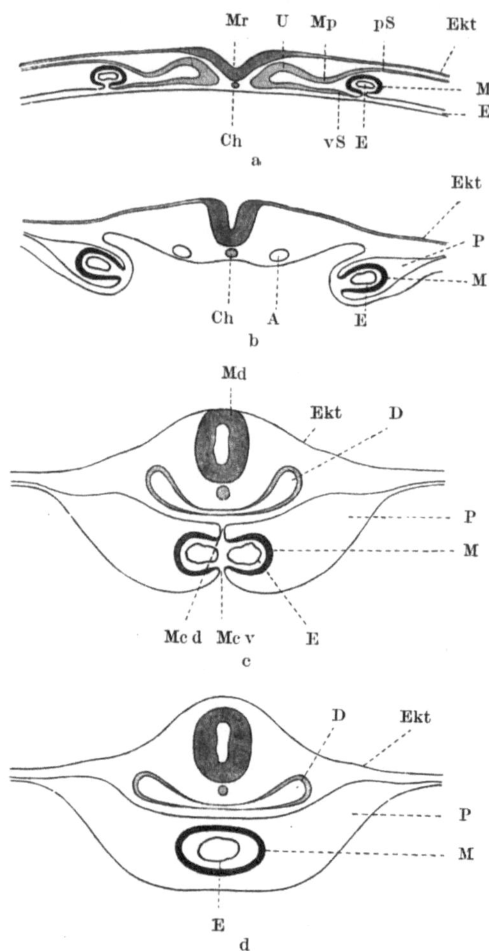

Abb. 102 a—d. Schematische Darstellung der Entwicklung der unpaaren aus der paarigen Anlage des Herzens. A Aorta; Ch Chorda dorsalis; D Darm; E Endokard; Ekt Ektoderm; Ent Entoderm; M Myoepikard; Mc d, Mc v Mesocardium dorsale, ventrale; Md Medullarrohr; Mp Mittelplatte; Mr Medullarrinne; P Perikardialhöhle; pS, vS parietale, viscerale Seitenplatte; U Urwirbel.

Wenn sich die ventralwärts offene Darmrinne (Abb. 102a) später zum Darmrohre zu schließen beginnt (Abb. 102b) und dann zum Darmrohre schließt (Abb. 102c), müssen naturgemäß die beiden Herzanlagen immer näher an die ventrale Mittellinie des embryonalen Körpers heranrücken, bis sie hier dicht aneinander zu liegen kommen (Abb. 102c). Die beiden Endokardsäckchen vereinigen sich dann miteinander zu einem einheitlichen Schlauche, dem Endokardschlauche (Abb. 102d). Auch die dorsalen und ventralen Abschnitte der beiden Herzplatten gelangen in der Mittellinie zur Berührung, wodurch dorsal und ventral von dem Endokardschlauche ein Gekröse entsteht, das dorsale und ventrale Herzgekröse, Mesocardium dorsale und ventrale (Abb. 102c). Diese Herzgekröse reißen durch und die beiden primären Herzbeutelhöhlen fließen dann zu einer einheitlichen Höhle, der sekundären, bleibenden Herzbeutelhöhle, zusammen. Auch die beiden Herzplatten verschmelzen dann miteinander, so daß der Endokardschlauch von einem einheitlichen myoepikardialen Mantel umhüllt wird (Abb. 102d). Beim Menschen wird übrigens nur das dorsale Mesocardium gebildet.

Da sich das vordere Körperende des Embryo kranialwärts verlängert, gelangt die ursprünglich weit vorne, noch vor dem Kopfe gelegene Herzanlage caudalwärts bis vor die vordere Darmpforte (vgl. Abb. 53). Sie stellt einen geraden Schlauch dar, welcher kranial in einen arteriellen Gefäßstamm, in den Truncus arteriosus, übergeht, während er caudal zu einem Quersacke erweitert ist. Da in diesen Sack die Venae umbilicales, die Venae omphalo-mesentericae und — mittels der beiden Ductus Cuvieri — die Venae cardinales einmünden (Abb. 109), wird er als Sinus venosus bezeichnet. Der stark in die Länge wachsende Herzschlauch krümmt sich hierauf, so daß er eine S-förmige Schlinge bildet (Abb. 103), deren kranialer (arterieller) Abschnitt ventralwärts und nach rechts, deren caudaler (venöser) Abschnitt dorsalwärts und

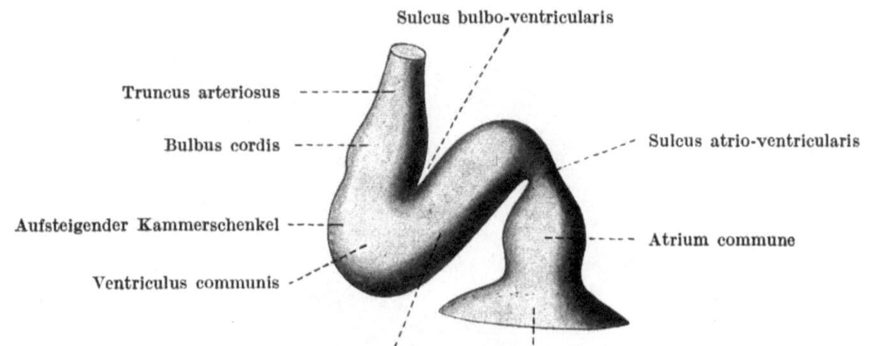

Abb. 103. Schematisiertes vergrößertes Modell des Herzens eines etwa 3,5 mm langen menschlichen Embryo. Von der ventralen Seite gesehen.

nach links verschoben wird. Der kraniale Abschnitt ist der Kammerteil des Herzens, die primäre Kammer, der Ventriculus communis. Er

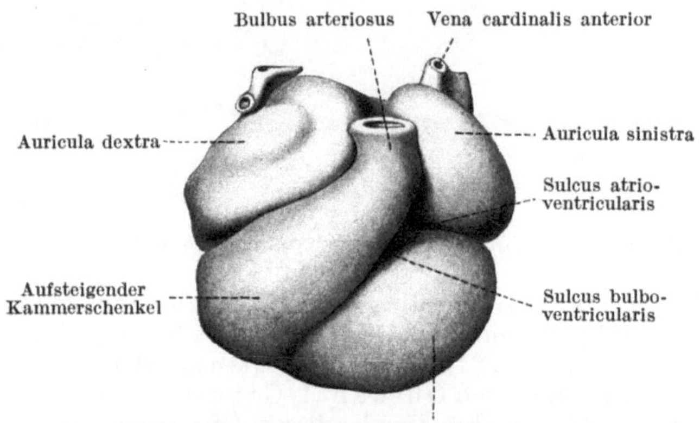

Abb. 104. Modell des Herzens eines 4,9 mm langen menschlichen Embryo mit 35 Urwirbelpaaren. Von der ventralen und kranialen Seite gesehen. 24fache Vergrößerung. Nach INGALLS.

übergeht mit einer Anschwellung, mit dem Bulbus cordis, in den Truncus arteriosus. Da er sich zu einer ventralwärts gewendeten Schleife ausbiegt, besteht er aus zwei Schleifenschenkeln, aus dem auf- und aus dem absteigenden Kammerschenkel. Der aufsteigende Kammerschenkel setzt sich ventralwärts mittels des Bulbus cordis in den Truncus arteriosus fort, der absteigende Kammerschenkel übergeht dorsal links in den Sinus venosus. Die Umbiegungsstelle der beiden Kammerschenkel ineinander entspricht der späteren Herzspitze. Der dorso-caudale Abschnitt des Herzschlauches ist der

Vorkammerteil. Dieser entsteht dadurch, daß in den Sinus venosus eine Furche
medianwärts einschneidet und den Sinus in zwei Abteilungen teilt, in eine
größere Abteilung, welche die primäre Vorkammer, das Atrium commune darstellt und in eine kleinere Abteilung — Sinus venosus, in welche
an den beiden Seiten die Körpervenen einmünden (Abb. 109). Diese den
ursprünglichen Sinus venosus in zwei Abteilungen teilende Furche erhält sich
an der Wand des rechten Vorhofes in Gestalt des Sulcus terminalis. An der
äußeren Fläche des Herzens tritt die Grenze zwischen dem Kammer- und

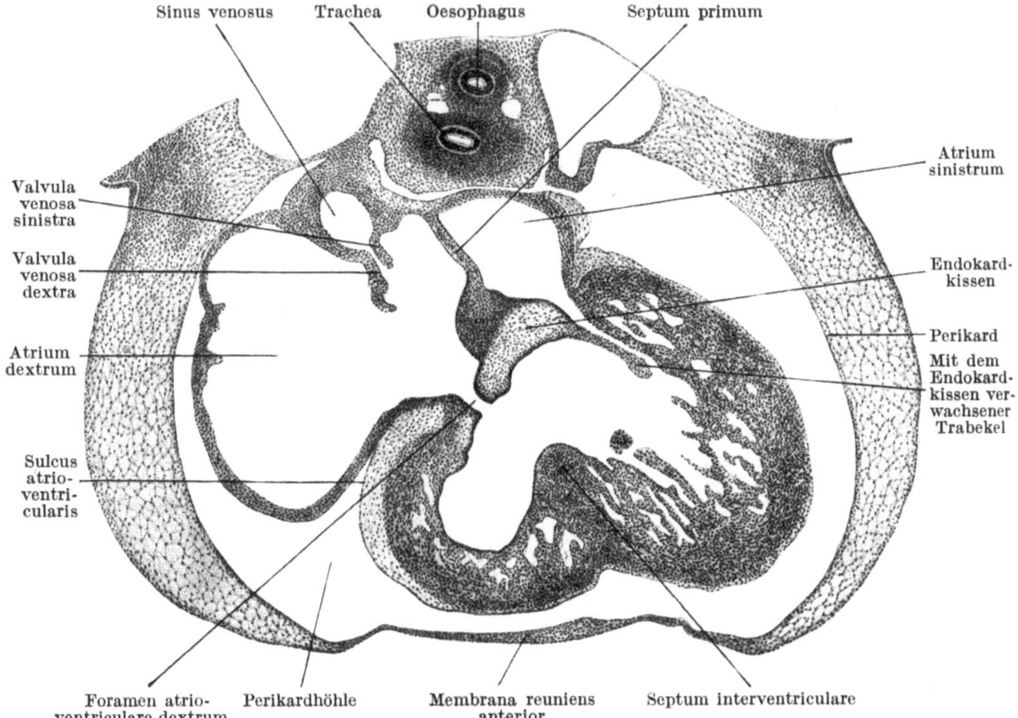

Abb. 105. Frontalschnitt durch das Herz eines 7 mm langen menschlichen Embryo.
37fache Vergrößerung.

Vorkammerteile als Atrioventricularfurche, Sulcus atrioventricularis,
hervor (Abb. 103—105). Ihr entspricht im Inneren des Herzens eine Öffnung, die
primäre Atrioventricularöffnung, das Ostium oder Foramen atrioventriculare commune (auch Ohrkanal, Canalis auricularis genannt).
An dem dorsalen und ventralen Rande dieser Öffnungen bilden sich durch
Wucherung des Endokards das dorsale (hintere) und das ventrale (vordere) Endo-
kardkissen aus (vgl. Abb. 105). Die mittleren Abschnitte dieser beiden
Endokardkissen wachsen aufeinander zu und verschmelzen miteinander, so
daß nur ihre seitlichen Abschnitte als „Randhöcker" erhalten bleiben (Abb. 106).
Der Vorhofsteil wächst beiderseits stark nach vorne zu den Herzohren,
Auricula dextra und sinistra aus, welche den Bulbus cordis und den
Truncus arteriosus zwischen sich fassen (Abb. 104). Das Herz ist in diesem
Stadium verhältnismäßig sehr groß und ruft dadurch unter den Kiemenbogen
den „Herzwulst" hervor (S. 43, Abb. 41). Die das Herz und die Perikardialhöhle deckende ventrale Körperwand ist sehr dünn und wird als Membrana
reuniens anterior (ventralis) bezeichnet (Abb. 105).

Die Scheidung der ursprünglich einfachen Lichtung des Herzschlauches und des Truncus arteriosus in je zwei Hälften wird durch drei Scheidewände bewirkt, von welchen sich eine im Vorkammer-, eine andere im Kammerteile des Herzens und die dritte im Truncus arteriosus ausbildet.

Die Scheidung des Atrium commune in das Atrium dextrum und sinistrum wird durch eine in der 3. Woche von der hinteren (dorsalen) Wand der Vorkammer auswachsende Falte eingeleitet, durch das Septum primum atriorum. Indem diese Falte nach unten, gegen das Foramen atrioventriculare commune vorwächst und mit den miteinander verschmolzenen (S. 118) mittleren Abschnitten der beiden Endokardkissen verschmilzt (Abb. 105), grenzt es eine rechte von einer linken Hälfte des Atrium — Atrium dextrum und sinistrum — ab und teilt außerdem das Foramen atrioventriculare commune in ein Foramen (Ostium) atrioventriculare dextrum und sinistrum (Abb. 105). Die Scheidung der beiden Atrien voneinander ist jedoch keine vollständige, da sich in dem Septum primum frühzeitig eine große Lücke ausbildet, das Foramen ovale primum. Rechts von dem Septum primum entsteht nun eine zweite Falte, das Septum secundum, welche auf die vordere (ventrale) Vorhofswand zu wächst und sich zu einer sagittal gestellten Ringfalte ausbildet. Die in ihr befindliche kreisförmige Lücke ist das Foramen ovale secundum. Das Septum secundum nähert sich hierauf dem vorderen (ventralen) Abschnitte des Septum primum und verschmilzt mit ihm zum Limbus foraminis (später: fossae) ovalis. Der hinter dem Foramen ovale primum befindliche Abschnitt des Septum primum wird zur Valvula foraminis ovalis. Der zwischen dieser und dem Limbus foraminis ovalis befindliche Raum ist das bleibende Foramen ovale. Indem der vordere Rand der dünnen Valvula mit dem hinteren dicken Rande des Limbus foraminis ovalis im postfetalen Leben verwächst, wird das Foramen ovale verschlossen und die Fossa ovalis gebildet. Erst dann sind die beiden Vorkammern durch die Vorkammerscheidewand, durch das Septum atriorum, gegeneinander vollkommen abgeschlossen. An der Bildung des Septum atriorum, sowie an der Bildung der Klappen an der Einmündungsstelle der Vena cava inferior und des Sinus coronarius in die rechte Vorkammer sind auch noch die Klappen beteiligt, welche sich an der Einmündung des Sinus venosus in das Atrium commune befinden, nämlich die Valvula venosa dextra und sinistra (Abb. 105). Die oberen Enden dieser beiden Klappen gehen in eine Falte über, welche als Septum spurium bezeichnet wird. Die Valvula venosa sinistra nähert sich später der Vorkammerscheidewand und verschmilzt mit ihr; aus dem unteren Abschnitte der Valvula venosa dextra entstehen die Valvula venae cavae inferioris und die Valvula sinus coronarii. Das Septum spurium erhält sich in Gestalt der Crista terminalis des rechten Vorhofes. Nach dieser Rück-, bzw. Umbildung seiner beiden Klappen wird der Sinus venosus fast ganz in die rechte Vorkammer aufgenommen. In die linke Vorkammer mündet die Vena pulmonalis communis, ein Gefäß, in welchem sich die von den beiden Lungen kommenden Venen vereinigen. Der Stamm dieser Vene und seine beiden ersten Teiläste werden hierauf in die Wand der linken Vorkammer aufgenommen. Infolgedessen münden dann die Zweige dieser beiden Teiläste, die späteren Venae pulmonales, unmittelbar in die linke Vorkammer ein. Beide Vorkammern entstehen demnach aus je zwei Anteilen: Der eine stammt — in beiden Vorkammern — vom Atrium commune, der andere in der rechten Vorkammer vom Sinus venosus, in der linken Vorkammer von den Venae pulmonales. Die von dem Atrium commune stammenden Abschnitte der Vorkammerwände besitzen Musculi pectinati, sind daher uneben, die übrigen, aus dem Sinus venosus bzw. aus den Lungenvenen entstandenen Abschnitte sind glatt.

Die Scheidung der primären Kammer in zwei Hälften wird durch eine muskulöse Scheidewand bewirkt, welche von der Mitte des unteren (caudalen), der Herzspitze entsprechenden Abschnittes der primären Kammer nach aufwärts, gegen das Foramen atrioventriculare zu, vorwächst. Sie ist die Kammerscheidewand, das Septum interventriculare (Abb. 105, 106). Außen entspricht ihr eine Furche, der Sulcus interventricularis. Solange die Kammerscheidewand noch im Aufwärtswachsen begriffen ist, stehen die beiden Kammerhälften durch den über dem oberen Rande der Scheidewand befindlichen Raum, durch das Foramen interventriculare (Abb. 106), miteinander in

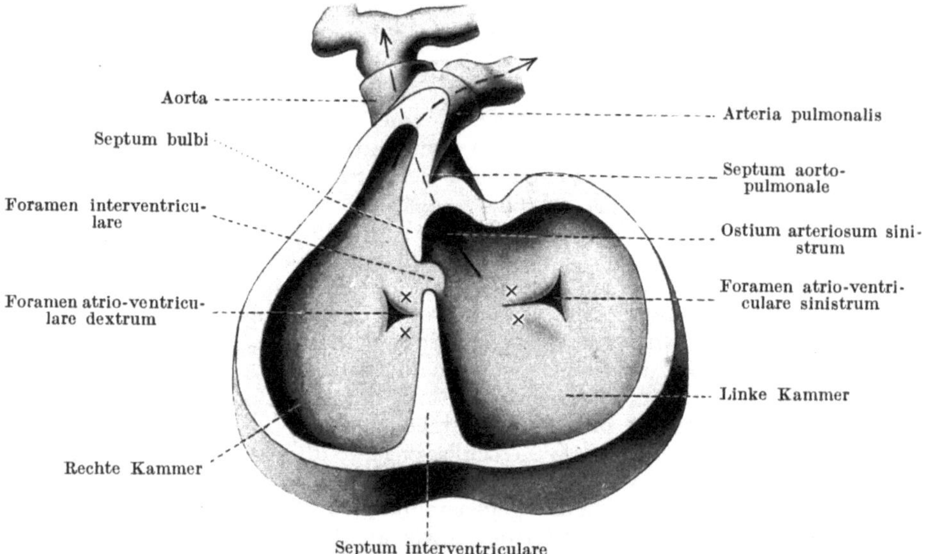

Abb. 106. Vergrößertes Modell des Herzens eines menschlichen Embryo von 7,5 mm Nacken-Steiß-Länge. Die vordere Wand der Kammern ist entfernt. × Randhöcker der Endokardkissen. Nach KOLLMANN.

Verbindung. Dieser Raum verschwindet noch vor der Geburt dadurch, daß die Kammerscheidewand, nach aufwärts wachsend, mit den Endokardkissen und mit der im Bulbus cordis sich ausbildenden Scheidewand — mit dem Septum bulbi (Abb. 106) — verwächst. Dann erst ist die Scheidung zwischen der rechten und der linken Kammer eine vollständige. Das Septum bulbi beteiligt sich an dieser Scheidung dadurch, daß es das Septum membranaceum ventriculorum liefert.

Wie der Truncus arteriosus eine Fortsetzung des Bulbus cordis darstellt, so setzt sich auch das Septum bulbi in jene Scheidewand fort, durch welche der ursprünglich einfache Truncus arteriosus in zwei Gänge geteilt wird. In dem Truncus arteriosus bilden sich nämlich vier Längswülste aus (Abb. 107a), ein vorderer (ventraler), zwei seitliche und ein hinterer (dorsaler) Wulst. Die beiden seitlichen Wülste verschmelzen mit ihren mittleren Abschnitten, wodurch eine quere Scheidewand im Truncus entsteht, die den Truncus in zwei Hälften zerlegt. Sie wird als Septum aortico-pulmonale bezeichnet, da die vor ihr (ventral) gelegene Truncushälfte zur Arteria pulmonalis, die hinter ihr (dorsal) gelegene Truncushälfte zur Aorta wird (Abb. 107 b, c, 108). Die seitlichen Längswülste des Truncus werden durch diese Scheidewand in je zwei Hälften geteilt, von welchen die zwei vorderen Hälften der Arteria pulmonalis, die zwei hinteren Hälften der Aorta zugeteilt werden. In der Arteria pulmonalis verbleibt ferner der vordere, in der Aorta der hintere Längswulst. Aus diesen Wülsten entstehen die Taschenklappen, Valvulae semilunares. Jedes der beiden aus dem Truncus arteriosus entstehenden Gefäße erhält daher drei Taschenklappen, die Arteria pulmonalis eine vordere und zwei seitliche (hintere), die Aorta zwei seitliche (vordere) und eine hintere (Abb. 107, c). Das Septum aorticopulmonale setzt sich in das Septum bulbi fort. Dieses verwächst mit dem oberen Rande des Septum interventriculare derart, daß sich die rechte Kammer in die vor dem Septum aorticopulmonale befindliche Arteria pulmonalis, die linke Kammer in die hinter diesem Septum gelegene Aorta fortsetzt (Abb. 106).

Frühzeitig bildet sich ein Unterschied zwischen den Wänden der Vorkammern und der Kammern aus (Abb. 105). Da sich die Muskulatur der Vorkammern in

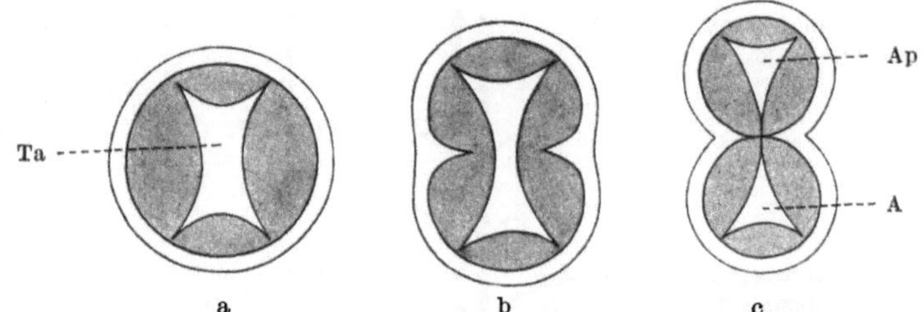

Abb. 107 a—c. Schematische Darstellung der Entwicklung der Taschenklappen.
A Aorta; Ap Arteria pulmonalis; Ta Truncus arteriosus.

weit geringerem Ausmaße als in den Kammern ausbildet, bleiben die Vorkammerwände dünn und — mit Ausnahme der Musculi pectinati besitzenden Abschnitte — glatt. Die Kammerwände dagegen sind infolge ihrer mächtigen Muskelausbildung dick; die inneren Schichten dieser dicken Muskelwände bilden ein unregelmäßiges Balkenwerk. Einzelne dieser Balken sind besonders stark und stellen die Anlage der Mm. papillares dar. Mittels ihrer Sehnen, der Chordae tendineae, übergehen sie in die aus den Endokardkissen entstehenden Segelklappen, Valvulae cuspidales. Die übrigen Muskelbalken der Kammerwände bilden die Trabeculae carneae (Abb. 105).

Die Entwicklung der Blutgefäße.

Die ersten Blutgefäße entstehen in den bereits erwähnten primären Blutbildungsherden im Mesoderm. Von ihnen aus sowie auch später an vielen Stellen des Mesoderms des embryonalen Körpers entstehen zahlreiche andere Gefäße. Nur wenige von den bleibenden Blutgefäßen bilden sich von vornherein als solche aus, die meisten entstehen vielmehr aus Capillargeflechten, und zwar dadurch, daß sich einzelne Gefäße dieser Geflechte rückbilden, während sich die übrigen zu Arterien und Venen ausbilden. Bei der Entwicklung der Blutgefäße spielen daher Rück-, Um- und Neubildungen eine große Rolle. Dies tritt besonders bei der Entwicklung der Venen zutage, z. B. bei der Ausbildung der Vena cava inferior (Abb. 110); auch gibt es ursprünglich keine Begleitvenen der Arterien. Verschiebungen der Abgangsstellen kleinerer Gefäße von den Hauptstämmen kommen vielfach vor und werden durch Ausbildung und nachherige teilweise Rückbildung von Anastomosen bewirkt. Durch diese Umstände wird auch die Verlaufsrichtung einzelner Gefäße geändert.

Die Entwicklung der Arterien.

Der Truncus arteriosus teilt sich an seinem kranialen Ende in zwei Gefäße, welche zu beiden Seiten der Mittellinie ventral vom Schlunde kranialwärts verlaufen. Diesen Aortae ascendentes entsprechen zwei dorsal vom Darme verlaufende Gefäße, die Aortae descendentes (Abb. 64, 108). Kranialwärts verlängern sich die Aortae ascendentes zu den Arteriae carotides externae, die Aortae descendentes zu den Arteriae carotides internae. Die beiden Aortae descendentes vereinigen sich sehr bald zu einem Gefäße, zu der Aorta thoracica und abdominalis. Zwischen den Aortae ascendentes und descendentes bildet sich auf jeder der beiden Körperseiten vom Ende der 2. Woche an in jedem Kiemenbogen und hinter der 5. Schlundtasche (Abb. 63, 64, 108) je ein Verbindungsgefäß aus, die 6 Kiemenbogenarterien, Arterienbogen oder Aortenbogen. Diese Gefäße sind

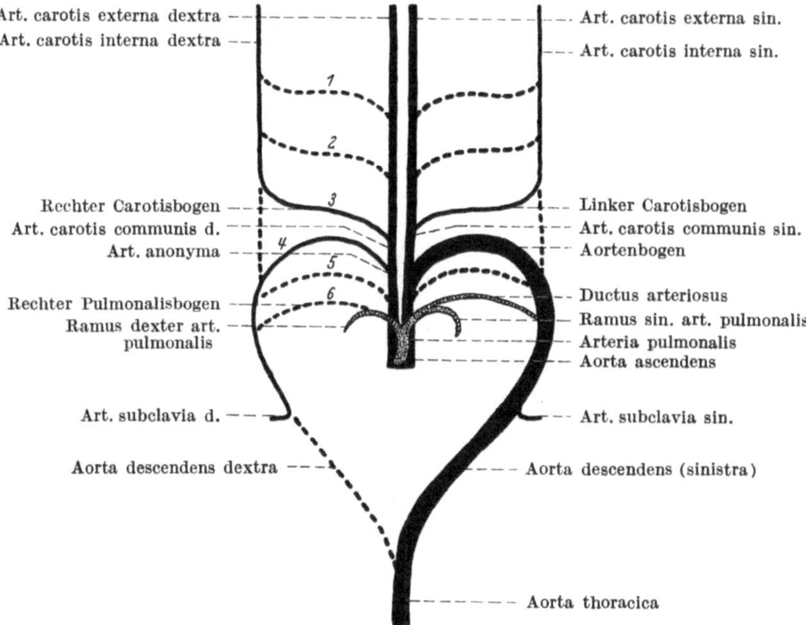

Abb. 108. Schematische Darstellung der Schicksale der Aortenbogen. 1—6:1.—6. Arterienbogen (Aortenbogen). Die zur Rückbildung bestimmten Teile sind durch gebrochene Linien gekennzeichnet.

jedoch niemals gleichzeitig vorhanden, vielmehr bilden sich die vorderen bereits zurück, während sich die hinteren erst entwickeln. Von diesen Kiemenbogenarterien gehen beim Menschen die 1., 2. und 5. vollständig zugrunde (Abb. 108). Die dritte Kiemenbogenarterie wird auf beiden Körperseiten zum Anfangsstücke der Arteria carotis interna, weshalb sie als Carotisbogen bezeichnet wird. Die vierte Kiemenbogenarterie verhält sich auf den beiden Körperseiten verschieden. Auf der linken Seite weitet sie sich aus, um den Aortenbogen zu bilden. Sie wird daher auch als Aortenbogen (im engeren Sinne) bezeichnet; auf der rechten Seite bleibt sie im Wachstum gegenüber der linken Seite zurück und liefert das Anfangsstück der Arteria subclavia (Subclaviabogen). Der zwischen den Abgangsstellen der 3. und 4. Kiemenbogenarterie befindliche Abschnitt der Aorta ascendens liefert (auf jeder Seite) die Arteria carotis communis.

Diese entspringt links unmittelbar aus dem Aortenbogen, rechts mit der Arteria subclavia zusammen aus der Arteria anonyma. Die Arteria anonyma stellt den erhalten bleibenden caudalen Abschnitt der Aorta ascendens dextra dar; dieser Abschnitt wird bei der linken Aorta ascendens in den Aortenbogen aufgenommen. Die beiden sechsten Kiemenbogenarterien werden nach der Teilung des Truncus arteriosus durch das Septum aorticopulmonale der Arteria pulmonalis zugewiesen. Die 6. Kiemenbogenarterie wird daher auch als Pulmonalisbogen bezeichnet. Von ihr geht auf jeder der beiden Körperseiten ein kleiner Ast zur Lungenanlage ab, die embryonale Arteria pulmonalis dextra und sinistra (Abb. 64, 108). Der jenseits der Abgangsstelle dieser Arterie befindliche, also distale Abschnitt der 6. Kiemenbogenarterie schwindet auf der rechten Körperseite, der erhalten bleibende proximale Abschnitt bildet später den Ramus dexter der Arteria pulmonalis; auf der linken Körperseite dagegen erhält sich die ganze 6. Kiemenbogenarterie und liefert mit ihrem proximal von der Abgangsstelle der embryonalen Arteria pulmonalis befindlichen Abschnitte später den Ramus sinister arteriae pulmonalis, mit ihrem distal von dieser Abgangsstelle befindlichen Abschnitte den Ductus arteriosus (Botalli, Abb. 108).

Von der Aorta gehen paarige dorsale und paarige laterale, sowie unpaare ventrale Äste ab. Die dorsalen Äste erhalten sich in den Arteriae intercostales und lumbales; zwischen ihren Endästen entstehen aus Längsanastomosen die Arteriae mammariae internae und die Arteriae epigastricae. Die lateralen Äste versorgen die Ur-, Nach-, Nebennieren und die Geschlechtsdrüsen; sie erhalten sich zum Teile in den Arterien der Nieren, Nebennieren und Keimdrüsen. Aus den ventralen Ästen entstehen die Arteria coeliaca, mesenterica superior, inferior und die Arteriae umbilicales (Abb. 71); die Arteria mesenterica superior geht aus der allein erhalten bleibenden Arteria omphalo-mesenterica dextra hervor; die Arteriae umbilicales stellen ursprünglich die unmittelbaren Fortsetzungen der beiden Aortae descendentes dar (Abb. 64), sind später Zweige der Arteria iliaca interna und obliterieren nach der Geburt zu den Ligamenta vesicalia umbilicalia lateralia. Die Abgangsstellen der ventralen Aortaäste verschieben sich während der Entwicklung auf der Aorta in caudaler Richtung.

Die Entwicklung der Venen.

Die primären, bereits in der 3. Woche vorhandenen Hauptstämme des embryonalen Venensystems werden durch vier Venenpaare dargestellt, welche sämtlich in den Sinus venosus einmünden (Abb. 109). Zwei von diesen Venenpaaren — die Venae omphalomesentericae und die Venae umbilicales — treten von außen in den embryonalen Körper ein, die beiden anderen — die Venae cardinales anteriores und posteriores — gehören dem embryonalen Körper selbst an. Die Venae omphalomesentericae leiten das Blut von der Nabelblase, die Venae umbilicales von der Placenta zum Embryo. Die Venae cardinales anteriores führen das Blut von der kranialen, die Venae cardinales posteriores jenes der caudalen Körperhälfte zum Herzen; in der Nähe des Herzens

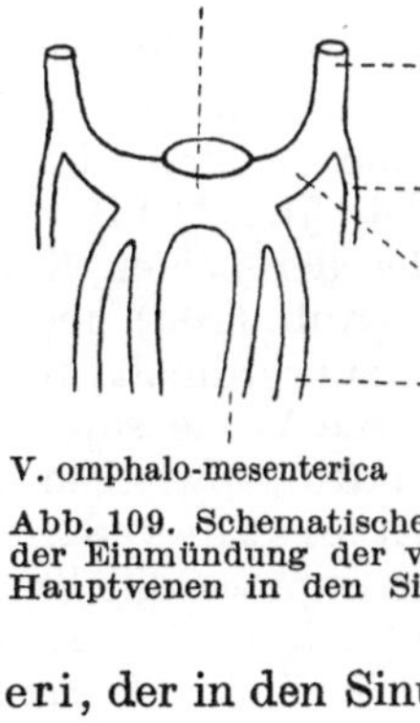

Abb. 109. Schematische Darstellung der Einmündung der vier primären Hauptvenen in den Sinus venosus.

vereinigen sie sich miteinander zum Ductus Cuvieri, der in den Sinus venosus einmündet (Abb. 109, 110).

Das Schicksal dieser Venen ist ein verschiedenes.

Die Venae omphalomesentericae lösen sich, sobald die Leber gebildet ist, in Äste auf, welche als Venae advehentes hepatis das Blut zur Leber führen, um es dann in der Vena revehens hepatis communis (Abb. 110a, b) zum Sinus venosus zu leiten. Nach teilweiser Rückbildung der Venae advehentes und der Stämme der beiden Venae omphalomesentericae entsteht aus einem Teile der rechten Vena omphalo-mesenterica die Vena portae.

Auch die Venae umbilicales verlieren ihre ursprüngliche unmittelbare Verbindung mit dem Sinus venosus, indem sie mit den Venae advehentes hepatis anastomosieren und nunmehr ihr Blut unter Vermittlung des Pfortaderkreislaufes der Leber zum Herzen leiten. Es bildet sich hierbei auch eine unmittelbare Verbindung der linken Nabelvene mit der Vena hepatica revehens communis aus — der Ductus venosus (Arantii). Die rechte Nabelvene bildet sich dagegen ganz zurück. Nach der Geburt obliteriert auch die linke Nabelvene zum Ligamentum teres hepatis.

Die Umbildungen der Venae cardinales stehen in Beziehung zur Entwicklung der Vena cava superior (kranialis) und inferior (caudalis) (Abb. 110). Zwischen den beiden Venae cardinales anteriores bildet sich im 2. Fetalmonate eine schief von links oben nach rechts unten verlaufende Anastomose — Anastomosis intercardinalis anterior — aus (Abb. 110d), die sich rasch ausweitet und zur Vena anonyma sinistra wird. Da sie das aus den linken Kopf- und Halsvenen, sowie das aus der Vena subclavia sinistra kommende Blut in die rechte Vena cardin. anterior leitet, bildet sich der unterhalb dieser Anastomose befindliche Abschnitt der linken Vena cardin. anterior und der linke Ductus Cuvieri allmählich fast ganz zurück; eventuell erhalten bleibende Reste der linken vorderen Kardinalvene liefern das kraniale Ende der Vena hemiazygos sinistra, während der Rest des Ductus Cuvieri sin. (mit einem Reste des Sinus venosus) die Vena obliqua atrii sin. bildet. Der zwischen der Einmündungsstelle der Vena subclavia dextra und der Vena anonyma sinistra befindliche Abschnitt der rechten Vena cardinalis anterior bildet die Vena anonyma dextra; der caudalwärts folgende Endabschnitt der rechten vorderen Kardinalvene und der rechte Ductus Cuvieri stellen die Vena cava superior dar (Abb. 110d). — Die beiden Venae cardinales posteriores sind lange, lateral und dorsal von der Urniere gelegene (Abb. 95) Gefäße, welche das Blut des größeren Teiles des embryonalen Körpers zum Herzen führen. Auch zwischen ihnen bildet sich, wie zwischen den beiden vorderen Kardinalvenen, eine Anastomose aus, und zwar zwischen ihren caudalen Abschnitten — Anastomosis intercardinalis posterior (Abb. 110a). Diese Anastomose weitet sich immer mehr aus, da durch sie das Blut aus der linken unteren Gliedmaße und aus der linken Beckenhälfte nach rechts geleitet wird (Abb. 110b, c). Die Anastomose wird so zur Vena iliaca communis sinistra, während ein Teil des caudalen Endstückes der rechten hinteren Kardinalvene die Vena iliaca communis dextra bildet (Abb. 110d). Medialwärts von den hinteren Kardinalvenen bilden sich auf jeder der beiden Körperseiten je zwei Venen aus, die Venae subcardinales (Abb. 110a) und die Venae supracardinales (Abb. 110b). Die rechte Vena subcardinalis mündet in die Vena hepatica revehens communis (Abb. 110a), die Venae supracardinales münden in die Venae cardinales posteriores (Abb. 110b). Zwischen den beiden Venae subcardinales entsteht die Anastomosis intersubcardinalis (Abb. 110a), zwischen der Vena subcardinalis und der Vena supracardinalis die Anastomosis intersubcardino-supracardinalis (Abb. 110b, jedoch nur rechts dargestellt). Durch diese Anastomosen wird das Blut der linken Körperseite dem kranialen Abschnitte der rechten Vena subcardinalis zugeführt, der sich daher ausweitet (Abb. 110c). Er stellt jetzt bereits die Vena cava inferior dar. Da die Vena subcardinalis dextra in die Vena hepatica revehens communis einmündet, wird der kraniale Abschnitt der Vena cava

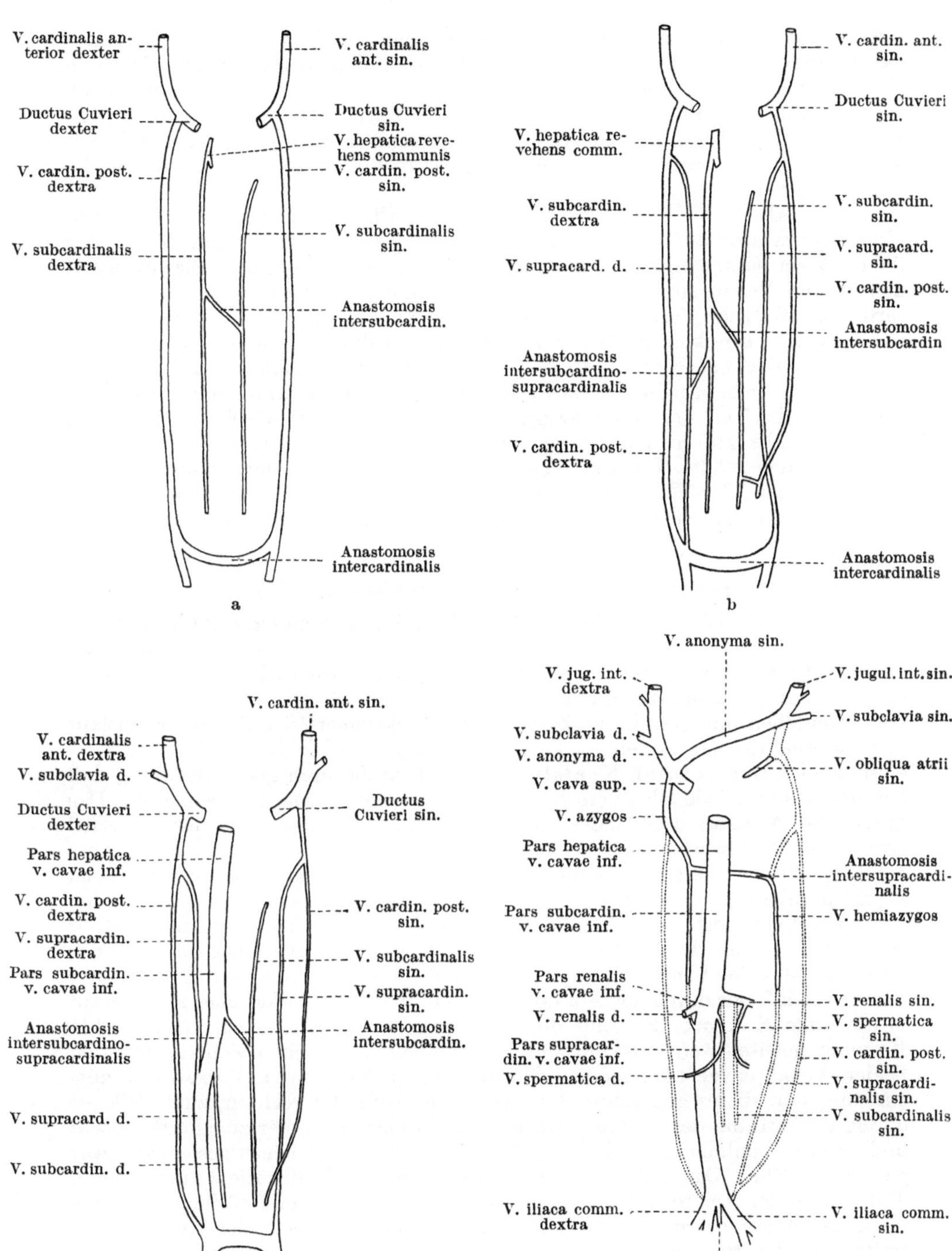

Abb. 110 a—d. Schematische Darstellung der Entwicklung der Vena cava inferior. Bei Abb. d sind die nicht erhalten bleibenden Gefäße mittels punktierter Linien dargestellt. Mit Benützung der Abbildungen von McClure-Butler.

inferior aus dieser Vene gebildet. Er wird daher als Pars hepatica venae cavae inferioris (Vena cava inferior primitiva) bezeichnet; der folgende Teil des kranialen Abschnittes der Vena cava inferior ist die stark erweiterte Vena subcardinalis dextra. Er bildet die Pars subcardinalis venae cavae inferioris (Abb. 110c). Die Anastomosis subcardino-supracardinalis dextra liefert die Pars renalis, der caudale Abschnitt der rechten Vena supracardinalis die Pars supracardinalis venae cavae inferioris (Abb. 110c, d). Die kranialen Abschnitte der rechten Vena cardinalis posterior und der rechten Vena supracardinalis liefern die Vena azygos. Aus einem Teile der linken Vena supracardinalis entsteht die Vena hemiazygos. Die zwischen den beiden Venae supracardinales sich ausbildende Anastomosis intersupracardinalis stellt die Verbindung zwischen der Vena azygos und hemiazygos dar (Abb. 110d). Ein kleiner Teil der Venae subcardinales erhält sich in einem Abschnitte der Venae spermaticae (Abb. 110d). Rückgebildet wird demnach rechts die Vena cardinalis posterior bis auf ihren kranialen Abschnitt, welcher einen Teil der Vena azygos liefert; ein kleiner Abschnitt der Vena supracardinalis zwischen der Vena azygos und der Pars renalis venae cavae inferioris; der größte Teil der Vena subcardinalis; links der größte Teil des Ductus Cuvieri, der Vena cardinalis posterior, der Vena subcardinalis, der Vena supracardinalis bis auf ihren mittleren Abschnitt, welcher als Vena hemiazygos erhalten bleibt.

Die Entwicklung des Blutkreislaufes.

Als erster Kreislauf tritt der durch die Vasa omphalomesenterica vermittelte primäre, vitelline oder Dottersackkreislauf auf. Unmittelbar nach oder gleichzeitig mit ihm bildet sich mit Hilfe der Vasa umbilicalia der sekundäre, fetale oder placentare Kreislauf aus. Während der Dottersackkreislauf beim Menschen nur ganz kurze Zeit besteht, funktioniert der Placentarkreislauf fast während des ganzen fetalen Lebens. Er ist gegenüber dem nach der Geburt einsetzenden postfetalen Kreislaufe vor allem dadurch gekennzeichnet, daß bei ihm das arterielle Blut vom venösen Blute nicht streng geschieden ist. Das durch die Arteriae umbilicales in die Placenta gelangte und dort arteriell gewordene Blut wird durch die Vena umbilicalis in den embryonalen Körper geführt. Zum größeren Teile fließt es durch den Ductus venosus in die Vena hepatica revehens communis, wo es sich mit dem aus der Leber kommenden Blute der Vena portae und der Vena umbilicalis mischt. Dieses gemischte Blut tritt mit dem Blute der Vena cava inferior in die rechte Vorkammer ein, in welche auch das Blut der Vena cava superior gelangt. Die Annahme, daß das Blut der Vena cava inferior durch das Foramen ovale in die linke Vorkammer und hierauf in die linke Kammer, das Blut der Vena cava superior dagegen in die rechte Kammer geleitet werde, ist unrichtig. Vielmehr vermischen sich die aus den beiden Venae cavae kommenden Blutmengen in der rechten Vorkammer miteinander und dieses gemischte Blut wird zum Teile der rechten, zum Teile — durch Vermittlung des Foramen ovale — der linken Kammer zugeführt. Aorta und Arteria pulmonalis führen daher beim Fetus gleichartiges, und zwar gemischtes Blut. Das in die Arteria pulmonalis gelangte Blut fließt zum größten Teile durch den Ductus arteriosus in die Aorta, zum kleineren Teile in die noch nicht als Atmungsorgane dienenden kleinen Lungen. Nach der Geburt obliteriert der Ductus arteriosus zum Ligamentum arteriosum (Botalli) und das Blut der Arteria pulmonalis fließt nun nur noch zu den sich stark vergrößernden und atmenden Lungen. Arteriell ist demnach beim Fetus nur das Blut der Vena umbilicalis und vielleicht auch das des Ductus venosus. Alle Arterien des Fetus dagegen führen gemischtes Blut.

Die Entwicklung der Lymphgefäße und der Lymphdrüsen.

Die Entwicklung des Lymphgefäßsystems beginnt zu Anfang des 2. Fetalmonates damit, daß sich auf den beiden Körperseiten neben der Vena jugularis interna je ein mit Endothel bekleideter Sack, der Saccus lymphaticus jugularis ausbildet. Am Ende des 2. Monates folgen der Saccus lymphaticus ischiadicus an der Vena ischiadica, der Saccus lymphaticus retroperitonaealis im Bindegewebe zwischen den beiden Nebennieren und die Cisterna chyli in der Höhe der oberen Lendenwirbel. Diese sechs Säcke kommunizieren ursprünglich mit den ihnen benachbarten großen Venen. Ob nun diese Säcke und die Lymphgefäße überhaupt als Sprossen von den Venen aus entstehen, oder ob sie sich unabhängig von den Venen an Ort und Stelle aus dem embryonalen Bindegewebe entwickeln, um dann erst mit den Venen in Verbindung zu treten, ist noch unentschieden. Die Verbindung mit den benachbarten Venen behalten nur die Sacci lymphatici jugulares bei. Daraus erklärt sich der Umstand, daß später die Hauptabflußwege der Lymphe, der Ductus thoracicus und der Truncus lymphaticus dexter, in den Angulus venosus sinister und dexter einmünden. Der Ductus thoracicus entsteht dadurch, daß der Saccus lymphaticus jugularis sinister und die Cisterna chyli einander Sprossen entgegensenden, welche sich miteinander zum Ductus thoracicus vereinigen. Von den sechs ursprünglich gebildeten Lymphsäcken bleibt nur die Cisterna chyli erhalten. Die übrigen fünf Säcke werden in Geflechte von Lymphgefäßen umgebildet, aus welchen — unter Mithilfe des benachbarten Bindegewebes — die primären Lymphdrüsengruppen entstehen. Aus Geflechten der peripheren Lymphgefäße entstehen — gleichfalls unter Mithilfe des embryonalen Bindegewebes — die sekundären Lymphdrüsengruppen. Die Mithilfe des embryonalen Bindegewebes besteht in der Bildung von Lymphocyten an Ort und Stelle und in der Zuwanderung von Lymphocyten aus der Nachbarschaft.

Die Entwicklung der Knochen.

Knochen können entweder unmittelbar aus dem embryonalen Bindegewebe oder auf Grundlage von — selbst wieder aus dem embryonalen Bindegewebe hervorgegangenen — Knorpeln entstehen. In beiden Fällen erfolgt die Knochenbildung mit Hilfe besonderer Zellen, der Osteoblasten.

Die Entwicklung der Knochen aus dem embryonalen Bindegewebe, die primäre oder desmale Knochenbildung beginnt mit einer Vermehrung und dichten Aneinanderlagerung der embryonalen Bindegewebszellen. Diese Zellen wandeln sich in Osteoblasten um. Von dem auf diese Weise entstehenden „Verknöcherungspunkte" aus werden Knochenbälkchen gebildet. Die Lücken zwischen ihnen sind die primären Markräume. Die auf diese Weise entstandenen Knochen werden als Deck- oder Belegknochen bezeichnet. — Die Entwicklung der Knochen auf knorpeliger Grundlage, die sekundäre oder chondrale Knochenbildung, beginnt gleichfalls mit einer Verdichtung des embryonalen Bindegewebes (Abb. 111), die aber von einer Umbildung dieses embryonalen Bindegewebes in den sog. Vorknorpel gefolgt ist. Dieser wandelt sich hierauf, von sog. „Knorpelkernen" aus, in hyalinen Knorpel um (Abb. 112). Das Bindegewebe um diesen Knorpel bildet das Perichondrium. Der Knorpel dient bei dieser Knochenbildung nur als Modell, um welches der Knochen aufgebaut wird, während der Knorpel selbst zugrunde geht. Die auf diese Weise entstehenden Knochen ersetzen also den Knorpel und werden daher auch als Ersatzknochen bezeichnet. Die Verknöcherung selbst erfolgt teils im Knorpel von den in ihm entstehenden „Knochenkernen" aus — enchondral, teils an der

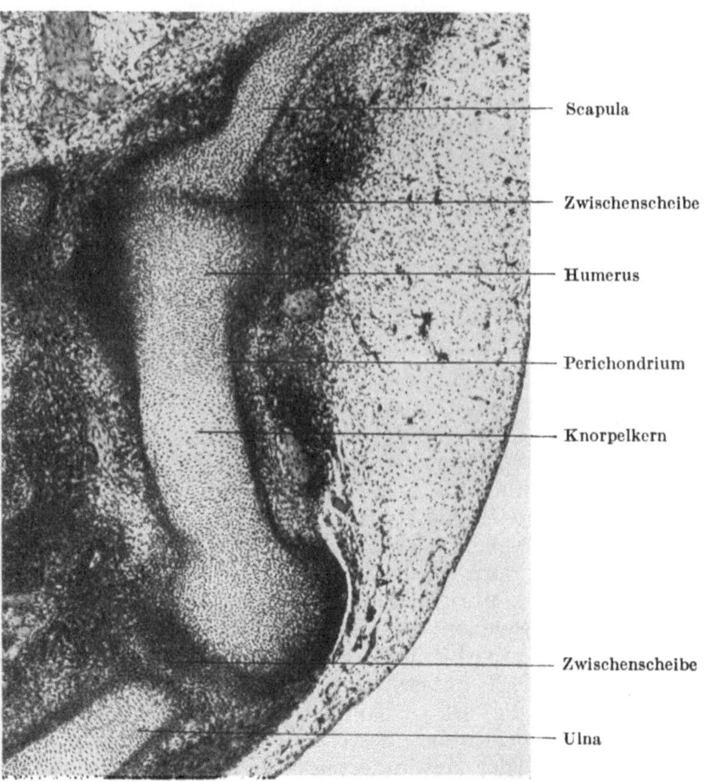

Abb. 111. Längsschnitt durch die Scapula, durch den Humerus und durch das Ellbogengelenk eines 15 mm langen menschlichen Embryo. 49fache Vergrößerung.

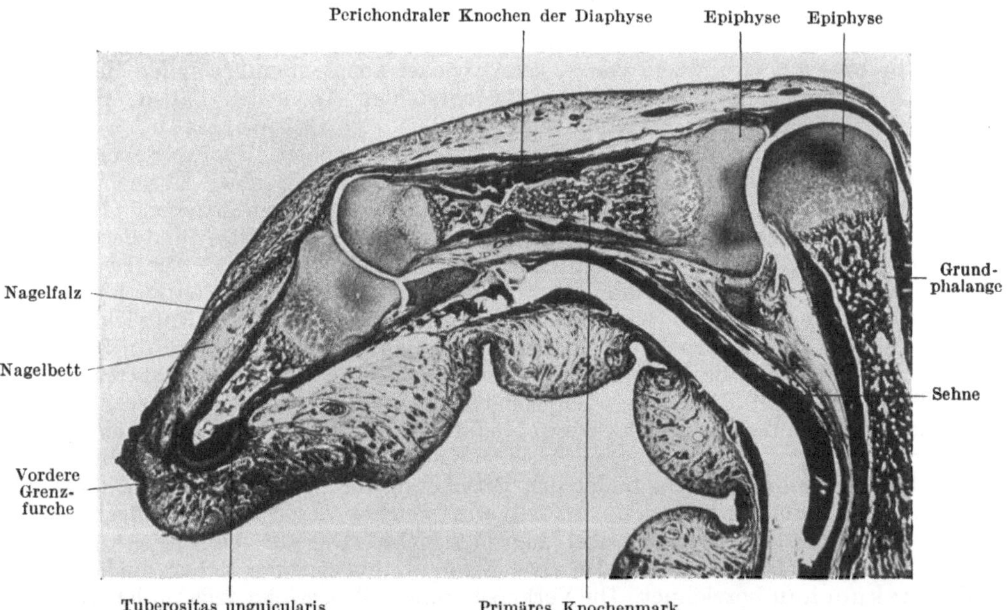

Abb. 112. Längsschnitt durch einen Finger eines 32 cm langen menschlichen Embryo. 12fache Vergrößerung.

Oberfläche des Knorpels — perichondral (Abb. 112). Die Verknöcherung beginnt bei den Deckknochen um etwa eine Woche früher (am Ende der 6. Woche) als bei den Ersatzknochen. Bei den Röhrenknochen beginnen die Mittelstücke, die Diaphysen, im Mittel am Ende des 2. Monates zu verknöchern. In den Endstücken, in den Epiphysen, erfolgt die Verknöcherung erst im postfetalen Leben; nur in der distalen Epiphyse des Femur beginnt die Verknöcherung zumeist schon im vorletzten Schwangerschaftsmonate. Die Diaphysen verknöchern perichondral (Abb. 112), die Epiphysen enchondral. So lange ein Röhrenknochen wächst, sind Diaphyse und Epiphyse durch den Epiphysenfugenknorpel voneinander geschieden. Von diesem Knorpel aus wird neuer Knochen angebildet. Mit der Verknöcherung dieses Knorpels hört das Wachstum des betreffenden Knochens auf. — Das Wachstum eines Knochens ist nicht allein mit Neubildungs-, sondern auch mit Zerstörungsvorgängen verbunden. Durch diese Zerstörungsvorgänge wird auch der vom Knochenmarke erfüllte primordiale Markraum der Knochen geschaffen (Abb. 112). — Der Abschluß des Längenwachstums der Knochen erfolgt beim Weibe (im Mittel) im 20., beim Manne im 23. Lebensjahre. — Die Form der Knochen ist im wesentlichen eine angeborene (Abb. 111, 112).

Die Entwicklung der Verbindungen zwischen den Knochen.

Da die Knochen mitten im embryonalen Bindegewebe entstehen (Abb. 111, 112), befindet sich zwischen den Knochenanlagen stets auch embryonales Bindegewebe. Bildet sich dieses Gewebe in faseriges Bindegewebe aus, so entsteht die Bandhaft, die Syndesmose; verknorpelt oder verknöchert es, so entsteht die Knorpel-, bzw. Knochenhaft, die Synchondrose und Synostose. Bilden sich in diesem Gewebe Hohlräume zwischen den Knochen aus, so entstehen die Gelenke, die Diarthrosen. Diese Hohlräume treten zuerst (im 4. Fetalmonate) als Lücken in den sog. Zwischenscheiben (-stücken) auf, d. h. in dem sich verdichtenden embryonalen Bindegewebe zwischen den Knochenanlagen (Abb. 111); indem diese Lücken zusammenfließen, entstehen die Gelenkhöhlen. Die Zwischenscheiben (Disci, Menisci articulares) sind erhalten gebliebene und weiter gewachsene Abschnitte der embryonalen Zwischenscheiben. Aus dem die Gelenkhöhlen und die Gelenkenden umhüllenden embryonalen Bindegewebe entsteht die Gelenkkapsel. Die Grundform der Gelenkenden ist schon beim Fetus, also noch vor dem Beginn der Funktion der Gelenke, ausgebildet (Abb. 111, 112).

Die Entwicklung der Wirbelsäule.

Die bei den niedersten Wirbeltieren zeitlebens als stützendes Achsengebilde dienende Chorda dorsalis (S. 19) bildet sich beim Menschen nur in unvollkommener Weise aus und hat bei ihm keinen dauernden Bestand. Sie reicht ursprünglich bis zur Hypophysentasche (Abb. 53), dann schwindet ihr Kopfabschnitt, während der Rumpfabschnitt zum Teile, und zwar in Gestalt der Nuclei pulposi, erhalten bleibt (Abb. 116). Wie früher erörtert wurde (S. 29) sendet jeder Urwirbel gegen das Medullarrohr und gegen die Chorda zu einen Fortsatz aus, der sich in embryonales Bindegewebe auflöst, wodurch ein Sklerotom entsteht. Diese Sklerotome fließen dann zu einer einheitlichen, die Chorda umhüllende Gewebsmasse („axiales embryonales Bindegewebe") zusammen, welche zusammen mit der Chorda die bindegewebige, desmale oder häutige Wirbelsäulenanlage darstellt. In der Mitte der Sklerotome treten auch am ganzen Embryo äußerlich sichtbare Querfurchen auf (S. 42, Abb. 41, 116), die Ursegment- oder Intrasegmentalspalten. Jedes Sklerotom besteht jetzt aus einer kranialen und aus einer caudalen Hälfte. In der caudalen Hälfte liegen die Zellen dichter beieinander als in der kranialen Hälfte (in der Abb. 116 links durch verschieden starke Tönung angedeutet). An der Bildung eines Wirbels beteiligen sich je zwei Urwirbel, da die caudale Hälfte des Sklerotoms eines Urwirbels zu Ende des 1. Monates mit der kranialen Hälfte des Sklerotoms des caudalwärts folgenden Urwirbels zu einer Wirbelanlage verwächst. Infolgedessen verschwinden die ursprünglichen Grenzen zwischen je zwei benachbarten Urwirbeln, die Intersegmentalspalten (S. 42), und zur Grenze zwischen je zwei Wirbeln werden jetzt die Intrasegmentalspalten, die daher auch als Intervertebralspalten bezeichnet werden (Abb. 116). Das in diesen Spalten befindliche embryonale Bindegewebe liefert die Zwischenwirbelscheiben. In ihrer Mitte erhält sich die Chorda dorsalis als Nucleus pulposus, während sie in den Wirbelanlagen selbst später in kranio-caudaler Richtung schwindet (Abb. 116). Durch die Verwachsung der Sklerotome je zweier benachbarter Urwirbel miteinander verschwindet die ursprüngliche Gliederung der Wirbelsäule und wird durch eine neue ersetzt, weshalb man diesen Vorgang als Neugliederung der Wirbelsäule bezeichnet.

Zu Anfang des 2. Monates beginnt die Verknorpelung der Wirbelsäulenanlage. Die einzelnen Knorpelabschnitte der Wirbelsäulenanlage — die Chondromeren — verschmelzen miteinander zu einem einheitlichen Knorpelstabe, wobei jedoch die Zwischenwirbelscheiben nicht vollständig verknorpeln. Die Verknöcherung beginnt zu Anfang des 3. Fetalmonates. Knochenkerne treten an drei Stellen, nämlich in den Wirbelkörpern und an den Wurzeln der dorsalen Wirbelbogen auf. Die Vereinigung der verknöcherten Wirbelkörper mit den Wirbelbogen erfolgt zwischen dem 3.—6., jene der dorsalen Wirbelbogenenden miteinander im 1. Lebensjahre. Das weitere Wachstum der Wirbelkörper erfolgt durch epiphysäre Knorpelscheiben, welche um das 20. Lebensjahr mit den Wirbelkörpern verschmelzen. — Abweichend von allen übrigen Wirbeln entwickeln sich der Atlas und der Epistropheus. Die Anlage des Körpers des Atlas verschmilzt nämlich mit der Anlage des Körpers des Epistropheus und liefert den Dens epistrophei. Die ventralen Enden der dorsalen Bogen des Atlas sind durch die sog. hypochordale Spange miteinander verbunden. Aus ihr entsteht der Arcus anterior atlantis. — Unvollkommen entwickeln sich die Steißwirbel. — Den Rippen entsprechende Anlagen werden nicht bloß bei den Brustwirbeln ausgebildet, sie verwachsen jedoch außerhalb der Brustwirbelsäule mit den Querfortsätzen der betreffenden Wirbel, bei den Kreuzwirbeln auch noch mit den Wirbelbogen. — Da in der Kreuzwirbelsäule auch die Zwischenwirbelscheiben verknöchern, verwachsen die Kreuzwirbel miteinander zum Kreuzbeine. — Epiphysäre Knochenkerne treten an den Enden der Dorn- und Querfortsätze auf.

Die Entwicklung der Rippen und des Brustbeines.

Im Gegensatze zu den übrigen Abschnitten der Wirbelsäule entwickeln sich die Rippenfortsätze der Wirbelanlagen im Bereiche der Brustwirbelsäule als selbständige, nicht mit den Wirbeln verwachsende Gebilde weiter. Sie wachsen in die Länge, wobei sie in die Rumpfwand, zwischen deren segmentale Muskeln (Mm. intercostales), vordringen. Bei 15 mm langen Embryonen bildet sich zwischen den medialen (distalen) Enden dieser Rippenanlagen auf jeder Körperseite ein embryonal-bindegewebiger Strang aus, die Sternalleiste. Die beiden Sternalleisten werden hierauf durch die medialwärts fortschreitende Verlängerung der Rippen einander immer näher gebracht, bis sie bei 30 mm langen Embryonen miteinander zur Brustbeinanlage verwachsen. Die embryonalbindegewebigen Anlagen der Rippen und des Brustbeines verknorpeln, worauf bei

30 mm langen Embryonen in der Nähe der Rippenwinkel Knochenkerne auftreten, von welchen aus die knorpeligen Rippen verknöchern. Da aber die Verknöcherung bereits in der ersten Hälfte des 4. Monates Halt macht, bleiben
die medialen Abschnitte der Rippen knorpelig. Die Verknöcherung des Brustbeines beginnt im 3.—6. Fetalmonate und erfolgt von mehreren segmental
angeordneten Knochenkernen aus.

Die Entwicklung des Kopfskeletes.

An dem Aufbaue des Kopfskeletes beteiligt sich das das Gehirn umhüllende
embryonale Bindegewebe, sowie das embryonale Bindegewebe der beiden ersten

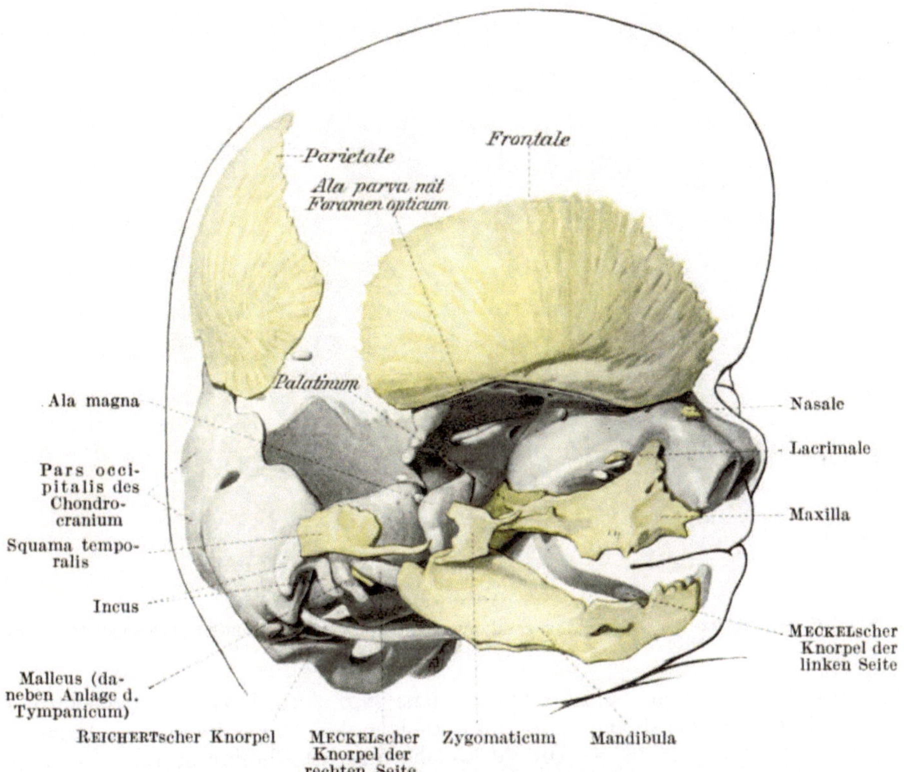

Abb. 113. Schädel eines 40 mm langen menschlichen Embryo. Chondrocranium grau,
Deckknochen gelb. Nach dem Modelle von MACKLIN, aus BRAUS.

Kiemenbogen. Da diese Kiemenbogen auch Visceralbogen heißen, bilden die
von ihnen gelieferten Knochen das sog. Visceralskelet des Schädels, das
Splanchnocranium. Die übrigen Schädelknochen stellen das Neurocranium dar.

Aus der embryonal-bindegewebigen Anlage des Schädels, aus dem Desmocranium (häutiger oder desmaler Schädel) entsteht eine Anzahl von
Knochen des Neurocranium direkt durch desmale Verknöcherung. Die übrigen
Knochen dagegen, und zwar jene, welche später die Schädelbasis und die Nase
bilden, entstehen durch enchondrale Verknöcherung. Der ihnen entsprechende
Teil des Desmocranium wandelt sich nämlich in eine einheitliche Knorpelmasse
um, in das Chondro- oder Primordialcranium, das zu Ende des 3. Monates

voll ausgebildet ist. Der knöcherne Schädel, das Osteocranium, entsteht demnach teils durch desmale, teils durch enchondrale Verknöcherung (Abb. 113). Durch enchondrale Verknöcherung des Primordialcranium entstehen das Os ethmoidale, die Concha nasalis inferior, das Os sphenoidale und die von ihm abgehende Lamina lateralis processus pterygoidei, die Pars petrosa, die Pars mastoidea des Schläfebeines und die Unterschuppe des Hinterhauptbeines. Erhalten bleibt das Chondrocranium in den Cartilagines alares nasi und in der Cartilago septi nasi. Durch desmale Verknöcherung, als Deckknochen, entstehen die Knochen des Schädeldaches, also das Os frontale, die Ossa parietalia, die Schuppe des

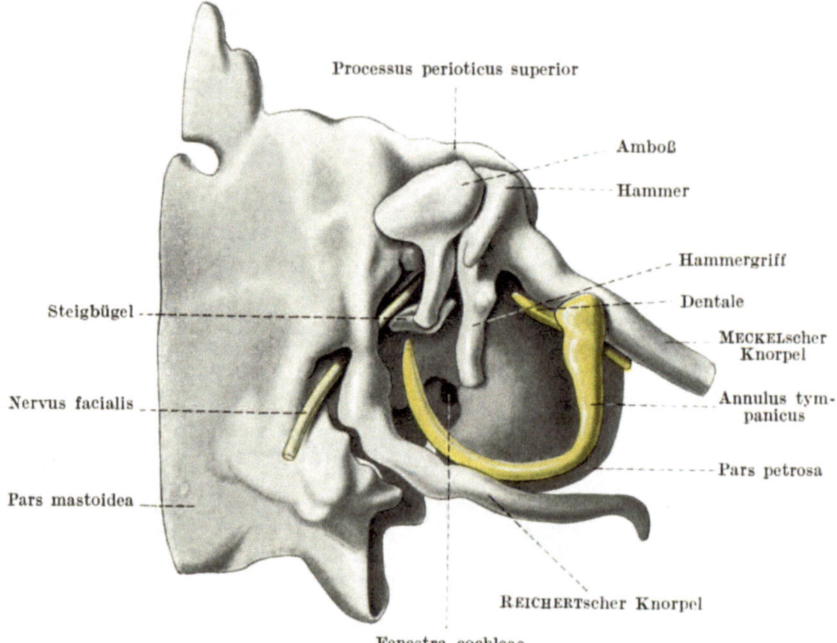

Abb. 114. **Visceralskelet der Labyrinthgegend eines 8 cm langen menschlichen Fetus. Von der Seite gesehen. Nach dem Modelle von O. HERTWIG.**

Schläfenbeines mit dem Annulus tympanicus (vgl. Abb. 114), die Oberschuppe des Os occipitale, ferner die Ossa nasalia und lacrimalia sowie die mediale Lamelle des Processus pterygoideus. — Die Verknöcherung des Chondrocranium beginnt in der 8. Woche und erfolgt in jedem der späteren Knochen von mehreren Knochenkernen aus. Die zu Anfang des 3. Monates beginnende Verknöcherung der platten Knochen des Schädeldaches erfolgt von Knochenkernen aus, welche an der Stelle der Tubera der späteren Knochen liegen; von diesen Knochenkernen aus werden radiär gestellte Knochenbälkchen gebildet (Abb. 113, Frontale, Parietale), die durch Querbrücken miteinander verbunden werden, so daß ein zierliches Netzwerk von Knochenbalken entsteht. Zwischen den aufeinander- zuwachsenden Rändern der Knochen des Schädeldaches erhält sich das Desmocranium in Gestalt der vier Fontanellen und des Bindegewebes der Schädelnähte. Die Fontanella occipitalis verknöchert im 3.—6. Lebensmonate, die Fontanella mastoidea in der ersten Hälfte des 2., die Fontanella sphenoidea und frontalis im 3. Lebensjahre.

Das Visceralskelet des Schädels entsteht aus dem embryonalen Bindegewebe des Kiefer- und des Zungenbeinbogens. Aus dem Bindegewebe des Oberkieferfortsatzes des 1. Kiemenbogens entsteht durch desmale Verknöcherung die Maxilla, das Os zygomaticum, das Os palatinum und der Vomer. In dem Unterkieferfortsatze des 1. Kiemenbogens, in dem sog. Mandibularbogen, sowie im Zungenbeinbogen bildet sich — wie in jedem Kiemenbogen (S. 66) — eine Knorpelspange, ein sog. Kiemenbogenknorpel aus. Die Knorpelspange im Unterkieferfortsatze des 1. Kiemenbogens wird als Mandibular- oder MECKELscher Knorpel (Abb. 113, 114, 83, 84), die Knorpelspange im Zungenbeinbogen als Zungenbein- oder REICHERTscher Knorpel bezeichnet (Abb. 114). Aus dem dorsalen Abschnitte des MECKELschen Knorpels entsteht durch enchondrale Verknöcherung der Hammer (ohne dessen desmal verknöchernden langen Fortsatz) und der Amboß. Der lange ventrale Abschnitt des MECKELschen Knorpels geht zugrunde, währenddessen bildet sich aber auf ihm durch desmale Verknöcherung des umgebenden Bindegewebes der knöcherne Unterkiefer, das Dentale (Abb. 113, 114) aus. Aus einem kleinen dorsalen Abschnitte des REICHERTschen Knorpels entsteht enchondral der Steigbügel; aus den übrigen Abschnitten des REICHERTschen Knorpels entstehen der Processus styloideus, das Ligamentum stylo-hyoideum und das kleine Horn des Zungenbeines. Das große Horn wird von der Knorpelspange des 3. Kiemenbogens gebildet. Die ventralen Endabschnitte der Knorpelspangen des 2. und 3. Kiemenbogens verwachsen in der Mittellinie miteinander zur Bildung des Körpers des Zungenbeines.

Die Entwicklung der Knochen der Gliedmaßen.

Die Gliedmaßen entstehen aus stummelförmigen Vorwölbungen der seitlichen Körperwand (S. 43, Abb. 41, 42). Diese Anlagen bestehen aus embryonalem Bindegewebe, welches von ektodermalem Epithel bekleidet ist (Abb. 115). In der Längsachse dieser Anlage verdichtet sich das embryonale Bindegewebe durch Zellvermehrung und diese Verdichtung ist die Anlage des Gliedmaßenskeletes (Abb. 115). Sie wandelt sich hierauf in den späteren Knochen entsprechende Vorknorpel-, dann in Knorpelbezirke um, welche bereits die Grundform der Knochen aufweisen (Abb. 111). Durch die Verknöcherung dieser Knorpelbezirke, also

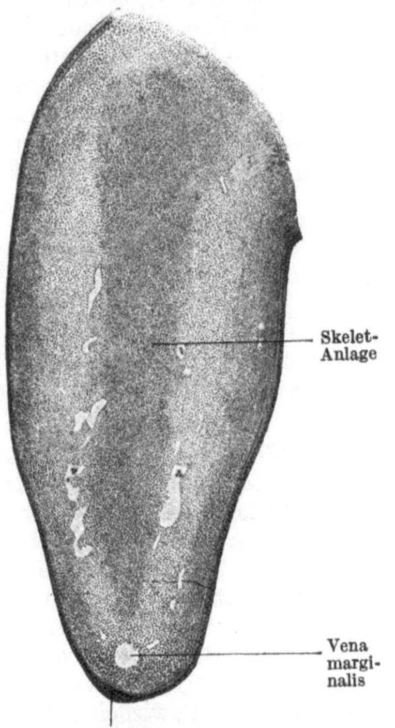

Abb. 115. Längsschnitt durch die obere Gliedmaße eines 9 mm langen menschlichen Embryo. 56fache Vergrößerung.

durch chondrale Verknöcherung, entstehen die Knochen der Gliedmaßen. Die Verknöcherung der Röhrenknochen erfolgt dabei nach dem bereits geschilderten (S. 127) Typus der Entstehungsweise dieser Knochen. Von den übrigen Knochen verknöchert die — von allen Knochen des Körpers zuerst (zu Ende der 6. Woche) verknöchernde — Clavicula (Abb. 117) in besonderer Weise, nämlich mit ihrem Mittelstücke unmittelbar aus dem embryonalen Bindegewebe, mit ihren Gelenkenden dagegen chondral. Die Scapula entsteht von drei Knochenkernen aus. In der 10.—12. Woche erscheint ein Knochenkern in der Nähe ihres seitlichen Winkels, im 1., bzw. im 10.—12. Lebensjahre tritt je ein Knochenkern in dem Processus coracoideus und an dessen Wurzel auf.

Die Knochenkerne der Handwurzelknochen bilden sich erst postfetal, in den ersten Lebensjahren, aus. Die Metacarpalia besitzen nur eine Epiphyse, und zwar der Daumen am proximalen, die übrigen Finger am distalen Ende. Bei den Phalangen (Abb. 112) beginnt die Verknöcherung am distalen Ende der Endphalange und zwar ohne vorherige Verknorpelung, so daß daher die Tuberositas unguicularis im Gegensatze zu den übrigen Abschnitten der Phalangen durch desmale, nicht durch chondrale Verknöcherung entsteht. Epiphysen sind nur an den proximalen Enden der Phalangen vorhanden. — Im Hüftbeine treten entsprechend seinen drei Bestandteilen an drei Stellen Knochenkerne auf, von welchen aus das Darm-, Sitz- und Schambein entstehen. Diese drei Teile sind im Acetabulum durch einen dreistrahligen Epiphysenfugenknorpel voneinander getrennt. Dieser verknöchert im 9.—12. Lebensjahre fast ganz zum Os acetabuli, welches dann zur Zeit der Pubertät mit den übrigen Knochen verwächst. — In der Patella erscheint ein Knochenkern im 3. bis 5. Jahre. — Von den Knochen des Tarsus beginnen der Calcaneus und Talus schon im 6.—7. Fetalmonate, das Cuboideum zur Zeit der Geburt, die übrigen Knochen in den ersten Lebensjahren zu verknöchern. — Die Metatarsalia und Zehenphalangen verhalten sich wie die entsprechenden Knochen der Hand. — Epiphysäre Knochenkerne bilden sich nicht bloß bei den Röhren-, sondern auch bei fast allen anderen Knochen aus.

Die Entwicklung der Muskeln.

Mit Ausnahme der aus dem Ektoderm stammenden Muskeln der Iris (S. 91) und vielleicht auch der Muskelzellen der Schweißdrüsen entstehen alle übrigen glatten und quergestreiften Muskeln aus dem mittleren Keimblatte. Muskelzellen liefern sowohl die segmentierten (die Cutis- und die Muskellamellen der Urwirbel, S. 29, 31), als auch die nichtsegmentierten Abschnitte (die Seitenplatten, das Mesoderm des Kopfes, des Schwanzes und der Kiemenbogen) des mittleren Keimblattes. Bei den segmentierten Abschnitten geht die Muskelbildung zum Teile (Muskellamellen der Urwirbel) unmittelbar von Epithelzellen aus, bei den nichtsegmentierten Abschnitten (und bei den aus Zellen der Cutislamelle der Urwirbel entstehenden Muskeln) erfolgt sie aus embryonalen Bindegewebszellen. Sowohl diese Epithel-, als auch die Bindegewebszellen wandeln sich hierbei in Muskelbildungszellen, in Myoblasten um, in welchen sich dann die Muskelfibrillen ausbilden. Aus den Cutislamellen der Urwirbel entstehen die Mm. arrectores pilorum der Rückenhaut; aus den Muskellamellen der Urwirbel entstehen die unter den Musculi serrati posteriores gelegenen Rücken-, die prävertebralen Hals- und die ventrolateralen Muskeln der Brust- und Bauchwand (M. rectus capitis anterior, M. longus capitis et colli; Mm. intercostales, Mm. serrati posteriores; Mm. obliqui, M. transversus und rectus abdominis); aus der visceralen Seitenplatte gehen die Muskeln der Eingeweide, aus der parietalen Seitenplatte sowie aus dem Mesoderm des Kopfes, des Schwanzes und der Kiemenbogen die Muskeln des Kopfes, des Halses, des Beckenausganges, der Gliedmaßen und der Haut (mit Ausnahme der bereits erwähnten Mm. arrectores pilorum der Rückenhaut) hervor.

Die ersten Muskeln entstehen aus den Muskellamellen der Urwirbel (S. 29, Abb. 33, 34). Diese sind — als Teile der Ursegmente — metamer angeordnet und heißen daher auch Myotome oder Myomeren (Abb. 116, 117). Sie stellen die erste im embryonalen Körper auftretende Metamerie eines der späteren Organsysteme dar. Erst nach ihnen bilden sich die den Wirbeln

entsprechenden Metameren — die Sklerotome (S. 129) — und hierauf die aus
der Auflösung der Cutislamellen der Urwirbel entstehenden Cutismetameren —
die Dermatome (S. 101) — aus (Abb. 116, links). Die Myomeren werden —
wie die Urwirbel — durch Spalten voneinander getrennt (Myosepten, Myo-
phragmen), welche zunächst in derselben Ebene wie die zwischen den zuge-
hörigen Sklerotomen und Dermatomen befindlichen Spalten liegen (Intersegmentalspalten, Abb. 116, linke Hälfte). Dieses Verhalten muß sich naturgemäß ändern, sobald die Neugliederung der Wirbelsäule (S. 130) eintritt. Da
hierbei die Spalten zwischen den Sklerotomen verschwinden und da sich die
caudale Hälfte je eines Sklerotoms mit der kranialen Hälfte des caudalwärts
folgenden Sklerotoms zur Bildung eines Wirbelkörpers verbindet, so liegt nunmehr jedes Myotom zwei Wirbeln an und die Grenze zwischen zwei Wirbeln,

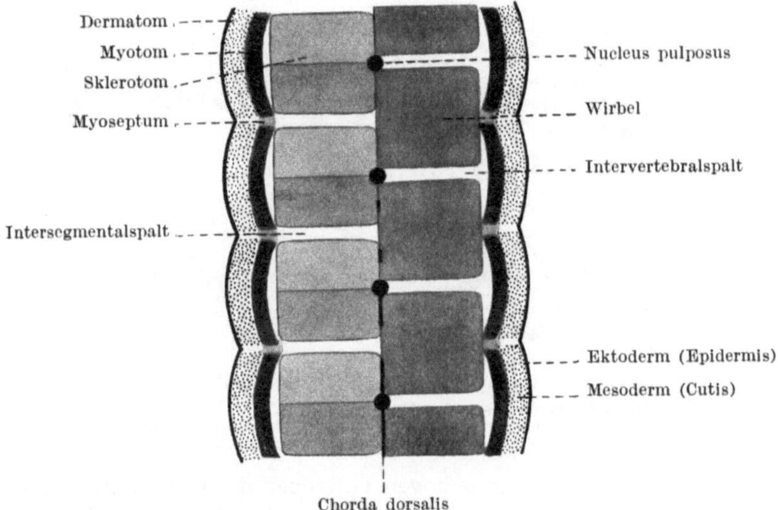

Abb. 116. Schematische Darstellung der Derma-, Myo- und Sklerotome, sowie der Entwicklung der
Wirbel aus den Sklerotomen. Links die ursprünglichen, rechts die späteren Verhältnisse.

die Ebene der Zwischenwirbelscheibe, der Intrasegmental- oder Intervertebral-
spalt, fällt jetzt nicht mehr zwischen zwei Myotome, sondern in die Mitte eines
Myotoms (Abb. 116, rechte Hälfte). Dieses Entwicklungsstadium der Myotome
erhält sich in jenen tiefen Rückenmuskeln, welche zwei benachbarte Segmente
miteinander verbinden: Mm. intertransversarii, interspinales, rotatores breves,
levatores costarum. Die dem Ektoderm näher, also oberflächlicher gelegenen
Myotome verbinden sich hierauf miteinander zu einer einheitlichen Muskelmasse,
aus welcher durch longitudinale und tangentiale Abspaltungen die übrigen unter
den Mm. serrati posteriores gelegenen Rückenmuskeln entstehen. Indem sich ferner
die Myotome ventralwärts ausdehnen, entstehen aus ihnen die bereits auf-
gezählten prävertebralen Hals- und die ventrolateralen Muskeln der Brust- und
Bauchwand.

Die Kopfmuskeln entstehen von mehreren Anlagen aus (Abb. 117). Aus
einer medial von dem Augenbecher liegenden Anlage sondern sich die innerhalb
der Augenhöhle befindlichen Muskeln. Aus einer im Unterkieferfortsatze des
1. Kiemenbogens befindlichen, daher vom N. trigeminus versorgten Muskelmasse
gehen die Kaumuskeln, ferner die Mm. tensor tympani, tensor veli palatini, wahrscheinlich auch der M. mylohyoideus, hervor („Mandibularbogenmuskeln"). Aus

der Muskelmasse des 2. Kiemenbogens entstehen die von dem Nerven dieses
Kiemenbogens, dem N. facialis, versorgten Muskeln („Hyoidbogenmuskeln"):
Das Platysma, die mimischen Gesichtsmuskeln, der M. stapedius, stylohyoideus,
digastricus (dessen vorderer Bauch aber in das Gebiet des N. trigeminus vorwächst), vielleicht auch der M. levator veli palatini und der M. uvulae. Die
Muskelmasse des 3. Kiemenbogens läßt die von dem N. glossopharyngeus versorgten Pharynxconstrictoren, die Mm. stylopharyngei und palatoglossi, aus sich

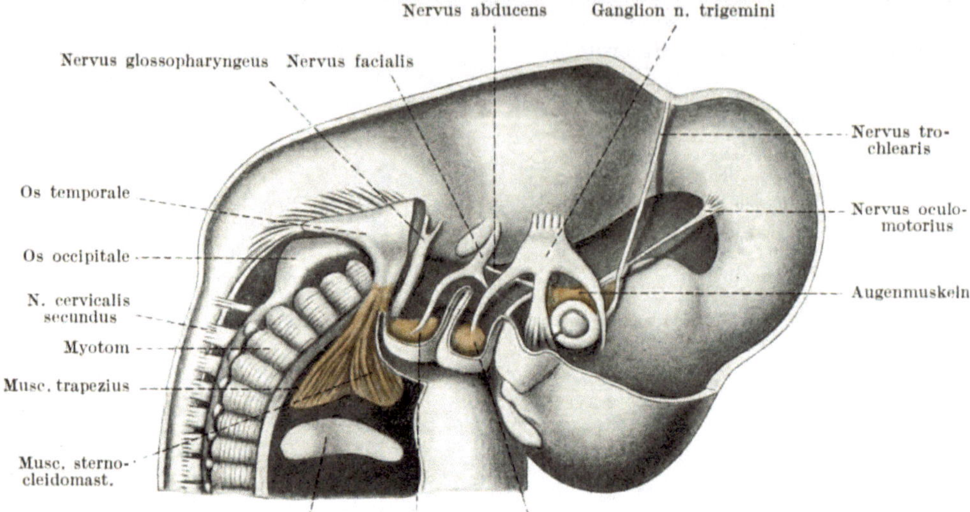

Abb. 117. Modell der Muskelanlagemassen des Kopfes und des Halses, sowie der kranialen Myotome
eines 9 mm langen menschlichen Embryo. Nach Lewis.

hervorgehen. Aus dem 4. Kiemenbogen entstehen die Kehlkopfmuskeln. — Die
beiden letzten occipitalen und die beiden ersten cervicalen Segmente liefern eine
Muskelmasse, aus welcher die zum Schultergürtel abwandernden Mm. trapezius
und sternocleidomastoideus entstehen (Abb. 117). — Aus den vier kranialen Halssegmenten stammen die Unterzungenbeinmuskeln und die Zwerchfellmuskulatur,
aus den vier caudalen Halssegmenten die Mm. scaleni, rhomboidei und serrati
anteriores. — Aus Muskelmassen, welche sich auf den Rippen und innerhalb der
Gliedmaßen ausbilden, entstehen die Mm. pectorales und die Gliedmaßen-
muskeln. — Die Dammuskeln gehen aus einem Hautmuskel, aus dem M.
sphincter cloacae hervor, der sich später in die einzelnen Dammuskeln sondert.

Sachverzeichnis.

Lehrbuch der Entwicklung des Menschen. Von Dr. Alfred Fischel, o. Professor der Embryologie und Vorstand des Embryologischen Institutes der Wiener Universität. Mit 668 zum Teil farbigen Abbildungen. VIII, 822 Seiten. 1929.

RM 77.40, gebunden RM 79.92

..... Ganz ausgezeichnet ist an dem großen Werke die Fülle des Gebotenen, gleichgültig ob man den allgemeinen Teil, oder ob man die Kapitel über Organentwicklung durchsieht. Allenthalben ist die Darstellung über den Rahmen der beschreibenden Entwicklungslehre hinausgegangen und hat die wichtigsten Ergebnisse der experimentellen Forschung, insbesondere auch der Entwicklungsmechanik, verwertet. Im speziellen Teil beruht die Darstellung größtenteils auf persönlicher Durcharbeitung an einem beneidenswert reichen Material menschlicher Embryonen, verwertet aber auch hier die durch andere Autoren bekanntgewordenen Tatsachen in umfangreicher Weise. ... Daß das Bilderwerk und die Ausstattung hervorragend sind, braucht nicht besonders hervorgehoben zu werden. Jeder, der sich mit der Entwicklung des Menschen beschäftigt, wird sich in dem Fischelschen Buche ausgezeichnet beraten finden. *„Münchener Medizinische Wochenschrift"*

Lehrbuch der Entwicklungsgeschichte des Menschen.

Von Dr. H. K. Corning, o. ö. Professor der Anatomie und Vorsteher der Anatomischen Anstalt in Basel. Zweite Auflage. Mit 694 Abbildungen, davon 100 farbig. XII, 696 Seiten. 1925.

Gebunden RM 32.40

Grundriß der Entwicklungsgeschichte des Menschen.

Von Professor Dr. med. Ivar Broman, Direktor des Anatomischen Institutes der Universität Lund (Schweden). Erste und zweite Auflage. Mit 208 Abbildungen im Text und auf 3 Tafeln. XV, 354 Seiten. 1921.

Gebunden RM 13.50

Die Entwicklung des Menschen vor der Geburt. Ein Leitfaden zum Selbststudium der menschlichen Embryologie von Professor Dr. med. Ivar Broman, Direktor des Anatomischen Institutes der Universität Lund (Schweden). Mit 259 Abbildungen im Text. XII, 351 Seiten. 1927.

RM 21.60, gebunden RM 23.76

Fortpflanzung, Entwicklung und Wachstum. (Bildet Band XIV vom „Handbuch der normalen und pathologischen Physiologie".)

Erster Teil: **Fortpflanzung. Wachstum. Entwicklung. Regeneration und Wundheilung.** Mit 440 zum Teil farbigen Abbildungen. XVI, 1194 Seiten. 1926.

RM 86.40, gebunden RM 93.15

Enthält u. a.: Physiologie und Pathologie der Entwicklung, des Wachstums und der Regeneration. Wachstum der Zellen und Organe, Hypertrophie und Atrophie. Von Professor Dr. Robert Rössle-Basel. — Gewebezüchtung. Von Professor Dr. Rhoda Erdmann-Berlin-Wilmersdorf. — Physiologie der embryonalen Entwicklung. Von Professor Dr. Günther-Hertwig-Rostock i. M. — Allgemeine Mißbildungslehre. Von Professor Dr. Ivar Broman-Lund. — Regeneration und Transplantation bei Tieren. Von Professor Dr. Hans Przibram-Wien. — Regeneration bei Pflanzen. Von Dr. Leopold Portheim-Wien. — Wundheilung, Transplantation, Regeneration und Parabiose bei höheren Säugern und beim Menschen. Von Professor Dr. Wilhelm v. Gaza-Göttingen.

Zweiter Teil: **Metaplasie und Geschwulstbildung.** Mit 44 zum Teil farbigen Abbildungen. VIII, 617 Seiten. 1927.

RM 45.90, gebunden RM 50.76

Inhaltsübersicht: Neubildungen am Pflanzenkörper. Von Professor Dr. Ernst Küster-Gießen. — Metaplasie und Gewebsmißbildung. Von Professor Dr. Bernhard Fischer-Wasels-Frankfurt a. M. — Allgemeine Geschwulstlehre. Von Professor Dr. Bernhard Fischer-Wasels-Frankfurt a. M. — Sachverzeichnis.

Der Band ist nur vollständig käuflich.